制导火箭火力运用理论

FIRE APPLICATION THEORY OF GUIDED ROCKET

李臣明　张　威　于远鹏　陈卫国　高　波　著

北京理工大学出版社
BEIJING INSTITUTE OF TECHNOLOGY PRESS

内容简介

本书针对远程制导火箭的特点,系统分析了火力运用相关问题。全书共分 8 章。第 1 章为绪论,第 2 章为远程制导火箭采用的主要制导技术,第 3 章为远程制导火箭的目标选择,第 4 章为远程制导火箭弹毁伤机理分析,第 5 章为远程制导火箭射击效率分析,第 6 章为远程制导火箭火力分配,第 7 章为作战协同与火力机动优化,第 8 章为远程制导火箭弹火力突防。

本书可为兵器科学与技术、军事装备学等领域的本科生、研究生、科研人员及部队指挥员提供参考。

版权专有 侵权必究

图书在版编目(CIP)数据

制导火箭火力运用理论 / 李臣明等著. --北京:北京理工大学出版社,2022.3
ISBN 978 - 7 - 5763 - 1213 - 3

Ⅰ. ①制… Ⅱ. ①李… Ⅲ. ①制导—火箭—火力运用 Ⅳ. ①V448.13

中国版本图书馆 CIP 数据核字(2022)第 060327 号

出 版 /	北京理工大学出版社有限责任公司
社 址 /	北京市海淀区中关村南大街 5 号
邮 编 /	100081
电 话 /	(010) 68914775(总编室)
	(010) 82562903(教材售后服务热线)
	(010) 68944723(其他图书服务热线)
网 址 /	http://www.bitpress.com.cn
经 销 /	全国各地新华书店
印 刷 /	三河市华骏印务包装有限公司
开 本 /	710 毫米 × 1000 毫米 1/16
印 张 /	16.75
字 数 /	310 千字
版 次 /	2022 年 3 月第 1 版 2022 年 3 月第 1 次印刷
定 价 /	78.00 元

责任编辑 /	李玉昌
文案编辑 /	李丁一
责任校对 /	周瑞红
责任印制 /	李志强

图书出现印装质量问题,请拨打售后服务热线,本社负责调换

丛书序

随着世界新军事变革的发展和高新技术在军事领域的应用，陆军火力打击装备正向远程化、精确化、体系化、智能化方向发展，陆军火力作战形态将产生重要变革，远程、快速、精确、多能打击将成为高度信息化条件下陆军火力作战的重要模式，远程精确火力打击装备也必将是陆军装备发展的重要方向，其工程技术和作战运用研究亟待同步开展。

《陆战装备科学与技术（第二辑）·远程精确火力打击丛书》是一套深入阐述陆军远程精确火力打击创新理论、科学内涵、学术研究进展、技术创新与突破等方面的学术论著。该丛书汇聚了外弹道学、射击学、作战运用、人工智能、任务规划、制导控制、数值仿真等多个学科和方向的前沿技术和创新成果，填补了我国在陆军远程精确火力打击领域技术与运用的多项空白。

本丛书包括《野战火箭外弹道理论》《末敏弹射击学与弹道学》《制导火箭火力运用理论》《火力任务智能规划技术》和《远程火箭炮作战运用》5个分册。其中，《野战火箭外弹道理论》对无控和有控野战火箭的外弹道理论进行了系统分析，纳入了作者多年来的创新成果，特别是融入了高空远程弹箭和系列新弹种的内容；《末敏弹射击学与弹道学》以末敏弹作为具备二次弹道特点的弹种代表，详细研究了末敏弹的母弹和子弹弹道理论，并对其决定射击开始诸元理论、射击效力评定理论和精度折合方法等内容进行了研究；《制导火箭火力运用理论》针对卫星和惯导组合制导的远程火箭弹，区别于传统炮兵无控弹药，从目标分析、不同战斗部毁伤分析、火力分配、射击效率评定、弹药消耗量计算、火力协同、火力方案优选等方面进行了系统性和开创性研究；《火力任务智能规划技术》瞄准未来智能化战争需求，以火力任务规划为主线，结合人工智能技术，系统介绍了陆军远程精确火力打击任务智能规划的研究思路和系列关键技术，创新研究了人工智能技术在火力任务规划领域的应用方法，搭建了面向智能化战争的火力任务规划技术框架；《远程火箭炮作战运用》介绍了国内外远程火箭炮发展现状、趋势与特点，分析了未来高度信息化条件下战争形态的演进方向，阐述了陆军远程精确火力打击制胜机理，并从作战指挥、作战效能、作战保障、火力运用、毁伤评估等方面进行了系统性研究。

  本套丛书将陆军远程精确火力打击装备工程技术与作战运用相结合，将我国陆军远程精确火力打击领域的装备研发与应用水平提升到一个新的高度，对于推动我国陆军远程精确火力打击装备发展、适应未来智能化战争需求具有重要意义，对于推动陆战装备科学与技术的创新发展、培养陆军远程精确火力打击力量工程技术人才和新型指挥人才也大有裨益。

中国工程院院士

前　言

远程制导火箭是陆军新型火力打击装备，是陆军火力打击主体力量和联合火力打击重要力量，具有射程远、精度高、威力大、打击方式多样等特点，较传统的炮兵中近程火力和无控火力，在作战能力上有大幅提升，在火力运用上也产生了新的变化。

远程制导火箭火力运用是一个较为广泛的课题，它不是一种纯技术性的、具体实施火箭发射的方法，而是指挥员从宏观上计划、组织、指挥远程制导火箭部队的兵力和武器装备实施战斗的方法。从作战角度讲，远程制导火箭火力运用主要包括目标选择、计划（筹划）火力、弹量筹划、火力分配等，在实战背景下，还需考虑与联合作战体系内其他军兵种的火力协同以及与对手的对抗问题。

对于武器装备来说，从某种角度可以说技术决定战术。远程制导火箭密集应用了各种高新技术，将炮兵火力作战的能力提升到了一个新的高度。本书在传统炮兵火力运用理论的基础上，紧扣远程制导火箭呈现出的技术战术特点，较为系统地讨论了火力运用相关问题。全书共分8章，第1章为绪论，主要介绍远程制导火箭的发展情况及特点；第2章主要介绍远程制导火箭采用的主要制导技术；第3章详细梳理了远程制导火箭目标体系；第4章分别分析了子母弹、杀爆弹、云爆弹、侵彻弹等典型弹种的毁伤机理；第5章针对远程制导火箭的特点详细分析了射击效率问题；第6章系统分析了具备远程精确打击能力条件下的火力分配问题；第7章探讨了作战协同与火力机动优化问题；第8章剖析了远程制导火箭面临的电磁干扰问题，分析了可用的突防技术措施和突防效能问题，给出了多种远程制导火箭突防战法。

本书可供具有兵器专业知识的工程技术人员和教学科研人员使用，也可作为兵器发射理论与技术、武器系统与运用工程、弹药工程、作战指挥、军事装备等专业的研究生教材，还可为部队指挥员提供参考。

本书写作过程中参考了相关文献资料，在此对原作者表示感谢。

由于作者水平有限，书中难免有错误和不妥之处，敬请同行专家和广大读者批评指正。

作　者

2021 年 8 月于南京

目 录

第1章 绪论 …………………………………………………………… 001
  1.1 远程制导火箭的发展 ………………………………………… 003
    1.1.1 国外发展现状 …………………………………………… 003
    1.1.2 国内发展现状 …………………………………………… 006
  1.2 远程制导火箭的特点 ………………………………………… 007

第2章 远程制导火箭采用的主要制导技术 ………………………… 009
  2.1 自主制导技术 ………………………………………………… 011
    2.1.1 卫星制导 ………………………………………………… 011
    2.1.2 惯性制导 ………………………………………………… 014
  2.2 寻的制导技术 ………………………………………………… 016
    2.2.1 寻的制导分类 …………………………………………… 016
    2.2.2 无线电寻的制导技术 …………………………………… 017
    2.2.3 光学寻的制导技术 ……………………………………… 019
  2.3 复合制导技术 ………………………………………………… 023
    2.3.1 卫星/INS复合制导技术 ………………………………… 024
    2.3.2 寻的复合制导技术 ……………………………………… 026

第3章 远程制导火箭的目标选择 …………………………………… 029
  3.1 打击目标梳理 ………………………………………………… 031
  3.2 基于主成分法的目标价值分析 ……………………………… 034

    3.2.1　主成分法计算模型 …………………………………………… 034
    3.2.2　目标价值指标 ………………………………………………… 036
    3.2.3　基于主成分法的价值计算分析 ……………………………… 037

第 4 章　远程制导火箭弹毁伤机理分析 ………………………………… 041
  4.1　制导杀爆弹毁伤机理分析 ………………………………………… 043
    4.1.1　破片毁伤 ………………………………………………………… 043
    4.1.2　杀爆弹爆轰毁伤 ……………………………………………… 061
  4.2　制导子母弹毁伤机理分析 ………………………………………… 070
    4.2.1　破甲杀伤子弹爆炸形成的毁伤元 …………………………… 070
    4.2.2　破片毁伤元 …………………………………………………… 072
    4.2.3　冲击波毁伤元 ………………………………………………… 079
    4.2.4　射流毁伤元 …………………………………………………… 083
  4.3　制导云爆弹毁伤机理分析 ………………………………………… 089
    4.3.1　云爆效应对目标的毁伤机理 ………………………………… 089
    4.3.2　FAE 云雾区外的冲击波峰值超压和比冲量 ………………… 090
    4.3.3　云爆弹毁伤计算 ……………………………………………… 092
  4.4　制导侵彻弹毁伤机理分析 ………………………………………… 094
    4.4.1　战斗部受力分析 ……………………………………………… 094
    4.4.2　侵彻行程计算 ………………………………………………… 094
    4.4.3　侵彻深度计算 ………………………………………………… 096

第 5 章　远程制导火箭射击效率分析 …………………………………… 099
  5.1　射击精度与落点散布 ……………………………………………… 101
    5.1.1　制导火箭弹空间运动模型 …………………………………… 101
    5.1.2　误差分析模型 ………………………………………………… 122
    5.1.3　弹着点散布 …………………………………………………… 127
    5.1.4　射击精度 ……………………………………………………… 128
  5.2　制导火箭射击效率分析基本方法 ………………………………… 129
    5.2.1　圆概率误差的一般表达式 …………………………………… 130
    5.2.2　单发制导火箭弹的命中概率 ………………………………… 130
    5.2.3　基于相关性射击的两组误差型分析 ………………………… 134
    5.2.4　对目标的毁伤律 ……………………………………………… 136
    5.2.5　对集群目标的射击效率评定 ………………………………… 139
    5.2.6　对面目标的射击效率评定 …………………………………… 142

5.3 远程制导侵彻弹射击效率分析 …………………………………………… 145
    5.3.1 确定标准差和相关系数 ………………………………………… 146
    5.3.2 对单目标射击效率评定模型 …………………………………… 146
5.4 远程制导破甲杀伤子母弹射击效率分析 …………………………………… 152
    5.4.1 子弹群的抛撒和散布 …………………………………………… 152
    5.4.2 威力环对目标的射击效率 ……………………………………… 157
5.5 远程制导末敏弹射击效率评定 …………………………………………… 162
    5.5.1 末敏弹系统对目标的识别及捕获 ……………………………… 164
    5.5.2 毁伤概率计算 …………………………………………………… 172

第6章 远程制导火箭火力分配 …………………………………………… 176

6.1 弹种与弹药消耗量筹划 …………………………………………………… 177
    6.1.1 弹种优化选择 …………………………………………………… 177
    6.1.2 弹药消耗量计算 ………………………………………………… 178
6.2 瞄准点位的优化确定 ……………………………………………………… 182
    6.2.1 对混合集群目标多弹种打击时瞄准点位的优化选择 ………… 183
    6.2.2 对面目标射击火力分配优化 …………………………………… 184
6.3 火力分配优化 ……………………………………………………………… 186
    6.3.1 分配火力单位数 ………………………………………………… 186
    6.3.2 向各作战地域分配打击力量 …………………………………… 188
    6.3.3 向不同目标分配火力 …………………………………………… 188
6.4 多目标火力分配优化 ……………………………………………………… 190
    6.4.1 多目标火力分配模型 …………………………………………… 190
    6.4.2 对复杂形状目标火力分配 ……………………………………… 191
6.5 对面目标分布式杀伤最优火力分配 ……………………………………… 195
    6.5.1 最优火力分配思路 ……………………………………………… 195
    6.5.2 对面目标射击的火力分配模型 ………………………………… 196
    6.5.3 算例分析 ………………………………………………………… 198
6.6 多弹种火力优化分配 ……………………………………………………… 200
    6.6.1 多弹种动态规划火力优化分配模型 …………………………… 200
    6.6.2 多弹种动态规划火力优化分配解法 …………………………… 202
    6.6.3 火力分配求解的优化搜索策略 ………………………………… 204

第7章 作战协同与火力机动优化 …………………………………………… 207

7.1 作战协同优化 ……………………………………………………………… 209

####### 7.1.1 火力协同优化模型 …………………………………… 209
####### 7.1.2 对抗时火力协同优化 …………………………………… 211
7.2 射击安全界 …………………………………………………… 212
####### 7.2.1 地域安全界 ……………………………………………… 212
####### 7.2.2 空域安全界 ……………………………………………… 213
7.3 火力机动 …………………………………………………… 213
####### 7.3.1 暴露时间 ………………………………………………… 214
####### 7.3.2 可能遭到打击的危险时间 ……………………………… 215
####### 7.3.3 火力机动最长射击时间的转移时间 …………………… 217

第8章 远程制导火箭弹火力突防 ………………………………… 219
8.1 受到的制导干扰及其对策 …………………………………… 221
####### 8.1.1 远程制导火箭弹命中精度影响因素 …………………… 221
####### 8.1.2 作战中可能面临的制导干扰机理分析 ………………… 223
####### 8.1.3 远程制导火箭应对制导干扰的措施 …………………… 224
8.2 可用的突防技术措施 ………………………………………… 227
####### 8.2.1 反识别突防技术 ………………………………………… 228
####### 8.2.2 反拦截突防技术 ………………………………………… 233
####### 8.2.3 体系对抗突防技术 ……………………………………… 234
8.3 突防效能分析 ………………………………………………… 235
####### 8.3.1 反识别突防技术效能评估 ……………………………… 236
####### 8.3.2 反拦截突防技术效能评估 ……………………………… 239
8.4 远程制导火箭突防战法 ……………………………………… 240
####### 8.4.1 电子压制突防 …………………………………………… 240
####### 8.4.2 隐蔽伪装突防 …………………………………………… 241
####### 8.4.3 饱和打击突防 …………………………………………… 241
####### 8.4.4 多波攻击掩护突防 ……………………………………… 241
####### 8.4.5 多方向分布式打击突防 ………………………………… 242
####### 8.4.6 高低弹道组合突防 ……………………………………… 242
####### 8.4.7 纵横弹道协同突防 ……………………………………… 242
####### 8.4.8 高超声速闪击突防 ……………………………………… 243

参考文献 …………………………………………………………… 245
索引 ………………………………………………………………… 247

第1章

绪　论

1.1 远程制导火箭的发展

随着世界军事需求的提高和战争形态的演进，远程、精确、快速打击成为陆军火力作战的重要发展方向，野战火箭武器以其突然、猛烈、高效的火力特点和信息技术、制导技术等高新技术的易实现性，成为世界各国陆军远程、精确火力打击装备发展的重要载体。各国在大力发展空军、导弹部队等远程打击力量时，仍然高度重视远程制导火箭的发展，使其成为陆军远程火力作战的主体力量和联合火力打击的骨干力量。

1.1.1 国外发展现状

自二战苏联的"喀秋莎"火箭炮在战争中发挥了巨大威力之后，火箭炮在现代战争中的地位与作用也日趋突出，世界各国开始普遍重视火箭武器的发展，其中，以俄罗斯和美国为主要代表。

1.1.1.1 苏联（俄罗斯）

苏联（俄罗斯）是世界上发展火箭炮武器较早的国家之一。苏联在"喀秋莎"的基础上继续研制了多种性能更先进的火箭炮，其火箭炮型号之多、装备数量之大，在世界处于领先地位。20世纪五六十年代，苏联主要发展了БМ-14-8、БМ-14-16、БМ-14-17、БМ-21和БМ-24等多种型号的火箭炮，其中以БМ-21式"冰雹"122 mm火箭炮最为有名，其最大射程20 km。

苏联陆军于1977年装备了БМ-22式"飓风"220 mm火箭炮，该火箭炮的射程达40 km，从射程上可以弥补师属地地战术导弹和师属БМ-21式火箭炮的火力空白。

苏联炮兵部队中还有一种十分引人注目的新型大威力火箭炮，这就是БМ-30式"龙卷风"300 mm多管火箭炮系统。该火箭炮1987年正式列装，装备方面军的炮兵师火箭炮旅，射程70 km，用于压制敌纵深地域导弹或火炮发射阵地，破坏敌作战指挥系统，摧毁坚固防御工事，毁伤坦克和装甲车辆，杀伤有生力量。

БМ-30式"龙卷风"300 mm多管火箭炮最突出的优点是较好地解决了传统火箭炮射弹散布大、命中精度差的难题。"龙卷风"火箭炮发射的火箭弹直径300 mm，重800 kg，战斗部重280 kg，最大射程达到70 km，但是它的距离散布只是射程的0.23%，接近普通野战火炮的精度。它之所以获得如此优异的效果，主要是在火箭弹上采用了简易控制技术。在飞行初始段，借助火箭弹上的燃气发生器产生矢量气体，对飞行方向偏差进行修正。火箭弹在飞行过程中通过高速旋转保持飞行稳定性。在弹道降弧段，通过控制开舱时间进行距离修正。正是由于采取了以上一系列措施，才使其精度提高了两三倍。

近年来，俄罗斯在火箭武器的增程和制导化改造方面也做了大量工作。正在研发的"狂风-G"火箭炮（图1-1），采用了GLONASS制导技术发展了制导火箭弹。该火箭炮射程可达120 km，发射准备时间缩短到3 min，采用箱式设计，并可在同一平台发射多种弹径和射程的火箭弹。

图1-1 "狂风-G"火箭炮

俄罗斯对于无控火箭、简易控制火箭的作战运用理论研究较早,但能公开查到的资料较少。在中国兵器工业集团翻译的《远程多管火箭炮武器系统及其效能》一书中,介绍了其远程多管火箭炮简易控制火箭子母弹的射击效能问题,关于其制导火箭的火力运用问题未见报道。

1.1.1.2 美国

美国是发展火箭炮较晚的国家。20 世纪七八十年代,美国为了赶上世界火箭炮发展形势,依托其技术优势,与北约合作研发了 M270 式 227 mm "玛斯"多管火箭炮(图 2-2),并于 1983 年正式交付美军使用。该炮采用箱式设计,可在同一平台上发射火箭弹和陆军战术导弹。该火箭炮的最大射程刚开始为 45 km,后来向 70 km、80 km 发展。该火箭炮与传统的野战炮兵武器相比,无论是在精度、威力上还是在反应能力上都有了大幅提高。3 名操作人员在 1 min 内就可完成 12 发火箭弹的瞄准与发射工作。一部 M270 式 "玛斯"火箭炮发射车一次装填 12 发 M26 型火箭弹,可抛撒 7 728 颗子弹,覆盖面积达 12 万~24 万 m^2。每一发火箭弹的饱和区域为直径 120~200 m,一门火箭炮可分别向目标区内多达 12 个瞄准点发射火箭弹,以确保全面覆盖。M270 式 "玛斯"多管火箭炮系统最大的特点是采用自主式炮兵发射装置,整个发射系统的装填、测量、定位和瞄准全部实现自动化。

图 1-2 M270 式 "玛斯"多管火箭炮

1991 年海湾战争爆发后,美陆军考虑到在纵深攻击和战场机动性等方面的不足,开始对 M270 式 "玛斯"多管火箭炮进行改进。改进后的新型系统定型为 M270A1 式多管火箭炮,改进后的火控系统提高了装备操作性能、生存能力、可靠性,缩短了系统反应时间,适应了弹药系列化的发展需求。

之后，为了提高作战灵活性，美陆军又在 M270 式"玛斯"多管火箭炮的基础上发展了"海玛斯"高机动性多管火箭炮（图 1-3）。这种火箭炮重量轻、机动性高，便于运输机远距离运送，采用 1 个发射箱，能够一次齐射 6 发火箭弹或发射 1 枚陆军战术导弹。

图 1-3 "海玛斯"高机动性多管火箭炮

资料显示，美国波音公司于 2013 年年初推出了 M26 式 227 mm 超远程制导火箭弹，采用卫星制导体制，射程达 150 km；若火箭发动机采用新型推进剂，其射程将增至 150～200 km。

美军认为火力毁伤的效果不仅是火力密度的问题，还与目标易损性及其战术价值有关。美军 M270 式火箭炮武器系统以营为建制编配于火力旅和炮兵旅，在使用中强调在火力计划、协调及执行的各个阶段都要有其相应的规范和章程，谋求建立标准化的火力运用流程。如美军野战炮兵的"阿法兹"战术数据系统，重点考虑基于战场火力分配及辅助决策的考虑而设计，可以实现炮兵武器系统火力运用的优化和控制。

1.1.2 国内发展现状

我国一直重视高度火箭武器的发展，先后装备过 107 mm、122 mm、130 mm、180 mm、273 mm 和 300 mm 多个口径的火箭炮。目前，在中程箱式火箭炮平台上的射程超过 40 km，正在发展弹道修正弹药和卫星制导弹药。对 300 mm 远程多管火箭炮武器系统（图 1-4）进行了增程化和制导化改造，发展了远程箱式火箭炮武器系统（图1-5），实现了战役纵深内点面结合、功能交叉的远程精确打击能力。

图1-4 300 mm远程多管火箭炮

图1-5 远程箱式火箭炮

国内对于远程制导火箭的火力运用研究随着装备论证和研制同步进行。基于远程制导火箭技术特点，从目标优选、火力分配、瞄准点选择、作战协同和射击手段选择等方面开展了系统性的研究。结合火力运用问题，同步开展了火力任务规划方面的研究工作，但关于远程制导火箭火力运用的体系化成果还较少。

1.2 远程制导火箭的特点

远程火箭弹采用了制导技术后，与传统炮兵弹药相比具有如下特点。

（1）射程远。能够进行不同射程、不同弹径的多弹种共架发射，实现了数百千米战役纵深内的火力衔接，具备战役全纵深多能、多维、高效、精确打击能力。

（2）精度高。采用低成本制导技术，射击精度达数十米或数米级（CEP指标），末制导精度（CEP）达到米级，具备战役纵深点面结合、功能复合的精确打击能力。

（3）打击方式多样。形成了"软杀伤"与"硬摧毁"相结合的弹种型谱系列，具备针对不同性质高价值目标的多样化精确打击能力和复合毁伤能力。

（4）反应速度快。作战平台具有较强的野战越野能力，火力反应速度达到数分钟，发射时间短，"打了就走"；火力连续性强，具备"快速占领、快速射击、快速撤离"能力，实现突然、猛烈、高效、精确火力打击。

（5）射击方法灵活。远程制导火箭弹的弹道控制能力较强，能对单个点目标、多个点目标、单个面目标的不同部位进行"一次调炮、多点攻击"，也可采用固定射角快速射击。

（6）信息化程度高。武器装备系统性强，指控平台与火力平台信息交互密切，综合利用天基、空基、特战等多源信息能力增强，基于体系支撑遂行作战任务特点明显，作战效率提高。

（7）一体化作战能力强。能够有效利用联合作战体系支撑条件进行多元化情报信息处理，能综合利用无人机、卫星、巡飞弹等多种侦察手段提供的图像和数据信息进行目标侦察、监视和打击效果评估，实现"侦—控—打—评—保"一体化。

第 2 章

远程制导火箭采用的主要制导技术

远程制导火箭武器系统采用了大量信息化技术和制导技术，其中，在火箭弹上采用制导技术是提高其精度的主要措施。制导方式通常可分为自主制导、寻的制导和复合制导等。

2.1　自主制导技术

2.1.1　卫星制导

卫星系统由空间部分、地面监控部分和卫星信号接收机三大部分组成，可全球、全天时、全天候地为各类用户提供连续、实时、高精度的三维位置、三维速度和时间信息。多颗卫星在太空中组成卫星网，以确保在地球上的任何一点都可同时接收到数颗卫星的信号，用户通过这些信号能准确快速地确定自身所在的地理位置及经纬度、高度。卫星能快速、连续地提供高精度三维位置、速度和时间信息，实现近乎实时的导航，一次定位时间只要几秒到几十秒即可完成，军用级导航精度经过差分之后可以达到分米级。

2.1.1.1　卫星信号接收机的工作原理

卫星定位系统的卫星信号接收机是一种相干接收机。与普通接收机相比较，它还具有码的捕获、码的锁定、电文解调和位置计算等功能。其计算功能是由接收机内的微处理器（CPU）和部分存储器（包括软件）实现的，码的捕获、锁定和解调则由相应的部件实现。图 2 – 1 是卫星信号接收机的功能框图。

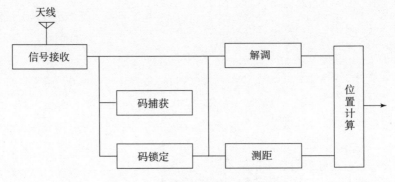

图 2 – 1　卫星信号接收机的功能框图

（1）码的捕获。码的捕获就是检测伪随机码自相关输出的极大值，通常是采用相关试探的方法进行搜索。具体步骤分两步：①选定某一初相的本地码与所接收的码进行相关检测，如果这时相关输出为低电平，则移动本地码（通常移动半个码元）；②观察相关输出的电平，如果仍是低电平，则再次移动本地码，直到取得最大相关输出（高电平）。尽管这一过程是由电路自动搜索和检测的，但考虑到自相关函数是通过积分运算后输出，本地码的移动不能过快，否则将会漏掉相关输出的峰值。这种相关探测最多可能进行 $2P$ 次（P 为伪随机码长）。当所使用的伪随机码码长很长时，需花费的时间是相当可观的，即存在捕获时间问题。

（2）码的锁定。由于卫星相对卫星信号接收机在不断地运动，伪距离也必然随之变化，为此，必须使本地码不断地适应变化才能保持所捕获的最大相关输出，不致得而复失。如果能使接收机在完成码捕获后自动地跟随伪距变化，始终保持相关输出为最大，那么就可以随时自本地码的延迟读出瞬时的伪距离。锁定回路分双比特延迟锁定回路和单比特延迟锁定回路。

（3）电文码的解调。卫星向用户发送导航电文采用扩频通信技术。扩频技术是指在发射端将基带信号（即所播送的信息）先经频谱扩展后再发射出去的技术。在接收端，则通过相关技术来解调这种扩展了的信号，恢复原来的信息。采用伪随机码实现扩展频谱的方法是通过波形相乘，把基带信号调制到伪随机波形上。由于伪随机码的码率比要发送的信号（数据）的码率（如 50 bit/s）高很多，所占用的频带也宽很多，故称这种调制叫扩频调制。

需要说明的是，码的捕获、锁定和电文码的解调都是以伪随机码为基础的。实际上这些码都是调制在载波信号上被发射和接收的。原则上也可以用所接收的信号与本地信号进行相类似的码的捕获、码的锁定和电文码的解调，只是在解调时不仅要求保持码同步，还要求保持载波同步。可借用信号经平方律非线性器件得到纯净载波，并用锁相环路来达到载波同步。

2.1.1.2 卫星信号接收机的功能与组成

1. 功能

（1）能对多颗卫星同时进行伪距和多普勒测量。
（2）能接收每颗所测卫星发送的导航电文。
（3）能存储全部卫星的日程表，在同时观测少量卫星时能实时进行最佳选星，并可显示其 GDOP 值（误差放大因子）。
（4）机内计算机能按所接收的卫星星历计算所测卫星在观测时刻的位置和速度，并依据所得到的伪距和多普勒观测值计算接收机的位置和速度。
（5）具有输入/输出功能，能方便地输入接收机粗略位置、工作模式的选择和输出导航结果。

2. 卫星信号接收机基本组成

卫星信号接收机的简化框图如图 2-2 所示。

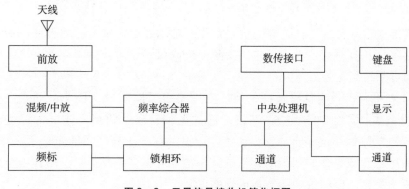

图 2-2 卫星信号接收机简化框图

图 2-2 中天线和前放（前置放大）部件通常为密封件，通过电缆与射频部分相连。其元件及封装应能保证该部件在恶劣环境（温度、气象等）下工作。

射频部分由混频/中放、频率综合器和锁相环组成，主要功能是把天线/前放送来的 L 波段信号经混频器进行频率变换，变成较低的中频信号以便处理。

通道部分由相关器、码产生器、载波及码相位误差信号取样机、相应的控制逻辑和滤波器组成。该部件的主要功能是进行所测卫星跟踪锁定，取得伪距和多普勒观测量值，提取卫星星历、卫星钟参数和电离层参数以及卫星的日程表。

中央处理机包括中央处理器（CPU）、一定容量的可编程序只读存储器（EPROM）和非易失性随机存储器。中央处理机完成接收机的所有功能控制。主要完成工作程序的存储，功能菜单的选择、转换、执行，系统定时和同步数据处理及内外设备间的数据传输。

2.1.2 惯性制导

惯性制导（INS）是利用制导火箭弹上装置的惯性器件测量制导火箭弹相对惯性空间的运动参数，在给定运动的初始条件下，自主地形成控制信号以控制制导火箭弹飞行的一种自主制导技术。惯导系统主要由陀螺稳定平台、加速度计、弹上制导计算机及稳定控制系统等组成。

陀螺稳定平台是一套陀螺稳定系统，一般由陀螺仪、加速度计、常平架和平台伺服机构组成。陀螺稳定平台的作用：隔离弹体的角运动；解决加速度计的空间稳定问题，为其建立一个不受外界干扰的量测基准；获得导弹角位置信息。

陀螺稳定平台有二轴陀螺稳定平台和三轴陀螺稳定平台，后者保证被稳定物体在三个相互垂直的轴上稳定，又称空间陀螺稳定平台。

惯导系统可分为如下几类。

（1）平台式惯性制导系统，包括空间稳定惯性制导系统、进动式惯性制导系统、重力惯性制导系统。其核心部件是装有惯性敏感元件（加速度计和陀螺仪）的陀螺稳定平台。它给加速度计提供量测基准（惯性坐标系），隔离惯性敏感元件与导弹的角运动，从框架轴拾取导弹姿态角信息。陀螺稳定平台通过平台稳定回路将平台稳定在惯性空间。

①空间稳定惯性制导系统。用一个三轴陀螺稳定平台，实现对惯性空间的

稳定。平台上装有三个相互垂直的线加速度计，量测惯性空间三个正交方向的加速度分量。这种惯性制导系统应解决重力加速度的修正和惯性坐标系向地面坐标系的转换问题。

②进动式惯性制导系统。用一个三轴陀螺稳定平台。平台必须相对惯性空间进动，以保证平台不断地跟踪当地水平面。测量平面内的两个线加速度计量测地球东向、北向（经度、纬度）加速度。这种惯性制导系统应消除由于地球自转、弹体相对地球运动引起的哥氏加速度、火箭弹围绕地球表面运动引起的向心加速度等有害加速度，还应消除地球为椭球带来的影响。

③重力惯性制导系统。加速度计和陀螺仪分别装在两个陀螺稳定平台上。安装陀螺仪的平台稳定在惯性空间，安装加速度计的平台跟踪当地水平面（跟踪重力线）。两个平台由一个转轴相连接，旋转轴与地球自转轴平行，并以地轴角速度旋转。由两个平台的几何关系确定经、纬度，多用于船舶、潜艇的导航、定位。

（2）捷联式惯性制导系统。捷联式惯性制导系统是一种没有实体平台的惯性制导系统，通常由位置陀螺仪、加速度计和制导计算机等组成，陀螺仪和加速度计直接安装在制导火箭弹弹体上。

①位置陀螺仪利用陀螺的定轴性测量弹体的姿态角。速率陀螺仪利用陀螺的进动性测量弹体的瞬时角速度。

②加速度计组合的敏感轴相对弹体固定，用来测量视在加速度在弹体三个轴上的分量。

③制导计算机需把加速度计组合，陀螺仪输出的在弹体坐标系的视在加速度、弹体姿态角或瞬时角速度通过坐标变换转换到惯性坐标系，并进行重力加速度的补偿，算出弹体相对惯性坐标系的运动参数（速度、位置等）。

在捷联式惯性制导系统中，由于制导计算机（数学平台）实际上替代了陀螺稳定平台的功能，取消了复杂的陀螺稳定平台，可使该制导系统具有明显的优势。捷联式惯性制导系统常与其他自主制导系统复合，构成复合自主制导系统。

捷联式惯性制导系统可分为位置捷联惯性制导和速率捷联惯性制导。

（3）组合式惯性制导系统。该系统将敏感方向相互垂直的三个加速度计放在惯性空间稳定的三轴陀螺稳定平台上，可测得加速度矢量在惯性坐标系三个正交轴上的投影。加速度计不仅对惯性加速度矢量敏感，对重力加速度也敏感。由加速度计测得的加速度必须去掉重力加速度的影响。

平台式和捷联式惯性制导系统如图 2 - 3 所示。

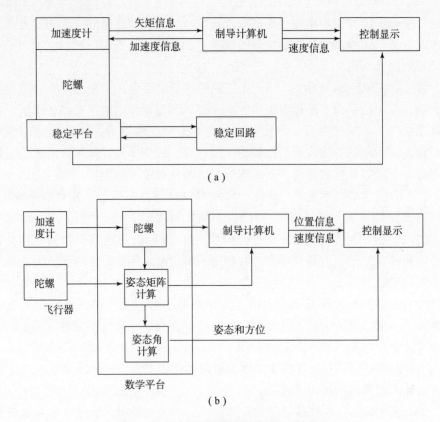

图2-3 平台式和捷联式惯性制导系统框图
(a) 平台式惯性制导系统；(b) 捷联式惯性制导系统

2.2 寻的制导技术

2.2.1 寻的制导分类

　　寻的制导又称自动导引制导。它利用装在弹上的导引头（寻的器）接收目标辐射或反射的某种特征能量，确定目标和制导火箭弹的相对位置，在弹上形成控制信号，自动将弹导向目标。

2.2.1.1　根据能源所在位置划分

根据能源所在位置的不同,可分为主动寻的制导、半主动寻的制导和被动寻的制导三种。

(1) 主动寻的制导:制导火箭弹上装有主动导引头,主动导引头对目标进行照射,照射信号由目标反射被导引头接收,输出导引规律要求的信息。信息经处理后,按导引规律的要求形成控制信号,导引火箭飞行。

(2) 半主动寻的制导:照射目标的信号在弹外产生。制导火箭弹上的导引头接收目标的反射信号,输出导引规律要求的信息。信息经处理后,按导引规律的要求形成控制信号,导引制导火箭弹飞行。

(3) 被动寻的制导:制导火箭弹的导引头接收目标本身辐射的能量或自然界的电磁波在目标上的反射能量,输出导引规律要求的信息。信息经处理后,按导引规律的要求形成控制信号,导引火箭飞行。

2.2.1.2　按照能源的物理特征划分

按照能源的物理特征不同,可分为无线电寻的制导和光电寻的制导两种。

(1) 无线电寻的制导:利用装在制导火箭弹上的设备接收目标辐射或反射的无线电波,实现对目标的跟踪,输出导引规律要求的信息。信息经处理后,形成导引规律要求的控制信号,导引火箭飞行。

(2) 光电寻的制导:利用装在制导火箭弹上的设备接收目标辐射或反射的光波,形成目标点源信息或图像信息。信息经处理后,实现对目标的跟踪和对弹的控制。

光电寻的制导可分为光电点源寻的制导和光电图像寻的制导两类。红外寻的制导和激光半主动寻的制导等光电点源寻的制导、电视寻的制导和红外图像寻的制导等光电图像寻的制导得到广泛使用。

采用寻的制导体制时,制导站只起选择目标、发射火箭的作用,有时也提供照射目标的能源(半主动寻的制导时)。火箭弹发射后,观测、跟踪目标,形成控制信号,控制火箭弹飞行等都由弹上设备来完成。

2.2.2　无线电寻的制导技术

无线电寻的制导系统一般由雷达导引头、控制信号形成装置、自动驾驶仪和弹体组成。

无线电寻的制导系统的主要测量装置是雷达导引头，其任务是自动搜索、识别、截获目标，对目标角坐标、距离、速度等进行自动跟踪，按导引规律的要求输出测量信息（视线角速度、弹体—目标接近速度、天线相对弹体的转角等），从而给出控制信号。

雷达导引头包括微波雷达导引头和毫米波雷达导引头。

1. 微波雷达导引头

微波雷达导引头作为微波雷达制导的核心部件，在无线电寻的制导中占有主导地位，主要采用微波波段的主动导引头及复合导引头。导引头的组成与雷达体制和天线稳定方式有关，主要由发射/接收设备及天线伺服系统等组成。导引头安装在弹体上，必须有消除弹体耦合的能力，使导引头天线在空间稳定。为此，导引头具有角稳定回路和角跟踪回路，角稳定回路实现导引头天线与弹体的隔离，角跟踪回路实现导引头对目标的精确跟踪和量测（定位）。

2. 毫米波雷达导引头

毫米波是指波长为 0.1~1 cm 的波段，毫米波雷达导引头的频率范围为 30~300 GHz，界于微波波段和红外波段之间，兼有两个频段的固有特性，是导弹精确制导的理想波段。

毫米波雷达制导的主要技术特点为：

（1）毫米波波束窄，测角精度和角分辨率高，导引精度高，并有一定的成像能力。

（2）工作频率高，频带宽，除非预知确切频率否则很难干扰。毫米波天线旁瓣小，以低功率、窄波束发射，截获困难，抗干扰能力强。

（3）多普勒分辨率高，从背景杂波中区分运动目标的能力强，对目标的速度鉴别性能好。

（4）低仰角跟踪性能好。

（5）穿透云雾尘埃能力强。

（6）体积小，质量轻。

（7）大气损耗随频率增高加大，限制了毫米波雷达导引头的作用距离。

毫米波雷达制导常用的工作模式有主动式和被动式。当要求增大作用距离、提高跟踪精度、抑制目标闪烁噪声时，常采用主动/被动双模式工作方式。主动模式扫描、搜索、截获、跟踪，目标信号被捕获后，主动跟踪转为被动跟踪,直到命中,工作模式的转换由计算机完成。

2.2.3 光学寻的制导技术

光学制导技术可以获得比其他制导方法更高的制导精度。制导精度与目标探测系统对目标的角分辨率密切相关。角分辨率与探测系统的工作波长、光学系统（或无线电天线）的孔径、目标距离有关。波长越短,天线孔径越大,距离越近,角分辨率越高,所以要缩短工作波长。

2.2.3.1 红外点源寻的制导技术

红外点源寻的制导是一种被动寻的制导,它利用弹上设备接收目标辐射的红外能量,并把它变成电信号,实现对目标的跟踪。

红外点源导引头是可接收波长为 $0.75\sim1\,000\,\mu m$ 电磁辐射的自动寻的装置,常用波长为 $1.06\,\mu m$、$3\sim5\,\mu m$、$8\sim14\,\mu m$。

红外点源导引头是被动量测系统,它需从背景噪声中提取红外目标信号。红外点源导引头是一种能量检测系统,目标、背景都是检测对象,它需要从空间、时间、光谱等特征方面,经调制或滤波,抑制背景噪声,提取目标信号。

红外导引头技术已经历了三代。第一、二代红外导引头都是以目标的高温部分作为制导信息源。从信息处理角度,第一代以信号幅值来鉴别目标,第二代以信号时间（信号脉冲宽度、信号脉冲数目等）来鉴别目标。第一、二代基本工作原理都是以调制盘调制为基础,导引头借助位于系统像平面上的调制盘从大面积背景中区分出点目标。

红外点源导引头只用一个单一的红外探测器,不能抗点源红外干扰（例如假目标、红外曳光弹、红外干扰机等）和复杂背景干扰（地物干扰、海面太阳光亮带等）,也不能区分多目标。热屏蔽、伪装、隐身技术威胁着常规调制盘式的红外点源导引头的生存能力。

目前,调制盘已逐渐被淘汰,而改用瞬态视场很小的探测元件,在空间进行扫描探测。典型的红外点源导引头有多元扫描探测红外点源导引头、双色双模红外点源导引头。

2.2.3.2 红外成像寻的制导技术

多种红外积极干扰、消极干扰以及红外隐身技术的出现,直接威胁着红外点源(非成像)寻的制导的生存能力。红外成像寻的制导为被动寻的制导和图像制导,制导精度高,制导火箭弹可直接命中目标,或命中目标的要害部位。红外成像寻的制导技术成为精确制导技术的关键和支撑技术。红外成像寻的制导技术代表了当代红外寻的制导技术的发展方向。

红外成像导引头与红外点源导引头不同,可提供二维红外图像信息,其技术特点如下:

(1)灵敏度高,导引精度高。导引头等效温差 $\leqslant 0.05 \sim 0.1 ℃$,空间分辨率 $\leqslant 0.2 \sim 0.3$ mrad,能满足探测远程弱目标和鉴别多目标的要求。

(2)抗干扰能力强。在多种复杂人为干扰和背景干扰条件下,能够自动搜索、捕获、识别目标和跟踪目标,按目标要害部位进行命中点选择。

(3)准全天候工作。在 $8 \sim 14$ μm 远红外波段,可昼夜工作,穿透烟雾能力强。

红外成像导引头由实时红外成像器和视频信号处理器组成,其工作流程如图 2-4 所示。

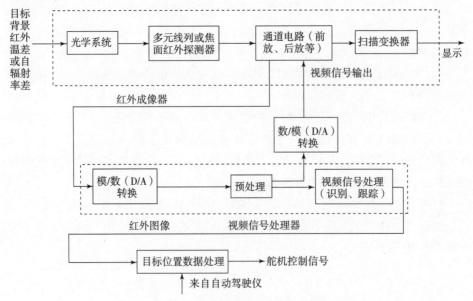

图 2-4 红外成像导引头工作流程

（1）实时红外成像器：获取和输出外界景物中的红外图像信息。

（2）视频信号处理器：对景物中可能存在的目标完成探测、识别、定位等多种功能，并将目标位置信息输送到目标位置处理器，实现对目标的精确定位，计算目标位置和命中点。

多元红外探测器是实时红外成像器的关键。目前主要采用光导型和光伏型 $3 \sim 5$ μm 波段（中波）和 $8 \sim 14$ μm 波段（长波）的锑化铟器件和碲镉汞器件。

2.2.3.3 激光寻的制导技术

激光寻的制导是由制导火箭弹外或弹上的激光束照射到目标上，弹上的激光导引头利用目标漫反射的激光能量，实现对目标的跟踪。

激光寻的制导有半主动寻的制导和主动寻的制导之分。

（1）激光半主动寻的制导由激光导引头和激光目标指示器两部分组成。激光导引头有万向支架式、陀螺稳定式、陀螺光学耦合式、陀螺稳定探测器式和捷联式。

激光导引头利用多元器件实现了测角和定向。常见的多元器件是四象限元件，采用振幅和差式、对角线相减式、四象限管对接式。四象限元件的定向原理如图 2-5 所示。

（2）主动激光寻的制导和激光雷达。近年来激光雷达技术取得了惊人的进步，激光制导雷达成为精确制导的重要手段和重要发展方向，其中有激光主动制导雷达、激光成像制导雷达以及激光半主动制导雷达。激光制导雷达的基本组成和工作原理与微波雷达相似，基本功能是目标定位，测出目标角位置、距离、运动方向和速度；工作体制有单脉冲、连续波、线性调频、脉冲压缩、调频连续波、脉冲多普勒等多种体制；结构形式有单一激光雷达型、微波雷达—散光雷达复合型、红外成像—激光雷达复合型。其主要优点是：

①高角度分辨率，测角误差达 $0.1 \sim 1$ μrad。

②高距离分辨率，可达毫米级。

③高速度分辨率，测速范围宽，速度分辨率达每秒毫米级，测速范围达 $0.01 \sim 3\,000$ m/s。

④工作波长已由近红外扩展到中、远红外以及紫外区。

⑤信号检测方式由能量检测扩展到相干检测，并以相干检测为主。

⑥具有成像能力，可获得目标反射激光的辐射几何分布图像、距离选通图

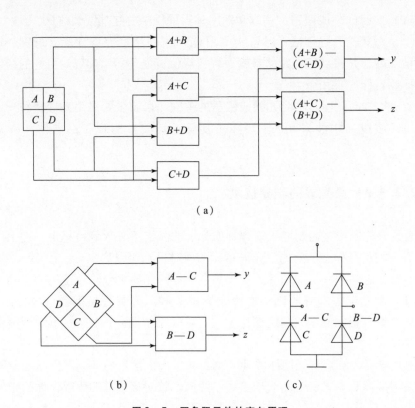

图 2-5 四象限元件的定向原理
（a）振幅和差式；（b）对角线相减式；（c）四象限管对接式

像和速度图像等多种目标图像，即具有强度、距离、速度三种成像功能，后两种成像功能是电视和红外成像所没有的。这些成像功能在目标三维成像识别、地形匹配制导、动目标成像显示等应用中独具特色。

⑦抗干扰能力强，对地物、背景干扰有很强的抑制能力。

⑧体积、质量较微波雷达小。

2.2.3.4　电视制导技术

电视制导分为被动寻的制导和图像制导。电视导引头可自动搜索、捕获和跟踪目标，检测目标与背景光能的反差；抗电磁波能力强，跟踪精度高；可在低仰角下工作，不存在雷达导引头的多路径效应，但只能在良好的能见度下工作，易受强光和烟雾的干扰。

电视导引头由电视摄像机、信号处理、目标图像跟踪、伺服系统等组成，其跟踪原理如图 2-6 所示。

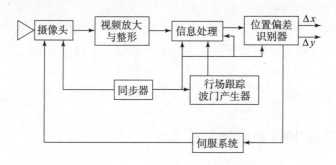

图 2-6　电视导引头跟踪原理框图

电视制导技术的目标确定是在弹载摄像机开始工作后进行的。先向地面站传回视频图像并由图像处理模块进行消旋，然后在显示终端上输出，由操作人员在适当时机对连续图像进行冻结，再对冻结图片中的目标进行识别和确定。

当目标确定后，电视制导段的弹道修正量由地面站视频处理程序自动生成。该程序通过计算视频图像中目标点与视场中心的距离推算出弹道的角度偏转量，得出弹载舵机的工作参数，然后将该参数发送给舵机控制单元，从而控制弹体准确地飞向指定目标。其原理过程如下：

当制导火箭弹发射时开始计时，进入下降阶段后，摄像机工作并由弹载天线向地面站传回视频图像。视频信号经消旋程序对图像逐帧消旋后，可在计算机屏幕上稳定显示。当目标出现在视场中时，操作人员冻结当前帧的图像并通过计算机屏幕上的坐标指针快速地确定图像中目标的位置，取冻结图像的时间为 t_1。程序可根据 t_1 调用弹道求解函数，求解出该时刻制导火箭弹在空中的坐标，即制导火箭弹弹距炮位的水平距离和弹道高度，完成修正量解算，并将修正量由地面发射天线传送到弹载处理器上，从而控制舵机对制导火箭弹弹道进行修正；同时发出信号通知地面站已经接收到修正数据，通知地面站停止发送该数据。如此反复，直至命中目标。

2.3　复合制导技术

随着现代化战争攻防对抗日益激烈、战场环境日趋复杂，单一方式的制导技术难以适应未来战争的需要。为了满足战场需求,将各种制导方式串接或并行组合、巧妙利用各自长处的复合制导方式应运而生。对于制导火箭弹来说,复合制导是指由多种模式的导引设备参与制导,共同完成对制导火箭弹的制导任务。从广义上说,应包括多导引头的复合制导、多制导方式的复合制导、多功能的复合制导以及多导引规律的串联、并联及串并联的复合制导。本节主要讨论用于初、中段的卫星/INS复合制导和寻的复合制导。

2.3.1 卫星/INS 复合制导技术

惯性导航系统(INS)是一种既不依赖于外部信息又不发射能量的自主式导航系统,隐蔽性好,抗干扰能力强。惯性导航系统所提供的导航数据十分完全,除能提供载体的位置和速度外,它还能给出航向和姿态角。另外,它还具有数据更新率高、短期精度和稳定性好的优点。其缺点是定位误差随时间积累和每次使用之前初始对准时间较长。

卫星导航定位系统是一种星基无线电导航和定位系统,能为世界上陆、海、空、天的用户全天候、全时间、连续地提供精确的三维位置、三维速度以及时间信息。其缺点是动态响应能力较差,易受电子干扰影响,信号易被遮挡以及完善性较差。

在卫星/INS复合制导系统中,INS和卫星之间彼此可以优势互补,取长补短。卫星信号接收机可以向INS提供有关其当前的累积误差的实时而准确的数值,并进行补偿,提高制导精度。INS能够将准确的位置和速度初始值提供给卫星接收机跟踪回路,从而减少其采集卫星信息所需要的时间。在制导过程中,INS把速度和加速度信息提供给卫星信号接收机,可以提高卫星信号接收机的抗干扰能力和动态特征。如果卫星信号接收机失去对卫星的自动跟踪,INS仍然能够独立工作,并且提供的位置和速度值能够帮助卫星信号接收机及时地采集卫星信息。

卫星/INS复合制导的关键技术包括以下5个方面。

(1)在INS方面,要发展各种新型惯性传感器技术,例如激光陀螺、光纤陀螺、半球谐振陀螺以及各种微光电制造技术。

(2)在卫星接收方面,要采用各种最新半导体器件和集成电路,组装出性能优良的卫星信号接收机。

(3)在卫星/INS组合方面,要发展卡尔曼滤波配置和误差估值等新技术。

(4)在发展卫星/INS弹载综合技术方面,要发展传递对准、瞄准攻击和精度分析等技术。

（5）在干扰和抗干扰方面，要发展卫星接收机的干扰和抗干扰、加密和解密以及精度补偿等技术。

目前，卫星/INS复合制导多采用卡尔曼滤波器的组合方法。应用卡尔曼滤波器设计组合系统的原理是：首先建立以惯导系统误差方程为基础的组合导航系统状态方程，并在导航系统误差方程的基础上建立组合系统的测量方程。这两个方程为时变线性方程。采用线性卡尔曼滤波器为惯导系统误差提供最小方差估计，然后利用这些误差的估计值去修正惯导系统，以减少导航误差。另外，经过校正后的惯导系统又可以提供导航信息，以辅助卫星系统提高其性能和可靠性。

卫星/INS复合制导技术是把INS和卫星有效地组合，其基本方法有两种：一种方法称为紧耦合，如图2-7所示；另一种方法称为松耦合，如图2-8所示。其中，卡尔曼滤波器是INS和卫星组合的关键器件，起到数据融合作用。

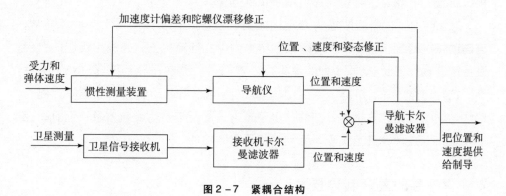

图2-7 紧耦合结构

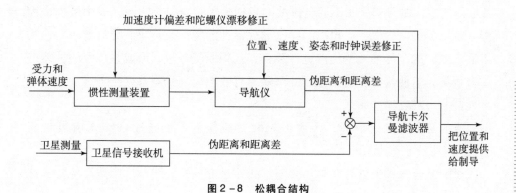

图2-8 松耦合结构

松耦合方法的优点是构成卫星/INS复合制导比较简单，技术上容易实现，制导精度可以达到13～16 m。紧耦合方法采用一个卡尔曼滤波器来统一处理卫星测量得到的伪距和距离差以及从惯性组合来的5～10 s更新一次的误差状态信息，这在技术上有一定难度。由于系统共用一个卡尔曼滤波器，存在一个相互权衡、彼此协调的最优化设计问题。紧耦合方法的优点是精度较高，达到米级。

卫星与INS的组合可以通过硬件一体化组合实现或采用软件组合方式实现。

如果是硬件一体化组合，那么两个子系统在观测过程中就可以实现互相辅助。例如，在高动态应用环境中（诸如飞机导航），采用INS的速度信息辅助卫星信号接收机的码相环路，可以减少其跟踪带宽，增加其抗干扰能力；可以在失锁后快速捕获卫星信号等。这种组合方式，有利于减少整个组合系统的体积、质量、电耗等，目前大都应用于军事领域。

卫星与INS按照软件组合方式构成组合系统，在实践中易于实现。通常，只需要相应的接口将卫星和INS数据传输到中心计算机上，并利用相应的软件进行两套数据的时/空同步和最优组合处理即可。捷联惯导系统（SINS）最适合于这种组合方式，SINS直接输出陀螺仪测得的角运动信息和加速度计测得的线运动信息到计算机中，并估计出位置、速度及姿态等导航信息；而且，反馈校正可以在计算机上实现，无须反馈给INS硬件。

2.3.2 寻的复合制导技术

寻的复合制导即采用不同电磁波的多种模式的导引头共同完成中远程火箭弹末端寻的的制导任务。根据不同制导火箭弹的特点及其末制导的要求，选用不同电磁波的制导模式的优点进行复合，互相取长补短，形成系统寻的性能的综合优势，可使其在性能上有质的飞跃，有效地提高武器系统抗干扰性能、总体性能和可靠性。

寻的复合的方式很多，大致可分为光波复合、电波复合和光电复合三大类。

光波复合方式主要有红外+紫外、红外+可见光、红外（中波红外）+红外（长波红外）、红外+激光等。

电波复合主要有主动+被动等。

光电复合主要有电波+光波、毫米波+光波等。

各种导引头可以选择不同的频段和工作体制,例如,宽带被动导引头可以是窄带,也可以是宽带;红外可以是中波红外、长波红外、成像、焦平面阵等;主动导引头和毫米波可以是单脉冲体制,也可以是调频连续波体制。

第 3 章

远程制导火箭的目标选择

远程制导火箭的射程达数百千米，具备战役纵深精确点打击和精确面压制相结合的远程精确打击能力。在基于网络信息体系的一体化联合作战中，应当以目标为中心遂行火力打击任务。远程制导火箭弹作为高价值弹药，在遂行作战任务时需量敌用弹、量目用弹，其打击目标清单最好能根据目标价值优化排序确定。

3.1 打击目标梳理

按照目标属性,可将陆军战术目标分为设施目标、有生力量集团目标、武器装备类目标三大类。结合远程制导火箭武器系统作战使命和任务定位,可梳理出 15 个一级子类目标、42 个二级子类目标、73 个三级子类目标,如表 3-1 所示。

表 3-1 远程制导火箭打击目标体系

编号	目标类型	一级子类目标	二级子类目标	三级子类目标
1	设施	指挥机构	党政首脑机关	
2			军事指挥机构	指挥控制中心
3				师以上指挥所
4				旅团营指挥所
5		通信设施	军用通信设施(枢纽)	
6			卫星通信地球站	
7		侦察预警设施	雷达站	对空雷达站
8				对海雷达站
9			技侦阵地	
10			观察所	

续表

编号	目标类型	一级子类目标	二级子类目标	三级子类目标
11	设施	港口类	海军基地	
12			军港	
13			驻泊设施	
14			军用舰艇洞岸	
15			航道	
16		机场类	空军基地	
17			军用机场	机场指挥设施
18				机场跑道
19				机库
20				直升机起降场
21		导弹炮兵阵地类	导弹阵地	地地导弹阵地
22				地空导弹阵地
23				岸舰导弹阵地
24				巡航导弹阵地
25				导弹发射井
26			炮兵阵地	高炮阵地
27				火炮阵地
28		工事类	永备工事	永备指挥所
29				机枪永备工事
30				火炮永备工事
31				永备掩蔽工事
32				碉堡
33				半地下工事
34			坑道工事	指挥坑道
35				炮兵战斗坑道
36				步兵战斗坑道
37		军用仓库类	弹药库	
38			装备库	
39			燃油库	
40			军用加油站	
41			军械库	
42			综合库	

续表

编号	目标类型	一级子类目标	二级子类目标	三级子类目标
43	设施	陆上交通设施类	铁路	铁路桥
44				铁路隧道
45				铁路枢纽
46			公路	公路桥
47				公路隧道
48				公路枢纽
49				隘路
50		工业设施类	船舶工业	军用修造船厂
51			兵器工业	兵器制造厂
52				兵器修理厂
53			石化工业	油库
54			修理所（军）	
55	有生力量集团	作战群	步兵	机械化步兵
56				步战车连
57				集结步兵
58			炮兵部队	
59			装甲部队	集结坦克战车连
60	武器装备类	陆基平台	舟桥	
61		海基平台	驱逐舰（静止）	
62			护卫舰（静止）	
63			两栖（登陆）航船	
64		空基平台	飞机	静止歼击（强击、战斗、攻击）机
65				静止轰炸机
66				静止预警机
67				静止运输机
68				静止直升机
69		武器	雷达	地面雷达
70			通信导航设备	卫星通信
71			生化武器	
72			核武器	

与以往传统的火力覆盖不同,远程制导火箭打击精度提高,在数百千米的距离上对固定目标的打击精度甚至能达到米级。因此,在遂行作战任务时,需具体确定打击目标的属性以便进行弹目匹配,目标属性分析对于目标价值分析、火力分配等具有重要意义。

3.2 基于主成分法的目标价值分析

关于价值分析的方法已有不少,如加权平均值法、层次分析法、模糊排序法、神经网络法等,这些方法的应用在目标价值分析方面取得了一定的成果。但这些方法在确定影响目标价值因素的权重时受人的主观因素的影响很大,有的方法人工参与的因素较多,即主观影响因素较多,其结果有失客观,有时得到的结果会偏离真实情况。有的方法对目标属性的要求较多,导致计算量大、参数难以获取等。主成分分析法在指标权重的选择上较好地克服了主观因素的影响,较客观地反映样本间的现实关系。

3.2.1 主成分法计算模型

1. 原始指标数据的初始化

设有 n 个目标(样本),每个目标对应 p 个指标,则可得到目标价值指标原始矩阵 C:

$$C = \begin{bmatrix} C_{11} & C_{12} & \cdots & C_{1p} \\ C_{21} & C_{22} & \cdots & C_{2p} \\ \vdots & \vdots & \ddots & \vdots \\ C_{n1} & C_{n2} & \cdots & C_{np} \end{bmatrix} \quad (3-1)$$

式中,C_{ij} 为第 i 个目标的第 j 个指标值。

由于各指标的量纲不同,为消除量纲的影响,需对目标指标矩阵中各元素进行标准化变换,标准化变换的方法很多,在此采用 $Z-score$ 方法进行标准化,变换方法如下:

$$Z_{ij} = (C_{ij} - \bar{C}_j)/S_j \quad (3-2)$$

$$\bar{C}_j = \frac{1}{n}\sum_{i=1}^{n} C_{ij} \quad (3-3)$$

$$S_j^2 = \frac{1}{n-1} \sum_{i=1}^{n} (C_{ij} - \bar{C}_j)^2 \tag{3-4}$$

式中,$i = 1, 2, \cdots, n$;$j = 1, 2, \cdots, p$。

经过变换后得到矩阵 $\mathbf{Z}$:

$$\mathbf{Z} = \begin{bmatrix} Z_{11} & Z_{12} & \cdots & Z_{1p} \\ Z_{21} & Z_{22} & \cdots & Z_{2p} \\ \vdots & \vdots & \ddots & \vdots \\ Z_{n1} & Z_{n2} & \cdots & Z_{np} \end{bmatrix} \tag{3-5}$$

矩阵 $\mathbf{Z}$ 的各元素的值为均值为 0、方差为 1 的数。

2. 求指标数据的相关矩阵

指标数据的相关矩阵 $\mathbf{R}_{p \times p}$ 为

$$\mathbf{R} = \begin{bmatrix} r_{11} & r_{12} & \cdots & r_{1p} \\ r_{21} & r_{22} & \cdots & r_{2p} \\ \vdots & \vdots & \ddots & \vdots \\ r_{p1} & r_{p2} & \cdots & r_{pp} \end{bmatrix} \tag{3-6}$$

式中,r_{jk} 为指标 j 与指标 k 间的相关系数,且 $j = 1, 2, \cdots, p$;$k = 1, 2, \cdots, p$。

$$r_{jk} = \begin{cases} \dfrac{1}{n-1} \sum_{i=1}^{n} Z_{ij} Z_{ik}, & j \neq k \\ 1, & j = k \end{cases} \tag{3-7}$$

3. 求相关矩阵 $\mathbf{R}$ 的特征值和特征向量

根据特征方程 $|\lambda \mathbf{I} - \mathbf{R}| = 0$ 求取矩阵 $\mathbf{R}$ 的特征值 $\lambda_g (g = 1, 2, \cdots, p)$ 和相应的特征向量 $\mathbf{q}_g (g = 1, 2, \cdots, p)$。特征值 λ_g 是主成分的方差,它的大小描述了各主成分在描述被评价对象中所起作用的大小。

将标准化的指标变量转换成主成分:

$$F_g = q_{g1} z_1 + q_{g2} z_2 + \cdots + q_{gp} z_p \tag{3-8}$$

式中,$q_{gi}(i = 1, 2, \cdots, p)$ 为第 g 个特征向量的第 i 个分量的值;$z_i(i = 1, 2, \cdots, p)$ 为各个样本的第 i 个指标的值;F_g 为第 g 个主成分。

4. 求方差贡献率,确定主成分个数

一般主成分个数等于原始指标个数。如果原始指标个数较多,进行综合评

价时就比较麻烦,主成分分析法就是选取少量的 m 个主成分($m<p$)来进行综合评价,同时还要使损失的信息尽可能少。选择 m 个主成分,实际中通常所取使得累计贡献率≥85%,即

$$\sum_{i=1}^{m}\lambda_i \bigg/ \sum_{j=1}^{p}\lambda_j \geqslant 85\% \qquad (3-9)$$

5. 对 m 个主成分进行综合评价

先取每一个主成分的线性加权值,再对 m 个主成分进行加权求和,即得到最终评价值:

$$F = \sum_{k=1}^{m}\left(\lambda_k \bigg/ \sum_{i=1}^{p}\lambda_i\right)F_k \qquad (3-10)$$

式中,$\lambda_k \bigg/ \sum_{i=1}^{p}\lambda_i$ 表示每个主成分的方差贡献率。

3.2.2 目标价值指标

为了进行目标价值分析,首先要建立目标价值指标体系。为了确保价值分析的精确性,目标价值体系的建立至关重要。由于不同的火力打击任务对于价值指标的侧重点有所不同,因而当前对于目标价值体系的指标确定并无统一的标准。

针对远程制导火箭的特点,考虑指挥决策中基本做法,可从表 3-2 中确定目标价值指标体系。当然,该例中的目标价值指标并不固定,也可根据实际任务需求改变、增加或减少指标。

表 3-2 目标价值体系

价值指标	主要考虑的因素
任务一致性	与本级作战任务和战斗时节任务的一致性
目标重要性	在敌整体作战体系中发挥的作用
打击紧迫性	上级指示、所支援部队的呼叫及友邻部队的请求等
情报可靠性	目标性质、位置、幅员、数量等信息的准确程度
目标易损性	完成预定任务所需的兵力、弹药和时间等
毁伤有利性	武器目标匹配程度(武器系统特性,如目标形状、性质、幅员等)

3.2.3 基于主成分法的价值计算分析

假设目标包括如下几类：指挥所（观察所），交通枢纽和交通要道，通信枢纽，炮兵阵地，警戒分队，主要防御分队，生活设施，其他起保障作用的技术分队、市政设施等，用主成分法对其进行分析与排序。

按照表3-2所示建立各目标的价值指标，并采用专家打分法为各指标打分，如表3-3所示。

表3-3　目标价值指标及权重

任务一致性	目标重要性	打击紧迫性	情报可靠性	目标易损性	毁伤有利性
最一致(0.9)	最重要(0.9)	最紧迫(0.9)	最可靠(0.9)	最易损伤(0.9)	最有利(0.9)
很一致(0.8)	很重要(0.8)	很紧迫(0.8)	很可靠(0.8)	很易损伤(0.8)	很有利(0.8)
一致(0.7)	重要(0.7)	紧迫(0.7)	可靠(0.7)	易损伤(0.7)	有利(0.7)
较一致(0.6)	较重要(0.6)	较紧迫(0.6)	较可靠(0.6)	较易损伤(0.6)	较有利(0.6)
一般(0.5)	一般(0.5)	一般(0.5)	一般(0.5)	一般(0.5)	一般(0.5)
较不一致(0.4)	较不重要(0.4)	较不紧迫(0.4)	较不可靠(0.4)	较难损伤(0.4)	较不利(0.4)
不一致(0.3)	不重要(0.3)	不紧迫(0.3)	不可靠(0.3)	难损伤(0.3)	不利(0.3)
很不一致(0.2)	很不重要(0.2)	很不紧迫(0.2)	很不可靠(0.2)	很难损伤(0.2)	很不利(0.2)
最不一致(0.1)	最不重要(0.1)	最不紧迫(0.1)	最不可靠(0.1)	最难损伤(0.1)	最不利(0.1)

根据表3-2建立目标的原始数据矩阵 C：

$$C = \begin{bmatrix} 0.7 & 0.9 & 0.7 & 0.7 & 0.5 & 0.6 \\ 0.8 & 0.7 & 0.7 & 0.6 & 0.5 & 0.8 \\ 0.5 & 0.8 & 0.7 & 0.8 & 0.7 & 0.6 \\ 0.9 & 0.8 & 0.8 & 0.6 & 0.5 & 0.4 \\ 0.4 & 0.5 & 0.4 & 0.9 & 0.8 & 0.6 \\ 0.4 & 0.3 & 0.3 & 0.7 & 0.3 & 0.3 \\ 0.7 & 0.6 & 0.4 & 0.5 & 0.7 & 0.5 \\ 0.2 & 0.7 & 0.3 & 0.5 & 0.6 & 0.4 \\ 0.2 & 0.3 & 0.2 & 0.8 & 0.9 & 0.6 \end{bmatrix}$$

采用 Z-score 法对原始数据矩阵进行标准化得矩阵 Z：

$$Z = \begin{bmatrix} 0.6537 & 1.2821 & 0.8944 & 0.1594 & -0.6061 & 0.4444 \\ 1.046 & 0.359 & 0.8944 & -0.5578 & -0.6061 & 1.7778 \\ -0.1307 & 0.8205 & 0.8944 & 0.8765 & 0.4849 & 0.4444 \\ 1.4382 & 0.8205 & 1.3416 & -0.5578 & -0.6061 & -0.8889 \\ -0.523 & -0.5641 & -0.4472 & 1.5936 & 1.0303 & 0.4444 \\ -0.523 & -1.4827 & -0.8944 & 0.1594 & -1.697 & -1.5556 \\ 0.6537 & -0.1026 & -0.4472 & -1.2749 & 0.4849 & -0.2222 \\ -1.3074 & 0.359 & -0.8944 & -1.2749 & -0.0606 & -0.8889 \\ -1.3074 & -1.4872 & -1.3416 & 0.8765 & 1.5758 & 0.4444 \end{bmatrix}$$

根据式（3-6）和式（3-7）求指标数据的相关矩阵 R：

$$R = \begin{bmatrix} 1 & 0.5959 & 0.8332 & -0.3282 & -0.4101 & 0.2288 \\ 0.5959 & 1 & 0.8256 & -0.3126 & -0.1958 & 0.2436 \\ 0.8332 & 0.8256 & 1 & -0.0802 & -0.3354 & 0.3354 \\ -0.3282 & -0.3126 & -0.0802 & 1 & 0.402 & 0.2789 \\ -0.4101 & -0.1958 & -0.3354 & 0.402 & 1 & 0.3939 \\ 0.2288 & 0.2436 & 0.3354 & 0.2789 & 0.3939 & 1 \end{bmatrix}$$

相关矩阵的特征值 $\lambda_i(i=1,2,\cdots,p)$、特征向量 $q_k(k=1,2,\cdots,p)$、矩阵 Q 分别为

$$\lambda_1 = 0.0283, \lambda_2 = 0.2849, \lambda_3 = 0.4568$$
$$\lambda_4 = 0.694, \lambda_5 = 1.6758, \lambda_6 = 2.8602$$

$$Q = \begin{bmatrix} 0.4027 & 0.6319 & -0.3812 & -0.1023 & -0.0269 & 0.5311 \\ 0.4424 & -0.2944 & 0.6232 & 0.2449 & -0.1272 & 0.503 \\ -0.7494 & 0.0783 & 0.1814 & -0.2432 & -0.1986 & 0.5484 \\ 0.2572 & 0.0404 & 0.2346 & -0.7613 & -0.487 & -0.2458 \\ -0.1168 & 0.5467 & 0.2744 & 0.5031 & -0.522 & -0.2943 \\ 0.0265 & -0.4555 & -0.5504 & 0.1943 & -0.6588 & 0.1309 \end{bmatrix}$$

根据式（3-9）求得各指标的方差贡献率及累计贡献率如表3-4所示。

表3-4　方差贡献率及累计贡献率

特征值序号	贡献率/%	累计贡献率/%
1	0.47	0.47
2	4.75	5.22
3	7.61	12.83
4	11.57	24.4
5	27.93	52.33
6	47.67	100

从表3-4可以看出后四个指标的贡献率之和>85%，所以可以用第3~6主成分作为评价的综合指标。根据式（3-8）求得各主成分的线性加权值F_g，如表3-5所示。

表3-5　主成分线性加权值

目标	F_3	F_4	F_5	F_6
M_1	0.007462	0.057168	0.3172	-0.27197
M_2	0.04853	0.089764	-0.04689	-0.04984
M_3	0.0197	-0.092918	0.21403	-0.45782
M_4	-0.076263	0.19155	0.26427	-0.42882
M_5	-0.0062253	-0.24133	-0.06619	0.085014
M_6	-0.033616	0.079017	0.11912	1.0016
M_7	-0.037092	0.098105	-0.30282	-0.13636
M_8	0.051793	0.079462	-0.068337	-0.014287
M_9	0.025712	-0.26082	-0.43039	0.27249

根据式（3-10）求得各目标的最终评估值，如表3-6所示。

表3-6 目标的最终评估值

综合值	M_1	M_2	M_3	M_4	M_5	M_6	M_7	M_8	M_9
F	0.1099	0.0416	-0.317	-0.0493	-0.2287	1.1661	-0.3782	0.0486	-0.393

从表3-6可以看出，打击的9类目标中，其价值从大到小排序依次为M_6、M_1、M_8、M_2、M_4、M_5、M_3、M_7、M_9。从评估结果来看，目标价值排序比较合理，符合作战实际。

第 4 章

远程制导火箭弹毁伤机理分析

远程制导火箭弹的弹种较多，不同战斗部的毁伤机理各不相同，在进行弹目匹配、弹药消耗量计算和火力方案制定时，均需要以弹种的毁伤效能数据为基础。本章以几种典型弹种为例分析毁伤机理。

4.1 制导杀爆弹毁伤机理分析

制导杀爆弹是远程制导火箭弹的基本弹种，主要利用破片和爆轰冲击波对人员、技术兵器、轻装甲车辆等目标实施杀伤和破坏。

4.1.1 破片毁伤

破片可分为自然破片、预制破片及半预制破片（弹体刻槽）。破片是由装药的爆轰高速抛出弹药破碎的壳体或预制、半预制的投射物（如球、六方体、立方体等）而产生的。其对目标的毁伤，主要是依靠其质量和速度的组合参数 Cmv_e^n 的作用。人们通常将其称为动能毁伤，当然这是在 $C=0.5$，$n=2$ 的情况下的一种特例。但如果将该组合参数处理成 $C_1(mv_e^2/2)^L$，则所谓动能毁伤，即使从较严格意义上看，也是说得过去的。

破片的情况比整体弹复杂得多，虽然它们的毁伤作用都是对目标的侵彻，但破片的形状和运动状态在着靶前及着靶后都比整体弹复杂；此外，破片的产生也是一个比较复杂的过程，且有着随机的质量和空间分布。

4.1.1.1 破片的数量分布

预制破片的数量是确定值，半预制破片的数量基本上也是确定值，而只有自然破片产生的数量是随机的。下面研究的是自然破片数量分布的数学期望。

（1）破片的平均质量参数 $\bar{m}$。

$$\begin{cases} \bar{m}_{薄} = \left[A \dfrac{t(d_i+t)^{\frac{1}{3}}}{d_i} \sqrt{1+\dfrac{C}{2M_S}} \right]^2 \\ \bar{m}_{厚} = B^2 t^{\frac{4}{3}} d_i^{\frac{1}{3}} (1+\dfrac{C}{M_S})^2 \end{cases} \quad (4-1)$$

式中，$\bar{m}$ 为破片平均质量参数；t 为弹壳体壁厚；d_i 为弹壳体内径；i 为沿弹体长度分段计算时之编号，当壳体等厚（即 $i = \text{const}$）时，则不必分段计算；C 为装药质量；M_S 为壳体质量；A，B 为系数，其值如表 4-1 所列。

表 4-1 系数 A 与 B 的值

炸药种类	A	B
B 炸药	8.91×10^{-3}	2.73×10^{-3}
TNT	12.60×10^{-3}	3.81×10^{-3}

（2）弹丸爆炸后的破片总数 N_0。

$$N_0 = M_S / 2\bar{m} \quad (4-2)$$

（3）质量在 m_p 以上的破片累计数 $N(\geq m_p)$。

$$N(\geq m_p) = N_0 \exp(-\sqrt{m_p/\bar{m}}) \quad (4-3)$$

式中，m_p 为某一质量等级之破片的质量（g），建议取如下序列：

    0.1 0.2 0.4 0.8 1.2 2.4

    4.8 9.6 19.2 38.4 76.8 153.6，…

（4）质量在 m_{pi} 与 m_{pi+1} 之间的破片数。

$$N(m_{pi}, m_{pi+1}) = N(\geq m_{pi}) - N(\geq m_{pi+1}), i = 1, 2, \cdots, n \quad (4-4)$$

4.1.1.2 破片的质量分布

（1）质量在 m_p 以上的破片的累计量 $M(\geq m_p)$。

$$M(\geq m_p) = M_S \left[\dfrac{m_p}{2\bar{m}} + \sqrt{\dfrac{m_p}{\bar{m}}} + 1 \right] \exp(-\sqrt{m_p/\bar{m}}) \quad (4-5)$$

（2）质量在 m_{pi} 与 m_{pi+1} 之间破片的合计质量 $M(m_{pi}, m_{pi+1})$。

$$M(m_{pi}, m_{pi+1}) = |M(\geq m_{pi}) - M(> m_{pi+1})|, i = 1, 2, \cdots, n \quad (4-6)$$

（3）在区间 (m_{pi}, m_{pi+1}) 中单个破片的平均质量 $\bar{m}_{i,i+1}$。

$$\bar{m}_{i,i+1} = M(m_{pi}, m_{pi+1}) / N(m_{pi}, m_{pi+1}), i = 1, 2, \cdots, n \quad (4-7)$$

4.1.1.3 弹丸爆炸后破片在空间的分布

图 4-1 描绘了弹壳爆炸后所产生的破片群在空间的几何关系，主要表示了破片的飞散特性。

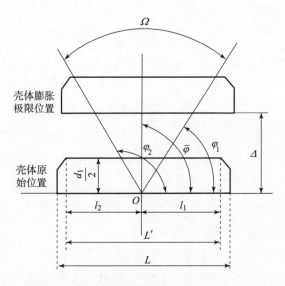

图 4-1 弹丸爆炸后破片群在空间的几何关系

图 4-1 中符号的意义如下：

O——弹体的质心；

Δ——弹体膨胀极限距离；

l_1, l_2——头部、尾部与质心间有效长度；

d_i——弹体圆柱部分（有效部分）的内径；

Ω——破片飞散分布角；

φ_1, φ_2——破片飞散方位角；

$\bar{\varphi}$——破片飞散角的数学期望；

L, L'——弹体总长和不包括头尾部的长度。

壳体上形成破片的主要部分是其圆柱段，而头部和底部只形成数量较少的大质量破片，它们对弹的毁伤效能贡献较少，故在建立其数学模型时，往往忽略头底两部分的影响。图 4-1 中表示了一枚子弹或弹丸的壳体，由其起爆的原始位置到被装药爆轰产物推送至极限位置的情况，它描述了壳体爆炸后的几何关系。

(1) 破片静态飞散的几何特性。所谓静态飞散，即不考虑子弹飞行牵连速度影响的静态特性，此时破片的飞散具有对称的几何特征，有

$$\begin{cases} l_1 = l_2 \approx \dfrac{1}{2}L' \\ L' = 0.9L \\ L' = l_1 + l_2 \end{cases} \quad (4-8)$$

又

$$\Delta = Kd_i/2 \quad (4-9)$$

式中，K 为壳体膨胀系数，对于低碳钢 $K = 0.6 \sim 1.1$，对中碳钢 $K = 0.84$，于是有

$$\begin{cases} \varphi_1 = \arctan\dfrac{d_i/2 + \Delta}{l_1} \\ \varphi_2 = \pi - \arctan\dfrac{d_i/2 + \Delta}{l_2} \\ \bar{\varphi} = \dfrac{\varphi_1 + \varphi_2}{2} \\ \Omega = \varphi_2 - \varphi_1 \end{cases} \quad (4-10)$$

(2) 在分布角内破片及数量分布。试验表明，在破片分布角 Ω 中，破片数量服从正态分布，在全部破片中，位于 Ω 内的通常大于 90%。于是以 $\bar{\varphi}$ 为正态分布飞散角的数学期望，以 σ_φ 为均方差，便可构造出破片飞散形态的正态分布来，即 $\varphi : N(\bar{\varphi}, \sigma_\varphi^2)$，如图 4-2 所示。

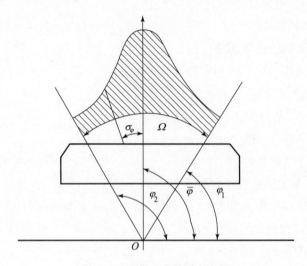

图 4-2 破片飞散的正态分布

这种概率分布 $N(\bar{\varphi}, \sigma_\varphi^2)$ 的随机变量是角度 φ，但其分布密度 $f(\varphi)$ 的函数值却不是概率，而是相对破片数。所以，它应被称为正态破片数量分布，它描述了弹体爆炸后破片的静态飞散特征，从而区别于概率分布；此外，由于它是在角度 Ω 内分布，所以从图形来看，就具有图 4-2 中那种被"弯曲"了的畸变，但此种畸变，却一点也不影响计算的结果。

$$f(\varphi) = \frac{1}{\sqrt{2\pi}\sigma_\varphi} \exp\left(-\frac{(\varphi - \bar{\varphi})^2}{2\sigma_\varphi^2}\right) \quad (4-11)$$

式中，飞散角的均方差 σ_φ 可用 Ω 中包含 90% 以上破片来估算，此时，

$$\sigma_\varphi \approx \frac{\Omega}{3.3} \quad (4-12)$$

于是，破片飞散的分布函数为

$$F(\varphi) = \int_0^\varphi f(\varphi) \mathrm{d}\varphi = \frac{1}{\sqrt{2\pi}\sigma_\varphi} \int_0^\varphi \exp\left(-\frac{(\varphi - \bar{\varphi})^2}{2\sigma_\varphi^2}\right) \mathrm{d}\varphi \quad (4-13)$$

计算预制或半预制破片时，可按同一壳体中装填的或刻制的破片种类，分别计算其沿 Ω 的数量分布；如果是自然破片，则需用按质量分挡的破片数 $N[m_{pi}, m_{pi+1}]$，分别计算其沿 Ω 的数量分布。此外，需要说明，$F(\varphi)$ 是相对数，即在某一 φ 角之内的破片数 $N(\varphi)$ 与该种或该挡破片的总数 N_0 之比，即

$$\begin{cases} F(\varphi) = \dfrac{N(\varphi)}{N[m_{pi}, m_{pi+1}]} \\ F(\varphi) = \dfrac{N(\varphi)}{N_0} \end{cases} \quad (4-14)$$

显然，$F(\varphi)$ 的定义域为 $(-\pi/2, \pi/2)$，值域为 $[0, 1]$。故计算时，应完全比照概率的计算方法进行。

（3）破片的动态飞散特性。子弹爆炸瞬间，除破片的相对速度（即其静态飞散的初速）v_{of} 外，还有子弹飞行的牵连速度（即子弹或弹丸的存速）v_{cz}，由此可算出其合成速度 v_f，此时有

$$v_f = V_{cz} + v_{of} \quad (4-15)$$

可以看出，破片相对速度 v_{of} 的方向不同，即 φ 的改变，必然会影响到 v_f 向量的方向与模的变化。设 $|v_{of}|$ 为破片静爆初速的模，并在动态参数符号的右上方加 "′" 上标，则有

$$\begin{cases} \varphi_1' = \arctan \dfrac{v_{of}\sin\varphi_1}{v_{of}\cos\varphi_1 + v_{cz}} \\ \varphi_2' = \arctan \dfrac{v_{of}\sin\varphi_2}{v_{of}\cos\varphi_2 + v_{cz}} \\ \varphi' = \arctan \dfrac{v_{of}\sin\varphi}{v_{of}\cos\varphi + v_{cz}} \end{cases} \quad (4-16)$$

$$\Omega' = \varphi_2' - \varphi_1' \qquad (4-17)$$

$$v' = \sqrt{v_{of}^2 + v_{cz}^2 + 2v_{of}v_{cz}\cos\varphi} \qquad (4-18)$$

$$\sigma_\varphi' = \frac{v_{of}}{v'}\sigma_\varphi \qquad (4-19)$$

可知：v_{of} = const，δ_φ = const，于是破片分布的动态均方差 δ_φ' 是随动态速度 v' 而变化的，但在近似情况下，可认为

$$\sigma_\varphi' \approx \frac{\Omega'}{3.3} \qquad (4-20)$$

以上各式的关系及其参数间的关系参见图 4 – 3。

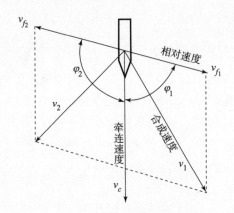

图 4 – 3　破片飞散的动态参数

4.1.1.4　弹丸静爆破片初速

分别用两种公式来预估弹药静爆（即引爆静止的弹药）时破片初速的数学期望 v_{of}。

（1）第一种公式——爆热公式：

$$v_{of} = 80\sqrt{\frac{2\beta Q_v}{2+\beta}} \qquad (4-21)$$

式中，β 为质量比，$\beta = C/M_s$，即装药质量 C 与壳体质量 M_s 之比；Q_v 为装药的爆热。

（2）第二种公式——Gurney 公式：

$$v_{of} = \sqrt{2E}\sqrt{\frac{\beta}{1+0.5\beta}} \qquad (4-22)$$

式中，$\sqrt{2E}$ 为炸药的 Gurney 常数，它具有速度的量纲，亦称 Gurney 速度

(m/s),如表 4-2 所示。

表 4-2 Gurney 速度

炸药种类	$\sqrt{2E}/(\text{m}\cdot\text{s}^{-1})$	炸药种类	$\sqrt{2E}/(\text{m}\cdot\text{s}^{-1})$
C-3 混合炸药	2 682	含铝混合炸药	2 682
B 炸药	2 682	H-6 炸药	2 560
潘脱立特炸药	2 560	锑铝炸药	2 316
TNT	2 316	巴拉托儿	2 073

根据炸药爆轰理论,E 与爆速 D 有如下关系:

$$E = \frac{D^2}{2(K^2-1)} \tag{4-23}$$

K 为炸药爆轰产物的绝热指数,通常取 $K=3$,于是:

$$\sqrt{2E} = D/\sqrt{8} = 0.353\,6D \tag{4-24}$$

(3) 用爆速计算 v_{of} 的公式。如果设炸药爆轰能量全部作用于壳体形成破片能量,则有第三种公式:

$$\begin{cases} \text{对于预制破片,} & v_{of} = \frac{D}{2}\sqrt{\frac{2\beta}{5}} \\ \text{对于非预制破片,} & v_{of} = \frac{D}{2}\sqrt{\frac{\beta}{2}} \end{cases} \tag{4-25}$$

其中,准确的 v_{of} 数值只能通过试验测得。

4.1.1.5 破片弹道

前面已提到,破片的毁伤作用主要取决于其撞击目标后的 m 与 v_{fc},而 v_{fc} 正是破片落点参数之一,其他还有落点坐标 (x_c, z_c) 和落角 θ_c 等,这些又决定了破片在目标区域的分布。破片形成之后,其初始参数演化成终点参数,须经破片弹道的飞行过程。由于我们对破片终点参数的预估精度要求并不高,所以破片的弹道方程可大为简化,如图 4-4 所示。

1. 破片弹道方程

图 4-4 中绘出了简化的空气中二维破片弹道,其有关符号的意义如下:
H_{CJ}——子弹空炸之有利炸高的数学期望;
φ_0——破片初始飞散角;

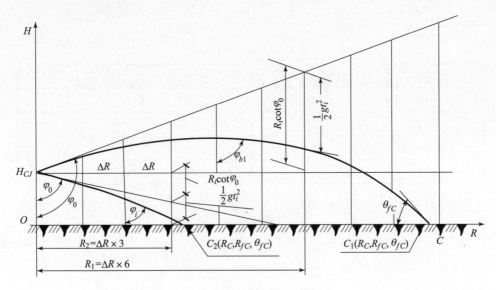

图 4-4 简化的破片弹道

φ_b——破片弹道倾角；

ΔR——横坐标分段步长，$\Delta R = \text{const}$；

i——分段序号，$i = 1, 2, \cdots, I$；

t_i——破片位于第 i 段终点的飞行时间。

破片在抛射面（即包含 v_{of} 的垂直面）中飞行，并建立 ROH 二维坐标系。有了破片弹道方程，就可以计算得到破片场，用于确定毁伤场。

（1）基本方程组：

$$\begin{cases} R_i = \Delta R \cdot i \\ v_i = v_{of} \exp[-S_i/(D_q M_q^{1/3})] \\ S_i = \sum_{i=1}^{i} \left| \dfrac{\Delta R}{\sin\varphi_{bi-1}} \right| \\ \overline{v_i} = (v_i - v_{i-1})/2 \\ \Delta t_i = |\Delta R/\sin\varphi_{oi-1}|/\overline{v_i} \\ t_i = \Delta t_i + t_{i-1} \\ \Delta H_i = -R_i \cot\varphi_0 - g t_i^2/2 \\ H_i = H_{CJ} + \Delta H_i \\ \varphi_{bi} = \dfrac{\pi}{2} + \arctan\left(-\dfrac{\Delta H_i - \Delta H_{i-1}}{\Delta R}\right) \end{cases} \quad (4-26)$$

式中，R_i 为在 i 段末破片所处位置的横坐标；v_i 为 i 段末破片在弹道上的切线速度;S_i 为 i 段末由炸点起算的破片飞行弧距;φ_{bi} 为 i 段末之破片弹道倾角;$\overline{v_i}$ 为在 $i-1$ 至 i 步长内,破片的平均飞行速度;Δt_i 为 i 段内,破片飞行时间增量;t_i 为 i 段末,破片的飞行时间;ΔH_i 为 i 段内,破片的弹道高增量;H_i 为 i 段末,破片的弹道高。

方程组中有 9 个未知数,共有 9 个方程,故能够求解。

(2) 初始条件。

$H = H_{CJ}$(空炸时),$H = 0$(着发时);$t = t_0 = 0$;$R = R_0 = 0$;$\varphi_b = \varphi_{b0} = \varphi$(动态飞散角初值);$v = v_0$(动态飞散角初值);$\Delta R = \text{const}$(任选一微量)。

(3) 边界条件。

$H_i = H_I \leqslant 0$,此时相应参数为

$$\{H_I^*, \varphi_{bI}^*, R_I^*, v_I^*\}$$

(4) 终点参数——有用参数集。

用 $\{R_{fc}, \theta_{fc}, v_{fc}\}$ 表示终点参数集,同时有

$$\begin{cases} R_{fc} = R_I^* - \Delta R K_R, \text{m} \\ \theta_{fc} = 57.29578(\varphi_{bi}^* - \Delta \varphi_p K_\varphi) \\ v_{fc} = v_I^* - \Delta v_I K_v, \text{m/s} \end{cases} \quad (4-27)$$

式中,I 为边界条件相应的分段序号,此时 $i = 1$;K_R、K_φ、K_v 分别为坐标、倾角、速度的比例修正系数,其表达式为

$$\begin{cases} K_R = |H_I/\Delta H_I| \\ K_\varphi = -K_R = -|H_I/\Delta H_I| \\ K_v = \sqrt{K_R} = |H_I/\Delta H_I| \end{cases} \quad (4-28)$$

(5) 破片在空气中的飞行阻力。

方程组(4-26)中第二个方程中的参数 D_q 和 M_q 反映了空气对破片飞行的阻力。显然,$\exp[-S/(D_q M_q^{1/3})]$ 就是破片的速度衰减系数。其中,M_q 为破片质量,破片截面积 A_f 在空中运动时为一随机量,但可以认为其均值 $\overline{A_f} \propto M_q^{2/3}$;与阻力关系十分密切的是破片的断面密度 $M_q/\overline{A_f} = \rho_s$,故 $\rho_s \propto M_q^{1/3}$。方程组(4-26)中另一参数 D_q 是与破片形状、空气密度、破片密度、飞行阻力等有关的常数:对于球形 $D_q = 560$,对于立方体 $D_q = 350$,对于自然破片 $D_q = 240$,以上为钢质破片;对于钨球 $D_q = 970$。

2. 破片抛射的空间几何学

从子弹或弹丸中抛射出的每一个破片,都有各自的抛射速度向量 v_{of}:

$$v_{of} = (v_0, \varphi, \varepsilon) \tag{4-29}$$

式中，v_0 为 v_{of} 的模；φ 为破片在子弹某一子午面上的飞散角；ε 为 v_{of} 在子弹质心赤道平面上的投影方位角。

此外，可认为 v_{of} 围绕子弹纵轴的分布是轴对称的，且有 $|v_{of}| = v_{of} =$ const。此处应说明上面所列举的参数都是动态的 v' 和 φ'，不过为了此处和后续的方便，还是略去上标"'"符号为宜，参见图 4-5。

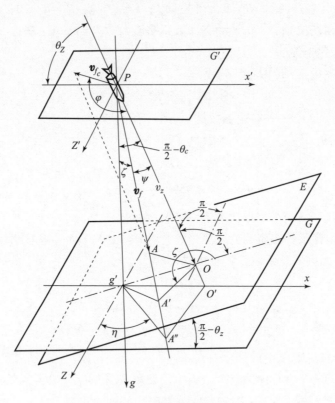

图 4-5　破片抛射几何图

与子弹弹道的解法相类似，要解出破片的终点参数，还需把 v_{of} 在弹轴子午面（即包含弹体纵轴的一个平面，当此平面绕纵轴旋转时，可形成弹体子午面族）和弹质心赤道平面（包含质心且垂直于弹体纵轴的唯一的一个平面，其与弹体相交的圆周为弹体道）上的 ψ 和 ε 转化为大地平面 G 上以 e' 为原点的参数，即抛射垂直面上的抛射角 ζ（以下简称抛面及抛角）及方位角 η。

其计算公式与子弹弹道的计算基本相似，故可直接列出：

$$\begin{cases} \cos\zeta = \sin\psi\cos\theta_z \mid \pi - \varepsilon \mid + \cos\psi\sin\theta_z \\ \cos\eta = -\dfrac{\cot\zeta}{\sin 2\theta_x} - \dfrac{\tan\theta_z}{\sin 2\zeta} + \dfrac{\cos\psi}{\sin\zeta\cos\theta_z} + \dfrac{1}{2}(\tan\zeta\tan\theta_z + \cot\zeta\cot\theta_x) \end{cases}$$

(4-30)

式中，ε 与子弹落角 θ_z 为已知，ψ 可由下式算出：

$$\psi = \arctan\dfrac{v_{of}\sin\varphi}{v_{cz} + v_{of}\cos\varphi}$$

(4-31)

式中，$v_{of}\cos\varphi$ 取代数值。

v_f 向量的模可由下式计算：

$$\mid v_f \mid = \sqrt{v_{of} + v_{cz}^2 + 2v_{of}\cos\varphi}$$

(4-32)

可参见图4-6。

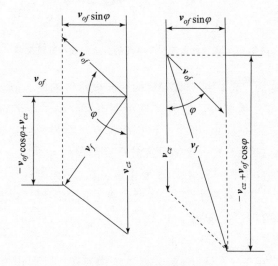

图4-6　破片速度向量的合成

4.1.1.6　破片弹道束

研究破片弹道束的目的是解出其落点参数集 $\{x_i, z_i, \theta_{zi}, v_{cfi}, m_i\}$，$i = 1, 2,$ $\cdots, N_0$。集内包括了 N_0 枚破片的落点坐标、落角、落速和质量。可以看出，此参数集内元素的数量是十分庞大的，这主要是因为 N_0 的数量级十分巨大。所以，尽管我们希望所建立的数学模型能够贴近实际且具较高的分辨率，但从需要与可能考虑，仍不需要一枚一枚破片去进行研究分析。解决这一问题最好的方法是：分别在子弹弹体赤道面和子午面上以一定角度间隔进行分度，即分别以 $\Delta\varepsilon$ 和 $\Delta\varphi$ 间隔进行均匀分度，如图 4-7 所示。

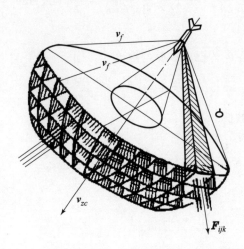

图 4-7 弹体赤道面和子午面的分度和破片弹道束群

于是，所研究的只是在每个 $\Delta\varepsilon\Delta\varphi$ 构成的棱锥体内的、同一质量等级（或称档次）的一束破片的弹道。这种弹道束共有 $2\pi/\Delta\varepsilon \times 2\pi/\Delta\varphi$ 束，组成了破片弹道束群（同一种档次），而每一种档次都有一群弹道束。这样的结果虽然仍旧比较复杂，但却比一枚一枚地研究分析要简单得多了。

对于这样的破片束，可以用其球面密度 μ_{ijk}、平均抛速 $\overline{v_{of}}$、抛射方位角 ε_i 和抛角 φ_j 来描述。下标符号 i、j、k 依次代表方位角序号、抛角序号及质量档次序号，且有 $i = 1,2,\cdots,m$；$j = 1,2,\cdots,n$；$k = 1,2,\cdots,p$ 为破片按质量分档的档次数。

于是，就可采用一个向量 F_{ijk} 来表示这个弹道束，其形式为

$$\begin{cases} F_{ijk} = \left(\overline{v_{ofj}}, \varphi_j + \dfrac{\Delta\varphi}{2}, \varepsilon_i + \dfrac{\Delta\varepsilon}{2}, \mu'_{ijk}\right) \\ i = 1,2,\cdots,m \\ j = 1,2,\cdots,n \\ k = 1,2,\cdots,p \end{cases} \quad (4-33)$$

式中，第 k 挡破片在某一角锥 $2J$ 中的球面密度为

$$\mu_{ijk} = \frac{N_{ijk}}{\Delta\varepsilon\Delta\varphi\gamma^2} \text{（枚/m}^2\text{）} \quad (4-34)$$

式中，N_{ijk} 为在序号为 ij 角锥内的 k 挡破片数；γ 为炸点至某一球面的半径。

γ 是一个不确定的参数，γ 增加则 μ 降低，这对于用密度作为向量的一维

造成无意义的结果。所以应将式（4-34）改变为

$$\mu'_{ijk} = \frac{N_{ijk}}{\Delta\varepsilon\Delta\varphi} \text{（枚/rad}^2\text{）} \tag{4-35}$$

这样就把球面密度 μ 化为平方角密度 μ'，用 μ' 表示弹道束的一维。

4.1.1.7 破片终点效应

破片的终点效应主要表现在：穿透轻装甲或非装甲车辆、技术装备的蒙皮；杀伤人员等有生目标；引燃、引爆武器和技术装备中的油料及弹药等。

1. 破片的穿甲作用（包括贯穿非装甲目标的蒙皮）

（1）弹道极限 v_{50}。弹道极限 v_{50} 是在一对特定的"弹—靶"组合的打靶试验中穿透靶板的概率（以有限次试验的穿透频率的统计值代表）达 0.5 时，将其相应的着靶速度均值称为 v_{50}。所谓"弹"是广义的，它包括各式各样的抛射物，其中当然包括破片。v_{50} 是衡量与评价投射物穿甲能力最常用、最合理的指标，较之过去常用的 v_{95} 和 v_{100}（即试验中穿透样本占总试验次数的95%和100%）来说，具有指标灵敏度较高的优点。现讨论下式：

$$v_{100} = v_{50} + 3.3\sigma_v \tag{4-36}$$

式中，σ_v 是特定"弹—靶"组合打靶试验中穿透速度的均方差，其单位为 m/s；σ_v 反映了穿甲现象的随机特征，据大量试验结果统计，其值比较稳定，在大多数情况下均有

$$\sigma_v \approx 8 \sim 10 \text{ m/s} \tag{4-37}$$

试验证明，穿透装甲时着靶速度随机值服从正态分布，其数学期望就是弹道极限 v_{50}，即 $v_{sapn} \sim N(v_{50}, \sigma_v^2)$。因此，从穿甲速度 v_{sapn} 的概率分布曲线来看，v_{50} 相应的斜率最大，而 v_{100} 附近的斜率几乎趋近为 0，所以用 v_{50} 为指标，具有最高的灵敏度，而 v_{100} 则灵敏度最低。早期，一般以穿甲极限速度为指标，其定义为确保穿透的最低速度。它表明当时是采用 v_{100} 来衡量抛射物穿甲效能的。

（2）早期的穿甲公式——德·马尔（De Mary）公式：

$$v_{100} = K\frac{d^{0.75}b^{0.7}}{m^{0.5}\cos\theta} \tag{4-38}$$

式中，d 为投射物直径或等效直径；b 为装甲板厚度；m 为投射物质量；θ 为着角，即弹道与靶板法线的夹角；K 为穿甲系数，通常取 2 200~2 600，它综合地反映了抛射物形状和靶板的性质。

式（4-38）是由投射物对装甲的冲塞穿孔机制推导出来的，公式形态简洁，能够反映穿甲的物理规律。但是，其 K 值取值比较灵活，如上述 2 200～2 600 就是杆式弹在 $v>1\ 200$ m/s 时的 K 值；而当投射物形状不规则、质量较小时，K 值就会有较大增幅。正因如此，使式（4-38）的使用具有较大的不确定性。当然较为可靠的是，依据该式进行试验设计，尔后通过试验取得 K 值，使之适合一定条件、一定范围内的穿甲效能预估。

此外，为了克服德·马尔公式的局限，人们还常用贝尔金公式：

$$\begin{cases} v_{100} = 6\ 060\ \sqrt{k_2 \sigma_{st}(1+\phi)}\ \dfrac{d^{0.75} b^{0.7}}{m^{0.5} \cos\theta} \\ \phi = 6\ 161\ \dfrac{d^2 b}{m} \end{cases} \quad (4-39)$$

式中，σ_{st} 为靶板材料的屈服极限；k_2 为考虑投射物结构和靶受力状态的系数，对于破片一般为 0.12～0.15；其余符号意义同式（4-38）。

前两式中，如需将 v_{100} 换算成 v_{50}，则可按下式计算：

$$\begin{cases} v_{50} \approx v_{100} - 3.3\sigma_v \\ v_{50} \approx v_{100} - (50 \sim 60) \end{cases} \quad (4-40)$$

（3）投射物侵彻半无限靶的公式。所谓"半无限靶板"是指对于弹着点而言，靶板的远边界和侧边界均未受到影响的靶板。下面给出了投射物速度为 0～4 570 m/s 范围内，由量纲分析及缩比试验得出的经验公式。故这组侵彻公式的适用范围还是较大的。

令 L/d 为侵深与弹径之比的无因次量，试验给出

$$\begin{cases} L/d = 34.4 v_c^{1.01} \rho_t^{-0.578} \rho_p^{-0.969} c_t^{-1.26} T_t^{-0.575} \delta_t^{-0.117} V_p^{0.022\,9} \\ L/d = 12.1 \times 10^{-3} v_c^{1.07} \rho_t^{-0.294} \rho_p^{0.995\,1} c_t^{-0.293} T_t^{-0.389} \delta_t^{-0.279} V_p^{0.033} c_t^{-0.316} \\ L/d = 8.43 \times 10^{-4} v_c^{1.06} \rho_t^{-0.365} \rho_p^{0.984} c_t^{-0.4} T_t^{-0.585} \delta_t^{-0.010} V_p^{0.035} c_t^{0.252} \end{cases}$$

$$(4-41)$$

式中，v_c 为着靶速度；ρ_t 为靶板密度；ρ_p 为投射物密度；c_t 为板材料的膨胀波速；δ_t 为靶板延伸率；T_t 为靶板温度；V_p 为弹丸体积。

经量纲（因次）分析和试验得出的经验公式，与一般经验公式不同，其等式两端因次是和谐的，所以，在选取参数的单位时，只要按基本量纲（$[L]$、$[M]$、$[T]$、$[t]$）的单位取一致即可，如长度量纲 $[L]$ 的单位取 m，质量 $[m]$ 取吨，时间 $[T]$ 取 s，温度 $[t]$ 取 K 即可。

（4）球形破片的穿甲公式。对于钢球和钨球以及钢质球形破片，国内进行了深入的研究。因为在试验设计时，一般预定的适用范围不大，故精度及准度均较好。经验公式为

$$\begin{cases} \text{对于钨球,} \quad v_{50} = \left(0.914\dfrac{b}{a} - 0.27\right)\dfrac{\sqrt{\sigma_b}}{40}\cos^c\theta_c \times 10^3 \quad \text{m/s} \\ \text{对于钢球,} \quad v_{50} = \left(1.9\dfrac{b}{a} - 0.9\right)\dfrac{\sqrt{\sigma_b}}{40}\cos^c\theta_c \times 10^3 \quad \text{m/s} \end{cases} \quad (4-42)$$

式中,b 为装甲板厚度;a 为与钨球、钢球质量有关的指数;σ_b 为靶材强度极限;θ 为着角。

该式适用范围:钨球 $2 \sim 10$ g,钢球 $0.5 \sim 2$ g,速度 $v_c = 500 \sim 1\,200$ m/s。

(5) 对铝质靶板的比动能穿透公式。

比动能 E_{sp} 是指破片单位平均接触面积 $\overline{A_s^{-1}}$ 的动能 E_K,即

$$E_K\sqrt{A_s} = E_{sp},\text{J/cm}^2 \quad (4-43)$$

在计算中,一般采用单位靶板厚度 δ_{Al}^{-1} 所需的比动能 E_b 作为预报穿透现象的指标。

$$E_b = E_{sp}/\delta_{Aj},(\text{J/cm}^2)/\text{mm} \quad (4-44)$$

$$E_b = \dfrac{m_f v_f^2}{2 A_s \delta_{Al}} = 1.02 \times 10^{-4}\dfrac{m_f^{1/3} v_f^2}{\delta_{Al}},\text{J/cm}^2 \quad (4-45)$$

式中,符号意义同式(4-41)、式(4-42)。据试验,可列出单个破片对铝靶板的穿透概率:

$$P_p = \begin{cases} 0, & E_b \leq 44 \\ 1 + 2.65\text{e}^{-0.035E_b} - \text{e}^{-0.014E_b}, & E_b > 44 \end{cases} \quad (4-46)$$

当靶板为其他材料时,可以把其他材料换算成等效厚度的铝质靶板。公式为:

$$\begin{cases} \delta_{x_{bx}^\sigma} = \delta_{\text{Al}_{bAl}^\sigma} \quad \text{MPa} \cdot \text{mm} \\ \delta_{\text{Al}} = \dfrac{\sigma_{bx}}{\sigma_{bAl}}\delta_x \quad \text{mm} \end{cases} \quad (4-47)$$

式中,δ_{Al} 为等效铝板厚度(mm);δ_x 为某种材料厚度(mm);δ_{bAl} 为铝的强度极限(MPa);δ_{bx} 为某种材料强度极限(MPa)。

上式为单位宽度厚 δ_x 的某种材料板等效为铝板的理论公式,但在实际经验中,等效不仅考虑 δ_b,还应考虑密度 ρ,同时,它们之间也不是简单的反比例关系。根据经验,常用下式进行等效:

$$\delta_{Al} = \delta_x\left[\dfrac{\sigma_{bx}\rho_x}{\sigma_{Al}\rho_{Al}}\right]^{2/3} \quad (4-48)$$

式(4-46)直接计算出穿透概率,使用分析问题都很方便,特别适用于对飞机、直升机等目标的毁伤效能评估。

2. 破片的杀伤作用

长期以来，衡量破片杀伤力的指标一直采用动能标准，后来又有人采用比动能标准。直到近年来才采用抛射物随机击中人体后即丧失战斗力的条件概率 P_{hk}，或记作 $P(K\mid H)$ 为指标，并且以人员丧失战斗力时间判据为前提。

（1）球形破片杀伤判据：

$$\begin{cases} 防御\ 30\ \text{s}, & P_{hk} = 0.616\{1 - \exp[-A(mv^{2.6} - B)^C]\} \\ 突击\ 5\ \text{min}, & P_{hk} = 0.892\{1 - \exp[-A(mv^{2.6} - B)^C]\} \end{cases} \quad (4-49)$$

式中，m 为破片质量（g）；v 为破片存速（m/s）；A，B，C 为常数，如表 4-3 所示。

表 4-3 球形破片 A，B，C 常数值

常数	时间判据	
	防御 30 s	突击 5 min
A	8.9216×10^{-4}	1.60144×10^{-3}
B	35 345.1	35 345.1
C	0.459 108	0.413 689

（2）自然破片杀伤判据：

$$\begin{cases} 防御\ 30\text{s}, & P_{hk} = 0.656\{1 - \exp[-A(mv^{2.6} - B)^C]\} \\ 突击\ 5\text{min}, & P_{hk} = 0.911\{1 - \exp[-A(mv^{2.6} - B)^C]\} \end{cases} \quad (4-50)$$

式中，常数 A，B，C 列于表 4-4。

表 4-4 自然破片 A，B，C 常数值

常数	时间判据	
	防御 30 s	突击 5 min
A	3.39339×10^{-4}	3.71889×10^{-4}
B	79 244.7	79 244.7
C	0.494 960	0.492 943

（3）不同投射物对担任预备队敌人员的杀伤判据：

对预备队敌人员，暂采用美军标准公式：

$$P_{hk} = 1 - \exp[-a(mv^B - b)^n] \quad (4-51)$$

式中，$B=1.5$；常数 a，b；n 如表 4-5 所示。

表 4-5 对预备队敌人员的杀伤 a，b，n 常数值

抛射物	常数		
	a	b	n
B 炸药	2.1973×10^{-3}	29 000	0.443 50
TNT	1.8579×10^{-3}	15 000	0.414 98

3. 破片的引燃作用

破片对目标内燃料容器的引燃，主要取决于破片的比冲量 I_{sp}，其表达式如下：

$$I_{sp} = \frac{m_f v_f}{\overline{A_s}} \approx 20 m_f^{1/3} v_f \times 10^{-4}, \text{N} \cdot \text{s/m}^2 \qquad (4-52)$$

式中，m_f 为破片质量（kg）；v_f 为破片存速（m/s）；$\overline{A_s}$ 为破片着靶瞬间破片在靶板上的投影面积的统计均值（m²），且有 $\overline{A_s} \propto m_f^{2/3}$。

不同 I_{sp} 值对燃油的引燃概率，如表 4-6 所列。

表 4-6 不同 I_{sp} 值对燃油的引燃概率

破片比冲量 I_{sp}	5.88	7.84	9.8
引燃概率 P_{com}	0.22	0.40	0.55

单个破片在地面上引燃油箱的概率如下式：

$$P_{com} = \begin{cases} 0, & I_{sp} \leq 1.57 \\ 1 + 1.083 e^{-0.43 I_{sp}} - 1.96 e^{0.15 I_{sp}}, & I_{sp} > 1.57 \end{cases} \qquad (4-53)$$

由于空气的温度与压力随高度增加而降低，故 P_{com} 也随高度的增加而降低，当目标位置高于 16 km 时，即使高比冲破片击中油箱，亦不易引燃油箱。考虑高度因素之后，可用以下两种公式计算作为撞击高度 H 的函数的引燃概率 $P_{com}(H)$：

$$\begin{cases} P_{com}(H) = \begin{cases} 0, & H \geq 16 \\ P_{com} F(H), & H < 16 \end{cases} \\ F(H) = 1 - (H/16)^2 \end{cases} \qquad (4-54)$$

式中，$F(H)$ 为高度函数。

另有一种公式为

$$P_{com}(H) = 1 - \exp[-0.6 \times 10^{-4} m_f^{2/3} (v_f - 400) H(y)] \quad (4-55)$$

式中，$H(y)$ 为高度函数，且有

$$H(y) = \rho_H / \rho_0 \quad (4-56)$$

其中，ρ_H、ρ_0 分别为 H 高度与地面大气密度。

在计算 I_{sp} 时，破片碰撞面积 A_s 为随机值，$\overline{A_s}$ 实际上是其数学期望；A_s 显现的随机性，实则是由于非球形破片在空间各向投影面积不同，而在飞行中其姿态的随机性所致。$\overline{A_s}$ 可通过试验测量和统计给出；至于球形破片，由于其点对称之故，则不存在 A_s 的随机性，且有 $A_s \equiv \overline{A_s} \equiv \pi d^2/4$。

4. 破片的引爆作用

破片击中目标内弹药后，可导致该弹药的装药产生强烈的固体冲击波，致使波阵面上的装药力学参数（应力、应变、质点运动速度等）发生强烈变化——突变，密度和温度急剧上升，引起装药爆炸。

衡量破片引爆的能力，预报对弹药引爆的可能性，以引爆概率为指标。通过试验，取得引爆概率 P 的经验公式为

$$P_{ex} = \begin{cases} 0, & st \leq 0 \\ 1 - 3.03 e^{-5.6st} \sin(3.4 + 1.84st), & st > 0 \end{cases} \quad (4-57)$$

st 为综合反映引爆作用的多元函数，其表达式为

$$st = \frac{10^{-8} A - a - 0.065}{1 + 3a^{2.31}} \quad (4-58)$$

式中，A, a 为综合参数。

且有

$$\begin{cases} A = 5 \times 10^{-3} \rho_c m_f^{2/3} v_f \\ a = 5 \times 10^{-2} \dfrac{\rho_m \delta_m + \rho_s \delta_s}{m_f^{1/3}} \end{cases} \quad (4-59)$$

式中，ρ_c 为炸药密度；ρ_m 为被引爆弹药之外壳密度；ρ_s 为目标外壳或蒙皮密度；δ_m 为被引爆弹药外壳厚度；δ_s 为目标外壳或蒙皮厚度；m_f 为破片质量；v_f 为破片存速。

5. 破片的综合毁伤效应

由以上的分析可知，破片对目标能够产生穿甲及侵彻、杀伤、引燃、引爆

各种毁伤效应,并分别以单枚破片随机命中目标的条件概率 P_{hp}、P_{hk}、P_{hc}、P_{he}(分别等效于 P_p、P_{hk}、P_{com}、P_{ex})作为衡量其各种毁伤有效程度的指标。因此,每当一枚破片命中目标,则四种毁伤作用均有可能发生,所以这四种毁伤事件的发生都是相容的。

如果用 T、K、C、E 依次代表穿透、杀伤、引燃、引爆成功发生的事件,并认为其中任一事件的发生,目标均可以遭致毁伤,则随机命中的单个破片的综合毁伤条件概率应为

$$P(T \cup K \cup C \cup E)_h = 1 - P(\bar{T} \cap \bar{K} \cap \bar{C} \cap \bar{E})_h$$

式中,符号上带有短横的均代表各自的对立事件,于是可展成下式:

$$P_{hm} = 1 - (1 - P_{hp})(1 - P_{hK})(1 - P_{hc})(1 - P_{he}) \qquad (4-60)$$

式中,P_{hm} 为破片综合毁伤条件概率。

4.1.2 杀爆弹爆轰毁伤

战斗部或其子弹中炸药的爆轰,使其爆轰产物急剧膨胀,压缩周围的介质,形成强烈的压缩波,并以超声速 D_s 向四周作球面传播。在大气中,压缩波锋面上气体状态参数(压力 p、密度 ρ、温度 T)发生突跃,且随锋面推进,这种运动着的压缩波就称为冲击波。由于波锋面上压力很高,所以介质的质点也会随之运动,其运动速度为 u,且 $u < D_s$。综上所述,描述冲击波这一物理现象,应该用 5 个参数,即 3 个状态参数 p、ρ、T 与 2 个运动参数 u 及 D_s。

冲击波的压力增量和速度增量作用于相对静止的目标壁面时,将产生很大的压力冲量和速度冲量,使目标产生位移,壁面及结构发生变形和振动,以致遭到破坏,这就是装药爆轰所产生的终点效应。

4.1.2.1 冲击波基本方程

描述冲击波现象的基本方程组,主要通过气体动力学和热力学导出,它有着各种各样的形式,其中较常用的是以介质未受扰动的当地声速 a_0 表示的冲击波方程组。

令下角标 1 为波峰参数的标记,下角标 0 为未扰动介质参数的标记,并设 $u_0 = 0$,则可列出

$$\begin{cases} p_1 - p_0 = \dfrac{2}{K+1}\rho_0 D_s^2 \left(1 - \dfrac{a_0^2}{D_s^2}\right) \\ u_1 = \dfrac{2}{K+1}D_s\left(1 - \dfrac{a_0^2}{D_s^2}\right) \\ \dfrac{\rho_1 - \rho_0}{\rho_1} = \dfrac{2}{K+1}\rho_0 D_s^2\left(1 - \dfrac{a_0^2}{D_s^2}\right) \\ \dfrac{p_1}{\rho_1 T_1} = \dfrac{p_0}{\rho_0 T_0} \end{cases} \quad (4-61)$$

式中，K 为气体介质的绝热指数。

可以看到，方程组（4-61）共有 4 个方程，而冲击波的参数有 5 个，所以，必须通过测量确定其中一个。为了测量方便，一般可测量 p_1 或 D_s。

4.1.2.2 冲击波基本性质

（1）冲击波的传播为超声速。

$$D_s = u_0 + \sqrt{\dfrac{K-1}{2\rho_0}(P_1 - P_0) + \dfrac{Kp_0}{\rho_0}} \quad (4-62)$$

由上式显见，$D_s > a_0 + u_0 = 0\sqrt{\dfrac{Kp_0}{\rho_0}} + u_0$。但当传播距离增大时，$p_1 \to p_0$，则 $D_s \to a_0$，这时冲击波衰变为声波。

（2）冲击波传播时，其锋面上的质点具有速度 u_1，其方向与 D_s 相一致，且冲击波越强则 u_1 越大。当 $u_0 \neq 0$ 时，可列出

$$u_1 = u_0 + \sqrt{\dfrac{(p_1 - p_0)}{\rho_0}\dfrac{(\rho_1 - \rho_0)}{\rho_1}} \quad (4-63)$$

将式（4-62）与式（4-63）比较，便可发现：式（4-62）中，$(K+1)/2 > 1$，式（4-63）中 $\dfrac{\rho_1 - \rho_0}{\rho_1} < 1$，故恒有 $D_s > u_1$。尽管如此，u_1 对目标将形成动压，增大了冲击波毁伤效力。

（3）冲击波的传播过程是绝热的但却是熵增的过程，即 $\Delta s > 0$，这种不可逆的热力过程反映了介质质点碰撞摩擦造成的热损失。波锋面之压力越大，则损失也越大。所以，冲击波的衰减是颇快的。

（4）穿越冲击波锋面，介质参数发生突跃。因此，波锋内外两侧参数的增量 Δp、$\Delta \rho$、ΔT 等都不是微分量，而是一个有限量，即不可认为它们各自可趋近于 0。

4.1.2.3 冲击波的动压与静压

冲击波前后的压力 p_0 和 p_1 都是静压力,静压增量 Δp_s 称为超压,即

$$\Delta p_s = p_2 - p_1 \qquad (4-64)$$

当冲击波平行掠过目标壁面时,作用在目标刚性壁上的最大单位面积载荷 $\Delta p_m = \Delta p_s$;但当冲击波垂直作用于目标刚性壁面上时,由于 u_1 的存在,使波锋面上质点从运动中突然滞止,由 u_1 下降为0,于是气流的动能立即转化为作用于壁上的压力能,这部分载荷称为动压。且动压与静压叠加作用于壁上,使壁上载荷大为增加;同时,由于介质质点的滞止聚集,使介质的压力及密度也大大增加,于是发生反向膨胀,形成反射冲击波,我们将该锋面的参数注以下角标2,即 p_2、ρ_2、T_2、u_2。此外,将反射波形成的超压记为 Δp_k,则有

$$\Delta p_k = p_2 - p_1 \qquad (4-65)$$

由式(4-63)可知

$$u_1 - u_0 = \sqrt{\frac{(p_1 - p_0)(\rho_1 - \rho_0)}{\rho_1 \rho_0}}$$

同理

$$u_2 - u_1 = \sqrt{\frac{(p_2 - p_1)(\rho_2 - \rho_1)}{\rho_1 \rho_2}}$$

同时,由于介质质点在目标壁面的滞止,故有

$$u_0 = u_2 \equiv 0$$

于是,

$$\frac{(p_1 - p_0)(\rho_1 - \rho_0)}{\rho_1 \rho_0} = \frac{(p_2 - p_1)(\rho_2 - \rho_1)}{\rho_1 \rho_2}$$

将冲击波绝热方程

$$\begin{cases} \dfrac{\rho_1}{\rho_0} = \dfrac{(K+1)p_1 + (K-1)p_0}{(K+1)p_0 + (K-1)p_1} \\ \dfrac{\rho_2}{\rho_1} = \dfrac{(K+1)p_2 + (K-1)p_1}{(K+1)p_1 + (K-1)p_2} \end{cases}$$

代入前式,并加以整理,同时考虑到式(4-64)及式(4-65),则得

$$\Delta p_k = 2\Delta p_s + \frac{(K+1)\Delta p_s^2}{(K-1)\Delta p_s + 2Kp_0} \qquad (4-66)$$

在空气中,取 $K \approx 1.4$,则得

$$\Delta p_k \approx 2\Delta p_s + \frac{6\Delta p_s^2}{\Delta p_s + 7} \qquad (4-67)$$

当垂直冲击时，作用于刚性壁上的单位最大载荷 $\Delta p_m = \Delta p_k$。在弱冲击波时，Δp_s^2 为二阶小量可略之；强冲击波时 Δp_s 很大，可令 $\Delta p_s + 7 \approx \Delta p_s$，则

$$\begin{cases} 对于弱冲击波, \Delta p_k \approx 2\Delta p_s \\ 对于强冲击波, \Delta p_k \approx 8\Delta p_s \end{cases} \quad (4-68)$$

由式（4-65）和式（4-67）可看出，平行作用的冲击波只有静超压 Δp_s 起作用；而垂直作用的冲击波，则由于滞止参数的存在和反射波的产生，使其破坏力大大增强了。由式（4-67）可知，动超压 Δp_k 中，不仅包含两倍的静超压，还要叠加数倍于 Δp_s 的动压差。因此，静超压 Δp_s 在沿炸点为原点的平面和空间区域内，存在一个静压分布场，即 $\Delta p_s(x, z, t)$ 和 $\Delta p_s(x, y, z, t)$；而动压 Δp_k 只有通过垂直作用于目标刚性表面才能反映出来，其分布可通过测量或由式（5-67）计算的预报数据作出，即 $\boldsymbol{r}\Delta p_k(x, z, t)$ 与 $\boldsymbol{r}\Delta p_k(x, y, z, t)$，$\boldsymbol{r}$ 为径向单位向量。应指出，静压场是一个标量场，而动压场是向量场，且二者都是非定常场，因此，它们对目标的作用都存在瞬态过程。

4.1.2.4 冲击波的两种毁伤机制

Δp_s 和 Δp_k 都是单位面积上作用的力，物理学中称之为压强，工程技术中称之为压力。将其乘以被作用的面积，就得到总的压力。因此，Δp_s 和 Δp_k 作用的瞬时，即 $\Delta t \to 0$，只是力的作用。但是，目标的破坏，主要是在外力作用下，使组成其形体的各个部分和各个构件之间产生相对的位移，即由其静止状态向运动状态转化；也就是说，其动量要发生改变。力学定律告诉我们，动量的变化取决于力的冲量，因此，目标的破坏—变形与位移超过其极限位置，除了力的作用因素之外，还与力的作用时间有关。

随着装药一次性爆轰的量（以装药的 TNT 当量 W_{TNT} 衡量）的多寡，其超压的作用时间也不相同。核爆炸与大集团常规装药的爆炸，其超压作用时间较长；而小量装药的超压作用时间就比较短暂。这两种情况的破坏形式，前者像是用沉重的载荷将目标结构"压垮"，显然这主要是静载荷的破坏作用；而后者则像是用大锤的冲撞将目标"击垮"，显然这主要是动载荷的破坏作用。但严格地说，这二者都是力的冲量在起作用，只有冲量才能使目标形体的组成部分及构件发生动量的改变，使各个构件和构件中的各个部位产生破坏性的相对运动，导致其离开自身的平衡位置，超出其弹性的极限以及为保证目标的完整性及其功能的极限位置；也就是说导致了目标的形变与解体的破坏。此时，

$$I_{sw} = \int_0^\tau \Delta p \mathrm{d}t \quad (4-69)$$

称为冲击波作用的比冲量,即单位面积上的冲量。这是一种面积比冲量,必须将其与推进技术中的时间比冲量严格区别开来。

无论是静压破坏或是动压破坏,按理讲都应该用 I_{sw} 来度量冲击波的毁伤能力。但尽管如此,二者的物理破坏机制却仍有所差别。核爆炸或大集团常规装药的爆炸,对目标结构的作用时间长,在其超压作用的时间区间内,可形成一小段准定常过程。因此,对于冲击波的作用,可以不考虑其时间因素,而直接用超压 Δp 衡量其破坏作用,这就是"静压破坏机制"。小量装药的爆炸对目标的作用时间短暂,表现为典型非定常瞬态过程,因而时间因素是必须加以考虑的,这就需要用 I_{sw} 来衡量冲击波的破坏作用,这就是"冲量破坏机制"。

1. 两种毁伤机制的判断

要判断爆轰作用于目标属何种破坏机制,首先要从装药爆轰形成的冲击波正超压峰值作用时间 t_+ 与目标的自振周期 T 相比较而定,其判定的准则为

$$\begin{cases} 静压破坏, t_+/T \geq 10 \\ 冲量破坏, t_+/T \leq 0.25 \end{cases} \tag{4-70}$$

当 $0.25 < t_+/T < 10$ 时,则情况比较复杂,目标将受到静压和冲量双重破坏机制的作用,因而在解题时,应经具体分析,再视情况选定计算方法。

t_+ 的计算方法:

$$\begin{cases} 空中爆炸, t_+ = 1.35 \sqrt{r \sqrt[3]{W_{TNT}}} \\ 松软地面爆炸, t_+ = 1.49 \sqrt{r \sqrt[3]{W_{TNT}}} \\ 刚性地面爆炸, t_+ = 1.52 \sqrt{r \sqrt[3]{W_{TNT}}} \end{cases} \tag{4-71}$$

式中,r 为距爆心的距离;W_{TNT} 为装药的 TNT 当量;t_+ 为冲击波正超压作用时间。

2. 冲击波静超压 Δp 和比冲量 I_{sw} 的分布

(1) 随距爆心的距离 r 的分布。冲击波在大气中传播,其峰值超压 Δp_m,就是前述静超压 Δp_s 的峰值。在静压毁伤机制中,这一峰值起主要的作用。

$$\Delta p_m = p_m - p_a \tag{4-72}$$

式中,p_m 为冲击波锋面压力峰值之和;p_a 为环境大气压力,即 p_0(绝压)。

①球形装药在无限空气介质中爆炸时,由下式计算 Δp_m:

$$\Delta p_m = \frac{0.0824}{\bar{r}} + \frac{0.0647}{\bar{r}^2} + \frac{0.6864}{\bar{r}^3} \qquad (4-73)$$

式中，Δp_m 为冲击波锋面距爆心距离 r 与装药 TNT 当量的立方根之比，即

$$\bar{r} = r / \sqrt[3]{W_{\text{TNT}}}, \text{m/kg}^{1/3} \qquad (4-74)$$

②球形装药在松软地面爆炸时，由下式计算：

$$\Delta p_m = \frac{0.1005}{\bar{r}} + \frac{0.3940}{\bar{r}^2} + \frac{1.2355}{\bar{r}^3} \qquad (4-75)$$

③球形装药在刚性地面爆炸时，由下式计算：

$$\Delta p_m = \frac{0.1038}{\bar{r}} + \frac{0.4202}{\bar{r}^2} + \frac{1.3728}{\bar{r}^3} \qquad (4-76)$$

以上三式的适用范围是 $1 < \bar{r} < 15$。

（2）比冲量 I_{sw} 距爆心的分布。

①根据理论推导，I_{sw} 对于 r 的关系为

$$\begin{cases} 在装药附近, I_{sw} \propto W \cdot D / r^2, r < 3r_0 \\ 距装药较远, I_{sw} \propto W^{2/3} \cdot D / r, r \gg 12r_0 \end{cases} \qquad (4-77)$$

式中，W 为装药质量；D 为冲击波传递速度；r 为距爆心的距离；r_0 为装药半径。

②根据试验，比冲量的经验公式如下：

装药在无限空间爆炸时，作用于障碍物的比冲量（包括静超压和动超压）为

$$I_{sw} = (196 \sim 245) \frac{W_{\text{TNT}}^{2/3}}{r}, r > 12r_0 \qquad (4-78)$$

当装药为非 TNT 时，可换算成

$$W_{\text{TNT}} = W_x \sqrt{\frac{Q_x}{Q_{\text{TNT}}}}, \text{kg}$$

式中，W_x 为某种所采用装药的质量；Q_x 为某种所采用装药的爆热；Q_{TNT} 为炸药的爆热。

装药在地面爆炸时，可取 1.8 倍装药量进行等效计算，此时有

$$I_{sw} = (294 \sim 363) \frac{W_{\text{TNT}}^{2/3}}{r}, r > 12r_0 \qquad (4-79)$$

4.1.2.5 冲击波对典型目标毁伤有关数据

冲击波对典型目标毁伤有关数据包括典型目标的自振周期和冲击波两种毁

伤机制对于不同目标的毁伤阈值。

(1) 典型目标的构件形式及自振周期，如表 4-7 所示。

表 4-7 典型目标的构件形式及自振周期

目标构件形式	自振周期 T/s	目标构件形式	自振周期 T/s
1～2 层砖建筑	0.25～9.35	2 层砖墙	0.01
3～4 层砖建筑	0.35～0.45	1.5 层砖墙	0.015
2～3 层混凝土建筑	0.35～0.50	0.25 钢筋混凝土墙	0.015
1～7 层混凝土建筑	0.50～0.70	木梁上的楼板	0.030
2～4 层钢架建筑	0.30～0.40	轻隔板	0.07
5～9 层钢架建筑	0.60～1.20	玻璃安装物	0.02～0.04
1～2 层木建筑	0.40～0.50		
3～4 层木建筑	0.50～0.70		

(2) Δp_m 超压毁伤机制对部分典型目标的破坏。核爆炸和大集团装药（通常指 ≥300 kg 的常规装药）爆炸，其超压作用时间长，当其作用于目标时，能使目标产生充分的响应，因此对目标破坏的主要因素是正超压峰值。应说明的是，衡量目标被毁的指标，应该是按坐标毁伤律条件下破坏目标的条件概率，但这一问题无现成资料，将在后面的章节中详细讨论如何将 Δp_m 化为相应不同毁伤判据前提下的条件概率问题。表 4-8、表 4-9 为 Δp_m 作用对部分目标破坏阈值。

表 4-8 Δp_m 作用对部分目标破坏阈值

建筑物	Δp_m/MPa	军事装备	Δp_m/MPa
玻璃破坏	0.005～0.010	螺旋桨飞机轻伤	0.010～0.020
轻隔板破坏	0.005	歼击机轻伤	0.020～0.050
楼板破坏	0.010～0.016	各种飞机破坏	>0.100
1.5 层砖墙破坏	0.025	火炮失效	≥0.150～0.200
2 层砖墙破坏	0.045	雷达电子设备失效	≥0.050
房屋外墙破损	0.035	运输机、客机破坏	0.042
房屋 50% 破坏	0.053	地面火炮、高炮破坏	>0.150～0.200
砖墙粉碎	0.070	汽车破坏	0.020～0.110
钢架扭曲	0.070	履带车破坏	0.035～0.120
全部建筑被毁	0.105	装甲车、自行火炮破坏	0.035～0.300

续表

建筑物	Δp_m/MPa	军事装备	Δp_m/MPa
全部成废墟	0.211	地面停放飞机破坏	0.042
钢筋混凝土墙破坏	0.300	坦克严重破坏	0.400~0.500
野战工事破坏	0.400	重型坦克严重破坏	1.000~1.500

表 4-9　Δp_m 作用对人员目标伤害阈值

伤害程度	Δp_m/MPa	伤害程度	Δp_m/MPa
无伤害作用	<0.019	严重伤害	0.049~0.098
轻伤	0.019~0.020	致死	>0.098
中等程度伤害	0.029~0.049		

（3）I_{sw} 比冲量毁伤机制对部分目标的毁伤阈值。当 Δp_m 作用时间 t_+ 较短、目标自振周期 T 较长时，Δp_m 作用于目标时，目标不能充分响应，因此，Δp_m 对目标的作用，只能由于激励而引起目标结构的振动。当构件振动离开其平衡位置的最大振幅所诱发的材料内部应力超过其强度极限时，构件就发生破坏。关于 I_{sw} 对目标的破坏阈值，目前资料很少，要得到较准确的数据和经验公式，必须通过试验。表 4-10 列出目前能够收集到的数据，仅供参考。

表 4-10　I_{sw} 对部分目标的破坏阈值

目标名称	破坏程度	破坏阈值/(N·s·m^{-2})
2 层砖墙	倒塌	2 000
1.5 层砖墙	倒塌	1 900
轻建筑结构	破坏	1 000~1 500
巨大建筑物	玻璃破坏	300
巨大建筑物	轻度破坏	500~1 000
巨大建筑物	中等破坏	1 500~2 000
巨大建筑物	严重破坏	2 000~3 000

（4）冲击波超压对人员的杀伤。炸药爆炸产生的冲击波超压对人员的杀伤作用取决装药量、冲击波超压作用时间、距离、环境特征，以及人体防护和对冲击波反应的个体条件等。

冲击波对人员的杀伤，分为生理方面和精神方面。最轻的生理杀伤是人耳鼓膜的破裂，最重的能使胸部产生气栓而导致死亡。冲击波对人员神经系统的损害，主要造成某些个体的紧张、情绪低落，乃至诱发神经官能症和精神分裂，这当然会对战斗力造成不利的影响。

有的文献给出了冲击波对人员造成伤害的阈值，其数据与表 4-11 中的数值略有差异，主要是这些数据考虑了作用时间的影响。但文献中未列出压力脉冲的宽度。

表 4-11　冲击波对人员的杀伤阈值

杀伤情况	Δp_m/MPa	杀伤情况	Δp_m/MPa
气栓，腹部出血，手足脱白，胸部与神经系统严重伤害	>0.490 0.196	鼓膜破达 50% 概率 鼓膜破裂 神经系统影响	0.098 0.028 ~ 0.042 0.018 ~ 0.025

冲击波对人员的损伤有两种力学作用，一种是挤压力，另一种是平移力。挤压力主要是瞬时升高的超压引起的伤害，但当超压的上升较缓，如在 20 ~ 150 ms 之内升至 Δp 最大值，则人体的耐受力会增大许多。在 1 ~ 3 ms 宽度的 Δp 脉冲（大体上相当于几千克至十几千克 TNT 当量的常规装药爆炸产生的压力脉冲宽度）作用于人体时，可用经动物试验得到的下列公式进行估算：

$$\Delta p_{50} = 1.696 \times 10^{-3} m_h^{2/3} + 0.3626 \quad (4-80)$$

式中，Δp_{50} 为杀伤概率达 50% 时的超压峰值；m_h 为以 kg 计算的人体质量。

按上式计算，当压力脉冲宽为 1 ~ 3 ms 时，对体重分别为 55 kg 和 75 kg 的人来说，他们被杀伤的概率达 50% 时所相应的冲击波超压的阈值分别为 2.800 MPa 和 3.375 MPa。此时，按 1 ~ 3 ms 计算的超压比冲量 I_{sw50} 的破坏阈值，则分别为 2 800 ~ 8 400 N·s/m² 和 3 375 ~ 10 125 N·s/m²。可以看出，人体对冲击波具有相当高的耐受能力。

平移力主要是冲击波形成的"瞬时风"使人体产生平动，最终造成碰撞的损伤。如果发生碰撞，3.658 m/s 的人体速度所造成严重伤情的概率可达 50%；而 5.2 m/s 的碰撞，则可使人员的死亡概率达 50% 以上。

设人对冲击波的平均暴露面积为 0.37 m²，体重平均为 68 kg，则各种常规弹药空中爆炸时造成人体以 3.658 m/s 平移，即相当于杀伤概率为 50% 时的离爆心的最大距离列于表 4-12。

表 4-12 杀伤概率为 50% 时离爆心的最大距离

弹药	距离/m	弹药	距离/m
22.7 kg 裸装药	3.200	908 kg 杀爆炸弹	21.641
45.4 kg 裸装药	7.468	1816 kg 杀爆炸弹	51.816
136.2 kg 裸装药	14.326	454 kg 半穿甲弹	8.839
454 kg 裸装药	28.346	908 kg 半穿甲弹	11.887
1362 kg 裸装药	55.778	454 kg 穿甲弹	5.182
45.4 kg 杀爆炸弹	4.267	40.9 kg 杀伤炸弹	1.219
113.5 kg 杀爆炸弹	6.400	100 kg 杀伤炸弹	2.591
227 kg 杀爆炸弹	10.058	118 kg 杀伤炸弹	2.896
454 kg 杀爆炸弹	14.935	147.5 kg 深水炸弹	11.278

4.2 制导子母弹毁伤机理分析

子母弹是远程制导火箭弹的主用弹种,主要通过杀伤破甲子弹对有生力量、技术兵器、轻装甲目标等进行破坏与杀伤。本节主要以破甲杀伤双用途子母弹(以下简称子母弹)为例分析其毁伤机理。

4.2.1 破甲杀伤子弹爆炸形成的毁伤元

弹丸或战斗部爆炸对目标产生的破坏作用称为弹丸的爆炸效应,它由爆轰生成物的直接作用、冲击波的破坏作用、破片的杀伤作用和聚能射流的破坏作用四种破坏作用组成。这里重点讨论的是冲击波和破片对有生力量目标的破坏作用。

根据对毁伤效应的影响因素,破片特性参数主要包括破片数量、质量分布、破片初速及运动规律、破片空间分布、破片局部的侵彻作用和整体的冲量荷载。冲击波特性主要包括冲击波的比冲量、超压、正压时间等。聚能射流的破坏特性主要包括射流速度、质量、密度等。

子母弹战斗部在空气中爆炸时,所释放出的爆轰产物迅速膨胀压缩周围空气,由此产生高速和高压,足以形成强烈的冲击波,引起目标的结构毁伤。冲击波阵面以炸点为中心球面向外加速运动,其密度和压力分布呈非线性,在冲击波阵面之后留下空气的扰动。冲击波及其波阵面后的气流称为爆炸波，受扰空气引起的毁伤称为爆破毁伤。

子母弹战斗部爆炸形成的冲击波阵面运行在 16 倍装药直径以内时，其内部是一个主要由爆轰产物组成的气态球状云团。距炸点 16 倍装药直径以外，冲击波停止移动，爆炸波压力约等于周围空气压力。距炸点较近和较远区域冲击波的速度和压力有很大不同，根据离炸点距离不同可以分为近区爆炸波和远区爆炸波。

根据试验数据可以近似得到爆炸气态云团的膨胀速度，图 4-8 是爆炸云团直径随时间的变化曲线。

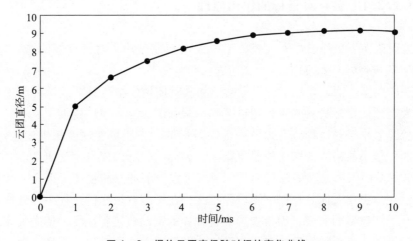

图 4-8　爆炸云团直径随时间的变化曲线

在 2 ms 之内，高速破片包容在云团之内；在 2~4 ms 内为气体产物的边缘试验数据；在 4~5 ms 之后，空气阻力使爆炸云团的推进速度快速减慢。

在 4~5 ms 时，云团直径达到最大值，而云团内高速气体在一个短时间内突然停顿。此时，破片运动速度为 1 000 m/s 的量级，要花上大约 2 ms 时间才能追上气体云团（约 2 m）。

当冲击波阵面与破片同时作用在目标上时，此时作用在结构目标上的动量最大，将对目标造成最大程度的毁伤；在此之后，破片将先碰到目标，应该单独分析爆炸波和破片对目标的毁伤效应。

聚能射流战斗部在典型情况下利用金属射流或杆条的高速侵彻，在目标的较小面积上积聚大量的能量，造成目标的毁伤。这个高速碰撞引起的靶板和侵彻体之间的相互作用压力，导致应力超过这些材料的强度。对金属靶板，材料从撞击区塑性变形流出，形成一个空穴，侵彻体也被这一过程的塑性流动侵蚀。靶中空穴在深度上持续增长，直到侵彻体被完全耗尽，或者靶板结构被穿透。

4.2.2 破片毁伤元

破片作为一种产生毁伤作用的元件，其主要作用在于利用其质量高速撞击目标，并在目标内强行开辟一条通道。破片是通过对目标的侵彻产生破坏作用的。破片命中目标时动能的高低是衡量其杀伤威力大小的尺度之一。

4.2.2.1 破片对目标的作用原理

破甲杀伤子母弹爆炸时，壳体形成大量高速破片，对其周围的有生力量、技术装备等目标产生毁伤。

破片在撞击钢之类的坚硬目标时，将其动能传递给目标。若破片传递的能量很大，致使目标材料的受力超过了其屈服强度，就会出现侵彻现象。破片的动能总是经由接触面积或有效面积传向目标的。在质量和速度相同的条件下，有效面积较小的破片传递的能量更集中，因而对目标的侵彻深度更大。

破片命中人体之类的软目标时，侵彻过程中消耗的能量要少得多，故而常常可以完全贯穿人体。与侵彻硬目标相比，在侵彻软目标的过程中，破片的形状具有更加重要的作用，因为它影响着破片的运动轨迹和能量的传递速率。所以，对于某一个给定目标来说，破片的侵彻威力是由破片的质量、形状和速度决定的。

4.2.2.2 破片的速度及分布

破片杀伤战斗部与杀伤效果密切相关的因素有破片的初始速度、单枚破片质量、有效杀伤破片数，破片的形状、尺寸、飞散角和方向角等。其中最基本的是破片初速。只有破片具有足够大的速度，才具有摧毁目标所需的能量，所以破片初速的确定是弹药、战斗部工程的基本问题之一。

炸药起爆后，爆轰波以 7 000 m/s 左右的速度传播，炸药装药全部爆轰完毕需要几十微秒。爆炸过程中产生的爆轰产物作用在弹体壁上，使其快速膨胀变形。当变形达到一定程度时，弹体内部最薄弱环节处首先形成裂纹并逐步扩展。由于爆轰产物继续膨胀做功，弹体变形逐渐增大，不断产生新的裂纹。当这些裂纹彼此相交后，弹体形成了破片。因为战斗部在爆轰产物作用下的膨胀变形速度很快,所以形成的破片具有很高的速度。随着爆轰产物从弹体裂缝的漏出破片的加速度逐渐减小,当破片上的爆轰产物作用力和空气阻力相互平衡时,破片的速度达到最大值,该速度称为破片初速。破片初速通常为 600～2 000 m/s。

影响破片初速的主要因素有装药种类、装药约束和壳体材料。目前从动能角度出发,利用动能基本表达式,已建立了多种破片初速理论的计算方法,对于本书所考虑的圆柱形装药战斗部,计算破片初速最常用的公式为 Gurney 公式:

$$v_0 = \sqrt{2E}\sqrt{\frac{\beta}{1+\beta}} \quad (4-81)$$

式中,$\sqrt{2E}$ 为炸药 Gurney 常数,每种炸药都有一定的 Gurney 常数,它与装填密度和其他因素有关;$\beta = m/M$,m 为炸药质量,M 为壳体质量。此公式是在瞬时爆轰、不考虑轴向稀疏波的影响并且假定所有破片具有相同的初速的前提条件下得到的,适用于计算等壁厚、长径比较大($L/D > 2$)并且装药质量比在 $0.2 \leq \beta \leq 3.0$ 范围内的圆柱形战斗部的破片初速。由于采用了瞬时爆轰的假设,只能给出最大速度的近似值,而给不出速度的分布;同时只反映了炸药的性能和装药、壳体质量比对破片的初速的影响,战斗部的其他结构参数反映不出来。

关于破片速度随装药轴线的分布,Randers 研究了端效应对破片初速的影响,提出了修正的 Gurney 公式:

$$v_x = \sqrt{2E}\sqrt{\frac{F(x)\beta}{1+0.5F(x)\beta}} \quad (4-82)$$

其中,$F(x)$ 是对 Gurney 关系的端面飞散修正,其表达式为

$$F(x) = 1 - \left[1 - \min\left(\frac{x}{2r}, 1.0, \frac{l-x}{r}\right)\right]^2 \quad (4-83)$$

式中,x 为离起爆点的距离;r 为装药半径;l 为装药长度。

同时预估圆柱形有壳装药破片初速及其分布的还有斯坦诺维奇方法:

$$v_x = v_{\max}\left(\frac{i_x}{i_{\max}}\right) \quad (4-84)$$

虽然此公式物理意义正确并且简单,但由于忽略了很多实际因素,因此计算结果与实际试验结果误差比较大。张寿齐沿用斯坦诺维奇冲量分布的破片速度分布模型的思路,考虑爆轰波传播和驱动等实际情况,参照试验结果,引进经验性修正因子,修正了式(4-84),修正后的公式具有较好的典型性。

$$v_x = v_{\max}\left(\frac{i_x}{i_{\max}}\right)^k \quad (4-85)$$

式中，v_x 为 x 处的壳体单元破片初速；$i_{\max}$ 为作用于壳体内侧壁可能的最大冲量；i_x 为作用于 x 处壳体内侧壁的冲量；$v_{\max}$ 为最大破片初速；

$v_{\max}$ 可用 Gurney 公式或圆柱形壳体运动方程导出的求解破片初速的公式求出，同时在 Gurney 公式的基础上引进了修正系数 k。对于两端同时起爆的情况，全预制破片时 $k=1.05$；中心起爆时，全预制破片时 $k=0.90$。

4.2.2.3 起爆位置对破片初速的影响

在建立破片初速公式时，曾假设弹体沿轴各处的破片速度相等。但是，实际上弹体长度有一定的限制，因此起爆位置、底端面以及爆轰产物运动方向等都影响沿轴各处的破片速度和破片的飞散方向。实际测量结果表明，靠近弹体中部的破片速度最高，两端较低，各处破片速度不同。通过分析不难看出，破片初速与弹体金属及炸药的性质、质量以及弹丸的结构、形状有关。美国海军武器中心进行了大量的试验，发现各种不同的轴向起爆对破片速度分布有着不同的影响。

（1）单一端面起爆时，起爆端破片的初速低于非起爆端的初速。

（2）对偶端面起爆时，增大了弹丸中间位置处的破片初速，为单一端面起爆的破片初速的 1.2 倍。对偶端面起爆使弹丸中间位置处的破片初速与端面处的破片初速之间的速度梯度增大。

（3）将对偶起爆点向装药中心移动时，可降低中心与端面破片速度间的速度梯度。

（4）对偶起爆使破片集中在通过弹丸质心且垂直弹轴的平面附近区域内。

（5）对于任一弹丸来说，不论其起爆方式如何，破片的总动能近似相等。

产生上述结果的原因是：端面起爆使得爆轰产物从端面溢出减小了对破片的作用，因此使端面附近的破片初速减小；非起爆端爆轰产物也要溢出，但因爆轰产物随爆轰波传播方向运动，所以使非起爆端的破片初速高于起爆端的破片初速；采用对偶起爆时，由于爆轰波的碰撞产生了一个高压中心区，使其附近的破片速度提高了 20%。

考虑端部效应，并分别对起爆端和非起爆端作出不同修正的办法，建立圆柱形战斗部不同起爆情况下破片轴向分布的计算公式。

（1）对于轴向两端起爆的情况：

$$v_{0x} = (1 - e^{-\frac{2.3617x}{d}})(1 - e^{-\frac{2.3617(l-x)}{d}})\sqrt{2E}\sqrt{\frac{\beta}{1+\beta/2}} \quad (4-86)$$

（2）对于轴向一端起爆的情况：

$$v_{0x} = (1 - e^{-\frac{2.3617x}{d}})(1 - 0.28806e^{-\frac{4.603(l-x)}{d}})\sqrt{2E}\sqrt{\frac{\beta}{1+\beta/2}}$$
$$(4-87)$$

（3）对于轴向中心起爆情况：

$$v_{0x} = (1 - 0.28806e^{-\frac{4.603x}{d}})(1 - 0.28806e^{-\frac{4.603(l-x)}{d}})\sqrt{2E}\sqrt{\frac{\beta}{1+\beta/2}}$$
$$(4-88)$$

式中，x 为计算微元（破片）离基准端面的距离，一端起爆时，起爆端面即为基准端面；d 为装药直径；l 为装药长度；V_{0x} 为 x 处的破片初速。

4.2.2.4 破片的静态飞散范围

战斗部爆炸后，破片在空间的分布是确定破片杀伤作用场必须研究的一个重要问题。爆炸装药一旦起爆，炸药和壳体立即在爆轰波的作用下急剧膨胀，迅速达到破坏强度，并构成某种散布形式，具体散布形式主要取决于壳体的物理形态。在飞向目标的过程中，破片受到空气阻力的作用，其速度不断衰减。这种现象与命中目标以前受遮蔽物阻挡而产生的减速效应相似。破片的有效覆盖面积在很大程度上是由弹丸的飞散角和炸点至目标的距离决定的。

在破片飞散的参数中，飞散角和方向角是对付目标的战斗部最重要的两个参数。战斗部的破片飞散角实际上是两端破片飞散方向所形成的张角，如图4-9中所示的 φ'。与破片的飞行距离相比，战斗部的长度和直径很小，可以忽略。因此在实践中，是把在战斗部轴线所在的平面内，以装药质心为顶点，包括全部有效破片在内的张角定义为飞散角，如图4-9中的 φ。

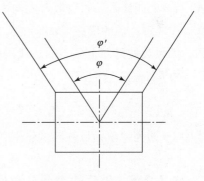

图 4-9 破片飞散角

战斗部两端的破片，由于受端部效应的影响，分布比较离散，即飞散角边缘的破片密度较低。因此，在计算战斗部的杀伤效率时，一般不把边缘破片所占的角度计算在内。严格地说，用于杀伤效率计算的飞散角，应指分布密度符合要求（此处所要求的密度值应略低于规定的理论值）的有效破片所占的角度，习惯指90%的有效破片所占的角度。破片各角度如图4-10所示。

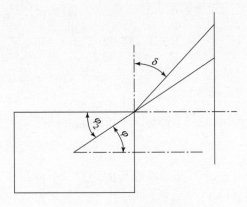

图4-10　破片各角度示意图

假如在整个装药的所有各点上同时起爆，则每一个破片均沿其在壳体上的原始部位的法线方向抛射出去。实际上，起爆点的数目总是有限的（通常是一点或两点），故每一破片在抛出时都会偏离法线方向。

泰勒公式是计算破片飞散方向的经典公式，是Taylor在1941年研究炸药驱动金属介质（平板或圆管）时提出的一个经验公式，在工程实际中有广泛的应用，具体形式为

$$\delta = \arcsin\left(\frac{V_0}{2D}\cos\phi_2\right) \quad (4-89)$$

式中，δ为计算微元的飞散方向与该处壳体法线的夹角；V_0为破片初速（m/s）；D为炸药爆炸后的爆速（m/s）；ϕ_2为起爆点与壳体某点的连线与壳体之间的夹角，即爆轰波阵面上该点的法线与纵轴的夹角。

将δ换算成飞散方向与战斗部轴线的夹角，为

$$\varphi_0 = \frac{\pi}{2} - \delta - \gamma \quad (4-90)$$

式中，γ为壳体单元母线与弹轴夹角，当壳体为圆柱形时，$\gamma=0$。

4.2.2.5　破片的空间分布规律

目前，在理论上还不能用解析法来描述破片在空间的分布规律，现有的关于破片飞散的理论仅能做到定性分析，主要还是依靠试验来测定破片在空间的分布规律。试验表明，除了球形战斗部中心起爆外，其余战斗部起爆后，破片

在空间的分布都是不均匀的。

通过靶场试验,发现在静态条件下,圆柱形装药战斗部爆炸产生的破片的空间分布规律近似呈正态分布,破片的密度分布函数为

$$\eta(\varphi_0) = \frac{1}{\sqrt{2\pi}\sigma} e^{-(\varphi_0-\varphi_1)^2/2\sigma^2} \quad (4-91)$$

式中,φ_1 为空间分布的中心方位角;σ 为正态分布的均方差(对于自然破片通常取为5);φ_0 为弹轴与飞散方向的夹角,称为飞散方位角。

在计算中,可以利用 Monte-Carlo 方法对上式进行抽样,得到具体 φ_0 值,抽样公式是

$$\varphi_0 = \sqrt{-2\ln r_1}\cos(2\pi r_2) \quad (4-92)$$

式中,r_1, r_2 为(0,1)区间均匀分布的随机数。

中心方位角 φ_1 主要与起爆位置有关,可用泰勒公式计算:

$$\varphi_1 = \frac{\pi}{2} + \frac{1}{2}\frac{V_0}{D_e}\sin\beta \quad (4-93)$$

式中,β 为爆轰波阵面与单元壳面的夹角;D_e 为炸药爆速。

破片的飞散方位角和中心方位角如图 4-11 所示。

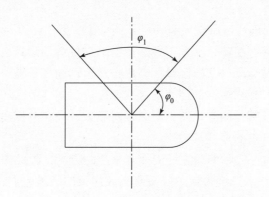

图 4-11 破片的飞散方位角和中心方位角示意图

4.2.2.6 破片速度的衰减

战斗部爆炸后,破片获得初始速度 v_0,高速运动的破片在大气中飞行时受到重力和空气阻力的作用。重力的主要作用是使破片的运动轨迹发生弯曲,本书中,因为炸点离目标的距离比较近,破片速度又很高,所以重力作用可以忽略。空气阻力的主要作用是使破片的速度衰减。假设某瞬间破片垂直于飞行

方向的平均迎风面积为 A，飞行速度为 v_x，空气密度为 ρ_0，空气阻力系数为 C，则破片飞行距离 D 后的速度衰减为

$$v_D = v_{d0} e^{-\frac{C\rho_0 A}{2m_f}D} \tag{4-94}$$

破片的迎风阻力系数 C 因破片的形状和飞行速度的不同而不同，在估算时，一般取 C 的平均值，并按常值处理。

由于破片在飞行时作无规则的翻滚、旋转，自身的取向变化不定，故展现面积（或称迎风面积）的确定比较困难。一般按均匀取向理论，采用破片的平均迎风面积计算。对于规则形状的破片，平均迎风面积可取该破片整个表面积的 1/4。对形状不规则的破片，可由试验测出破片的平均迎风面积，或将其近似成规则破片处理。对于各种不同形状的规则破片，均可推导出相应的破片形状系数 Φ（当破片为球形时，$\Phi = 3.07$）和破片质量 m_f 与破片迎风面积 A 的关系式如下：

$$A = \Phi m_f^{\frac{2}{3}} \tag{4-95}$$

4.2.2.7 战斗部爆炸后形成的动态破片场

轴对称战斗部破片散飞主要有两种不同类型：静态散飞形式和动态散飞形式。前者是指战斗部在静止状态下爆炸产生的破片散飞形式，后者是指在遭遇点爆炸时破片相对运动的飞散区域。破片相对运动速度是破片本身的静态飞散速度和战斗部与目标相对运动速度的合成速度。动态飞散区域可以在不同的坐标系中表示。由于破片的有效杀伤距离相对不大，故在分析动态飞散区域时通常忽略破片在空气中的速度衰减。

当弹丸运动时，实际的破片场受弹丸末速的影响，因此需要叠加弹丸的终点速度矢量 V_1。终点速度矢量不仅使原来破片束的飞散方向由 φ 变为 φ'，也使其飞行速度由 V 变为 V'。

战斗部爆炸后，形成动态的破片飞散场，可以通过静态破片锥叠加战斗部速度得到。破片静态的最小和最大飞散方位角分别为

$$\begin{cases} \varphi_{\min} = \varphi_0 \\ \varphi_{\max} = \varphi_0 + \Delta\varphi \end{cases} \tag{4-96}$$

式中，φ_0 为破片的飞散倾角；$\Delta\varphi$ 为破片静态飞散角，由战斗部的结构决定。

叠加战斗部末段速度后，可以得到破片动态区间角：

$$\begin{cases} \varphi'_{\min} = \arctan\left(\dfrac{v_0 \sin\varphi_{\min}}{v_0 \cos\varphi_{\min} + v_m}\right) \\ \varphi'_{\max} = \arctan\left(\dfrac{v_0 \sin\varphi_{\max}}{v_0 \cos\varphi_{\max} + v_m}\right) \end{cases} \quad (4-97)$$

式中,v_0 为战斗部爆炸后形成破片的静态初速度,v_m 为战斗部末段速度。

破片的动态飞散角如图 4-12 所示。

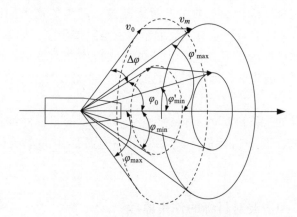

图 4-12 破片的动态飞散角示意图

破片速度为

$$v_{d0} = \sqrt{v_0^2 + v_m^2 + 2v_0 v_m \cos\varphi} \quad (4-98)$$

式中,φ 是战斗部静爆时破片初速度和战斗部轴线之间的夹角。不同飞散区间内破片的动态速度是不同的,它们是飞散角 φ 的函数。

破片在空气中运动,其速度衰减规律如式(4-94)所示。

设 $k_\alpha = \dfrac{c_0 \rho_0 A}{2 m_f}$,则对式(4-94)积分可以得到破片的运动距离随时间的变化关系:

$$D = \frac{1}{k_\alpha} \ln(k_\alpha v_{d0} t + 1) \quad (4-99)$$

式中,t 是战斗部爆炸后经历的时间。

4.2.3 冲击波毁伤元

爆炸冲击波在空气中呈球形传播,形成体杀伤场。因此,不管目标在空间与战斗部处于何种相对位置,只要在冲击波的破坏距离内就会被毁伤,这就大大简化了子母弹关键技术之一的引战配合问题,但是,冲击波毁伤有几个明显的弱点：冲击波的破坏半径较小，而且随着传播距离的增大，冲击波的威力急剧下降，所以冲击波的破坏区域不大。

冲击波的威力还随着爆炸高度的增加而降低。冲击波的传播速度随着峰值超压的降低而下降。

以冲击波作为破坏目标的主要手段，其威力的大小主要取决于4个因素。

（1）装药的种类与质量：炸药的威力越高，冲击波的威力就越大。

（2）炸点离目标的距离：冲击波威力随这一距离的增大而迅速下降，这就要求形成冲击波的战斗部应有较高的精度甚至直接命中目标。

（3）子弹与目标的遭遇高度：由于冲击波以空气为介质，而空气密度随着高度的增加而逐渐降低，因而在药量相同时，冲击波的威力也随着高度的增加而下降。

（4）目标受冲击波破坏的易损特性：不同类型的目标对冲击波作用的承受能力是不同的，同一目标的不同部位对冲击波作用的承受能力也有较大差异。

4.2.3.1 冲击波对目标的作用原理

弹丸在空气中爆炸产生的高温、高压爆轰产物像一个超声速推进的活塞，把空气从原来的位置上迅速地排挤出去，形成一个空气压缩层。这个以超声速运动的、状态参数有突跃的压缩空气层就是空气冲击波，其前缘称为波阵面。

爆炸形成的冲击波沿径向传播高压和高冲量。在脱靶距离较小的情况下起爆战斗部，则可以将爆炸脉冲看作是一种致命毁伤的机制。这种高能爆破效应和密集的高速破片一起提供了两种毁伤机制，可以撞击和毁伤目标。

战斗部爆炸时由主装药产生一个峰值超压，若此超压对时间积分则产生一个冲量载荷。压力和冲量受炸药的装药重量、炸药组分、装药形状、壳体材料和大气条件的影响。爆炸气体产物的高压以球形向外膨胀，爆炸压力脉冲和气体云速度远远大于大气压力和声速条件。战斗部起爆后，由于摩擦和对周围空气做功使压力脉冲迅速降低。

需要指出的是，目标离爆炸中心越近，尽管冲击波阵面压力很高，破坏作用很强，但是由于受作用面积较小，破坏只带有局部性。目标距爆炸中心较远时，虽然波阵面的压力衰减了，但是由于目标的受作用面积大大扩大，正压作用时间增长，往往对目标造成大面积的总体性破坏。

4.2.3.2 冲击波超压参数

空气中爆炸产生的冲击波遇到目标时，对目标的作用过程是非常复杂的。要衡量冲击波对目标的毁伤作用的大小，通常要考虑以下几个用以描述冲击波特性的重要参数，如峰值压力、正压时间、比冲量、冲击波的波形、冲击波的传播速度等。

战斗部产生的压力波传播一定的距离后才撞击目标。这个高能量压力波以很短的时间间隔撞击目标，称为正压冲量 I_+。在一段时间之后，爆炸波阵面后的压力降到环境压力之下，产生空吸效应。这个空吸效应产生负压和负冲量，但我们的讨论集中在正压和正冲量，因为目标毁伤常常是在这个区域发生的，其爆炸波强度最大。压力作用在目标上的时间越长，爆炸波能量毁伤目标零部件的时间越多。

冲击波经过空间某点的压力—时间关系如图 4-13 所示。

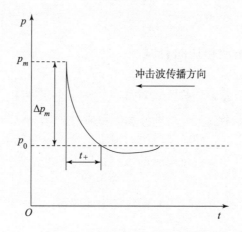

图 4-13 冲击波经过空间某点的压力—时间关系示意图

图 4-13 中，p_0 是爆炸点处的大气压力；p_m 是冲击波波阵面的最大压力；Δp_m 是 p_m 与 p_0 之差，即超压，又称峰值压力；t_+ 是正压作用时间，又称正压持续时间。

正压区压力在正压作用时间内的累积称为比冲量，又称正冲量，以符号 I_+ 表示，即

$$I_+ = \int_0^{t_+} \Delta p(t)\,\mathrm{d}t \qquad (4-100)$$

（1）峰值压力。根据文献，球形装药战斗部在无限空气介质中爆炸后形

成冲击波的峰值超压的计算公式为

$$\Delta p_m = \bar{A} W^{\frac{1}{3}}/r^2 \tag{4-101}$$

式中，W 为战斗部等效裸装药的 TNT 当量质量；r 为距爆点的距离；$\bar{A}$ 为经验系数，取值为 $\bar{A} = 22.6 \times 10^5$。

由式（4-101）可知，冲击波的超压的大小跟装药质量和目标距爆心的距离有关。装药量越大、目标距爆心的距离越小，冲击波超压值就越大，杀伤威力就越高。

（2）正压区时间。t_+ 是空气中爆炸冲击波的另一个特征参数，它是影响目标破坏作用大小的重要参数之一。如同确定 Δp_m 一样，它也是通过试验方法建立起来的经验公式。战斗部在空气中爆炸时，正压作用时间 t_+ 的计算式为

$$t_+ = b \sqrt[6]{W} \sqrt{r} \tag{4-102}$$

式中，t_+ 为正压作用时间；r 为距爆心的距离；W 为装药质量；b 为经验系数，取值为 $b = 1.5 \times 10^{-3}$。

由式（4-102）可知，正压作用时间的大小也跟装药量和距离两个参量有关。

4.2.3.3 冲击波超压的衰减

战斗部在目标附近爆炸产生的冲击波，对目标产生由外向内的挤压性破坏，只要其脱靶距离不大于战斗部冲击波的破坏半径，就能对目标产生毁伤作用。而在脱靶距离之内，冲击波产生的超压也会因为空气阻力等快速衰减，冲击波波阵面运动到目标表面时超压的大小，是影响冲击波对目标毁伤效能的最主要因素。

冲击波波阵面后压力随时间的衰减变化规律可由下式近似计算：

$$\Delta p(t) = \Delta p_m \left(1 - \frac{t}{t_+}\right) e^{-a\frac{t}{t_+}} \tag{4-103}$$

当压力 1 atm $< \Delta p_m <$ 3 atm 时：

$$a = \frac{1}{2} + \Delta p_m \left[1.1 - (0.13 + 0.20\Delta p_m)\frac{t}{t_+}\right] \tag{4-104}$$

当 $\Delta p_m \leq 1$ atm 时，则 $a = \frac{1}{2} + \Delta p_m$，这时也可近似地用下式估算：

$$\Delta p(t) = \Delta p_m \left(1 - \frac{t}{t_+}\right) \tag{4-105}$$

4.2.3.4 冲击波的速度

根据冲击波超压计算公式：

$$\Delta p_m = \frac{2}{\gamma + 1} \rho_0 D^2 \left(1 - \frac{c_0^2}{D^2}\right) \quad (4-106)$$

可得到冲击波的传播速度：

$$D_a = c_0 \left[1 + \frac{\Delta p_m (\gamma + 1)}{2\rho_0 c_0^2}\right]^{\frac{1}{2}} \quad (4-107)$$

式中，Δp_m 为冲击波超压；γ 为空气的绝热指数（$\gamma = 1.4$）；ρ_0 为扰动空气的初始密度；c_0 为声速；D_a 为冲击波的传播速度。

将 $c_0^2 = \gamma \dfrac{P_0}{\rho_0}$ 代入上式，也可将冲击波速度表示为

$$D_a = c_0 \left[1 + \frac{1+\gamma}{2\gamma} \frac{\Delta p_m}{P_0}\right]^{\frac{1}{2}} \quad (4-108)$$

将 $\gamma = 1.4$ 代入上式可将冲击波的速度简化为

$$D_a = c_0 \left[1 + \frac{6\Delta p_m}{7P_0}\right]^{\frac{1}{2}} \quad (4-109)$$

4.2.4 射流毁伤元

4.2.4.1 射流的侵彻机理

战斗部的主要目的是侵彻或毁伤具体的目标，通常为车辆或某种类型的结构。战斗部在典型情况下利用金属射流或杆条的高速侵彻，在目标的较小面积上积聚大量的能量，造成目标的毁伤。这个高速碰撞引起的靶板和侵彻体之间的相互作用压力，导致应力超过这些材料的强度。对金属靶板，材料从撞击区塑性变形流出，形成一个空穴，侵彻体也被这一过程的塑性流动侵蚀。靶中空穴在深度上持续增长，直到侵彻体被完全耗尽，或者靶板结构被穿透。

破甲试验表明，射流侵彻钢板时，穿孔直径比自身直径大许多倍。射流穿孔后，自身分散，附在空壁上。射流的破甲过程如图 4-14 所示。

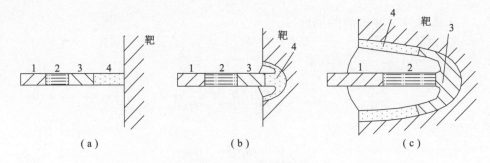

图 4-14 破甲过程示意图
(a) 开坑阶段；(b) 准定常阶段；(c) 终止阶段

射流的破甲过程可分为三个阶段来讨论。

开坑阶段：也就是破甲的开始阶段。从射流头部碰击静止的钢靶开始，到射流在靶板中建立起稳定的"三高"区为止。此阶段只占孔深的很小一部分。

准定常阶段：射流在开坑阶段之后，对"三高"区状态靶板的侵彻阶段。由于此阶段的碰撞压力比较小，射流的能量分布变化缓慢，破甲参数变化不大，靶板直径变化不大，基本上与破甲时间无关，故称准定常阶段。

终止阶段：射流速度已经变得很低，靶板强度的作用越来越明显，不能忽略靶板的强度。由于射流速度低，破甲速度减小，扩孔能力也下降。在射流和孔底之间存在的射流残渣越来越厚，使射流破甲停止。

另外，射流在破甲后期产生的颈缩和断裂，对破甲过程产生不利的影响。

分析破甲终止的原因有以下几条：

（1）射流速度降低到某一临界值时，不能再侵彻靶板，此值通常称为临界速度，它与射流及靶板的材料有关。

（2）由于侵彻过程中的射流残渣堆积，使后续射流和孔底隔开，因此，即使射流速度还没有低于临界速度，也可能使侵彻过程停止。

（3）射流断裂，并且翻转和偏离轴线，使侵彻过程停止。

（4）虽然射流尾部速度大于临界速度，但因射流消耗完毕而终止破甲。

很明显，聚能战斗部的侵彻力学取决战斗部形成的侵彻体的特征，虽然区分不严格，但定向能战斗部可方便地分为成型装药战斗部、半球形装药战斗部及爆炸成型弹丸（EFP）战斗部。

成型装药战斗部产生的金属射流是从锥形罩、喇叭罩或钟形药型罩形成的。药型罩材料压垮在装药的轴线上，形成射流的质量约占药型罩质量的15%，剩余部分形成运动较慢的杆体。射流从头到尾，在典型情况下其速度变化为 10 000~2 000 m/s。由于速度梯度存在，射流在飞向目标过程中一直在伸长，直至最后沿轴线断裂成许多颗粒。断裂了的射流颗粒偏离轴线，且在断裂时有翻滚力矩作用在这些颗粒上。由于偏离和翻滚力矩诱发的转动，引起横向散布，大大降低了射流的侵彻能力。

4.2.4.2 射流和均质靶板的相互作用

在成型装药射流撞击速度下，撞击应变和应变率水平下诱发的应力大大超过了射流材料和靶材的机械强度。因此，在实践中作为一级近似，可以完全忽略强度效应。在射流/靶板交界面产生一驻定体。一旦局部的定常状态已经建立，这个驻定体以速度 u 向靶内运动。在这种条件下，驻点压力 p 作用于驻定体内的射流材料和靶材。不可压缩流体的伯努利方程给出下列公式：

$$p = \frac{1}{2}\rho_j(v_j - u)^2 \qquad (4-110)$$

$$p = \frac{1}{2}\rho_t u^2 \qquad (4-111)$$

其中，ρ_j 和 ρ_t 分别是射流和靶板材料的密度，v_j 是射流趋向驻定体的速度。若假定长度为 L 的射流其速度是 v_j 常量，则在均质靶板中的侵彻速度 u 也是常量：

$$u = \frac{v_j}{\sqrt{(1 + \rho_j/\rho_t)}} \qquad (4-112)$$

且长度为 L 的射流引起的侵彻深度 P 为

$$P = \frac{Lu}{v_j - u} = L\sqrt{\rho_j/\rho_t} \qquad (4-113)$$

这些方程可用来描述理想射流撞击均质靶时近似的侵彻深度以及穿深—时间的关系。

理想射流源自装药轴线上的某一点，并为单一事件。射流与装药轴线理想共线且连续伸展，具有线性速度梯度。或者不发生断裂，或者在其全长内同一瞬时断裂。

按照线性速度梯度、瞬时断裂和虚拟射流原点进行近似，可提供一定的建模基础，而且对颗粒高度共线的断裂射流，或者当战斗部到目标的距离——炸高较近时，也提供了一个可以接受的简化方法。

帕克和伊万斯将式（4-113）扩展到包括分段射流——共线的断裂射流。分段射流的侵彻由下式控制：

$$\lambda \rho_j (v - u)^2 = \rho_t u^2 \qquad (4-114)$$

其中，λ 是常量，对连续射流为 1，对分段射流为 2。λ 在 1~2 之间的范围标明了射流的分段程度。在式（4-114）中，ρ_j 代表射流的质量除以包括各段间隔的总体积，于是侵彻深度由下式给出：

$$P = L(\lambda\rho_j/\rho_t)^{1/2} \qquad (4-115)$$

其中，L 包含各段间隔。

为了包含靶的强度效应，将式（4-113）展开为无量纲参数 $Y/\rho_j v^2$ 的幂级数，其中 Y 指靶的屈服强度，则具有第一修正项的侵彻方程变为

$$P = L(\rho_j/\rho_t)^{1/2}(1 - \alpha Y/\rho_j v^2) \qquad (4-116)$$

其中，α 为参数，是射流和靶板密度的函数。

根据射流速度和侵彻速度与侵彻深度关系的试验测量，埃切尔勃格得出结论，认为流体动力学公式（4-112）、式（4-113）对侵彻过程的早期阶段是精确的，但当射流速度下降到较低时，在后续的侵彻阶段中靶板和射流强度起着重要的作用，加一强度项来考虑强度效应：

$$\lambda\rho_j(v-u)^2 = \rho_t u^2 + 2\sigma \qquad (4-117)$$

其中，σ 是 σ_t 与 σ_j 之差，σ_t 与 σ_j 分别表示靶板和射流对塑性变形的阻力，通常取为靶板和射流屈服强度的 1~3 倍。

采用某理想射流来源于一虚拟原点的概念，破甲过程的 $t-z$ 图如图 4-15 所示。

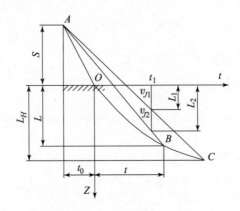

图 4-15 破甲过程的 $t-z$ 图

射流具有线性速度梯度，瞬间同时断裂。设定下列变量：

S_0 ——从射流虚拟原点到靶板前表面的距离；

v_0 ——射流头部速度；

t_0 ——射流头部从虚拟原点（在 O 时刻）运行到靶前表面的飞行时间；

t_b ——射流形成后到完全断裂的时间；

v_r——最快剩余射流单元的极限速度,刚好不能再增加坑底流体动力学的穿深;

$\gamma = \sqrt{\rho_t/\rho_j}$——靶板和射流密度比值的平方根。

得到的侵彻深度 $p(t)$ 与时间 t 的函数关系,将在以下三种机制表征:

(1) 在小炸高时,射流连续,与时间相关的侵彻深度是

$$P(t) = S_0[(t/t_0)^{1/(1+\gamma)} - 1] \qquad (4-118)$$

(2) 在中等炸高区,初始的侵彻是由连续的伸展射流产生的,但在时间 t_b 之后,继续以颗粒化的射流侵彻,单个的射流颗粒不再伸长。与时间相关的侵彻深度为

$$P(t) = S_0[(1-\gamma)(t_b/t_0)^{1/(1+\gamma)}t/(t_b + t\gamma) - 1] \qquad (4-119)$$

(3) 最后,在大炸高情况下,所有的侵彻都是由颗粒化的射流产生的,与时间相关的侵彻深度由下式给出:

$$P(t) = S_0[(t/t_0) - 1]t_b/(t_0 + t\gamma) \qquad (4-120)$$

对于每种炸高条件,采用恒等式:

$$t = (P + S_0)/v_r \qquad (4-121)$$

通过求解式(4-118)~式(4-121),可计算极限侵彻深度 $P(v_r)$,提供出上述三种炸高情况下预报的最大侵彻深度:

(1) 近距离、连续射流:

$$P(v_r) = S_0[(v_0/v_r)^{1/\gamma} - 1] \qquad (4-122)$$

(2) 中等炸高、部分连续、部分颗粒化射流:

$$P(v_r) = \{[(1+\gamma)(v_0 t_b)^{1/(1+\gamma)} - S_0^{\gamma/(1+\gamma)} - v_r t_b]/\gamma\} - S_0 \qquad (4-123)$$

(3) 大炸高、完全颗粒化射流:

$$P(v_r) = (v_0 - v_r)t_b/\gamma \qquad (4-124)$$

可以看出,侵彻深度不仅与射流和靶板密度有关,还与射流速度和包括炸高在内的 S_0 值有关。

在破甲深度公式中,虚拟源的坐标 (t_0, S_0) 可以用截割法测得,如图4-15所示。具有速度为 v_{j1} 和 v_{j2} 的两个射流微元的扫描线交于 A 点,取 t_1 时刻两条扫描线上的两点,通过求解两条扫描线的方程组,可得 A 点的坐标:

$$S_0 = \frac{L_1 v_{j2} - L_2 v_{j1}}{v_{j2} - v_{j1}} \qquad (4-125)$$

$$t_0 = t_1 - \frac{L_1 - L_2}{v_{j1} - v_{j2}} \qquad (4-126)$$

对任意射流和靶板,使用极限剩余射流速度 v_r 作为参数,可构造出一组典型的侵彻深度—炸高曲线,得到的曲线如图4-16所示,图4-16中给出了同

样的理想侵彻—炸高关系的试验曲线。

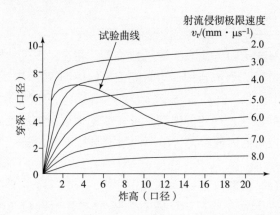

图 4-16 作为极限速度函数的理想侵彻—炸高关系的试验曲线

理想射流的穿深随炸高的增加而增加，直到剩余射流的头部从虚拟原点到侵彻坑底的飞行时间等于射流断裂的时间为止。从此之后模拟的射流材料不再进一步伸展，即剩余射流单元的累积总长度为常量，且累积侵彻与靶的炸高无关。但图 4-16 中显示，远在射流断裂完成之前，试验曲线就逐渐出现与理想曲线的负偏离，并且随炸高的增加，发生连续侵彻的极限射流速度也提高。

射流颗粒化本身并不会引起侵彻性能的降低，而大量的试验数据和理论工作表明，在靶板弹坑底部的序贯多次撞击引起的累积侵彻深度能够比等效长度连续射流引起的侵彻深度要大，这个现象叫作反流，或二次侵彻。当颗粒在弹坑中摊开时，侵彻速度从稳态值衰减，弹坑边界继续膨胀，使之在靶材中达到新的平衡条件，使局部诱发应力等于靶板的动态屈服应力 Y_t。在确立平衡弹坑边界时，其侵彻坑底极限速度为

$$u_{eq} = \sqrt{\frac{2Y_t}{\rho_t}} \qquad (4-127)$$

将适当的轧制均质装甲的值代入，可得到 u_{eq} 的值为 450 m/s。

值得指出的是，理想射流侵彻均质靶板是这些分析模型的基础，这个概念已被推广到用双线性来近似非线性的射流梯度，以及对多层靶侵彻的近似处理。这些推广仍保留了射流颗粒严格共线、虚拟原点及整个射流同时断裂等假设。这种方法已经成功地用来揭示某些参量的定量相对重要性，例如，对间隔装甲时延长断裂时间的定量相对重要性、对多层靶中高密度靶材时炸高的重要性等。

4.3 制导云爆弹毁伤机理分析

云爆弹是一种多用途、高效能的现代作战面毁伤弹药,靠云爆效应毁伤目标。当云爆弹飞抵目标上空一定高度时,装有云爆剂和定时起爆装置的战斗部被适时引爆,云爆剂在抛撒过程中迅速弥散成雾状细小液滴,并与周围空气充分混合形成由挥发性气体、液体或悬浮固体颗粒物组成的气溶胶状云团,被瞬间引爆,产生强大的冲击波和超压。云爆效应的威力比常规炸药的爆炸冲击波的威力大得多,其威力相当于等量 TNT 炸药爆炸威力的 5~10 倍。云爆弹与常规的硬杀伤弹药相比,其毁伤面积大,无须直接命中目标就有较好的毁伤效果,不仅可以直接有效地打击地面和海面的集群军事目标,而且还可以涌入地堡、战壕及地下工事杀伤敌方的有生力量,同时又能摧毁无防护或只有软防护的武器和电子设备。

因此,云爆弹主要用于打击地面和海面暴露的集群目标,有时也可对地堡、战壕及地下工事进行打击。

(1) 对暴露目标射击时,可以认为服从坐标毁伤律模型。

(2) 对地堡、战壕及地下工事等坚固目标射击时,可以认为服从依赖于命中弹数的指数毁伤律模型。

4.3.1 云爆效应对目标的毁伤机理

云爆效应对目标的毁伤与常规炸药的爆炸冲击波对目标的毁伤机理基本相同,只是云爆效应的作用时间更长。有生力量对云爆效应的易损性主要取决于爆炸时伴生的峰值超压和瞬时风动压的幅度与持续时间,其效应可分为三个阶段。

第一阶段,初始云爆效应产生的损伤直接与冲击波阵面的峰值超压有关。冲击波到来时,伴随有急剧的压力突跃,该压力通过压迫作用损伤有生力量的中枢神经系统,震击心脏及其他脏器。一般而言,有生力量尤其是充有空气的器官更易受到损伤,这就是超压杀伤,同时可摧毁无防护或只有软防护的武器和电子设备等。

第二阶段的云爆效应指爆炸波驱动的飞行物对目标的破坏作用。

第三阶段的云爆效应为冲击波和爆炸风动压产生的平移力使目标整体位移

而产生破坏。

当多发云爆弹在目标附近爆炸时，存在冲击波的累积叠加效应，大大增强了对目标的毁伤能力。

4.3.2 FAE 云雾区外的冲击波峰值超压和比冲量

在进行云爆弹的效能评估时，首先要知道云爆弹爆炸后形成冲击波的超压分布，目前常用的方法有两种：一是理论计算；二是试验拟合。

4.3.2.1 理论方法计算超压

在云雾区外燃料空气炸药爆炸所形成的空气冲击波峰值超压和比冲量可分别按下面公式估算（$3r_c > r > r_c$）：

$$r_c = 1.842 \sqrt[3]{m} \tag{4-128}$$

$$\Delta P_m = \Delta P_{cj}(63.46 \mathrm{e}^{-2.443\bar{r}} + 0.476 \mathrm{e}^{-0.415\,2\bar{r}}) \tag{4-129}$$

$$t_r = 0.188\,2\Delta P_m \sqrt[3]{m}(\mathrm{e}^{-0.087\,43\bar{r}^3} + 2\ln 0.660\,2\bar{r}) \tag{4-130}$$

式中，r_c 为云雾半径；m 为 FAE 燃料装药质量；ΔP_m 为离爆心 r 处空气冲击波峰值超压；t_r 为在 r 处云雾爆炸比冲量；$\bar{r}$ 为相对距离，$\bar{r} = r/\sqrt[3]{m}$。

ΔP_{cj} 为爆轰超压，$\Delta P_{cj} = P_{cj} - P_0$，$P_0$ 为大气压力，其值为 0.101 3 MPa，ΔP_{cj} 可通过下式计算：

$$\Delta P_{cj} = \frac{1}{1+\kappa}\rho_0 D^2 \tag{4-131}$$

式中，κ 为爆轰产物多方指数；ρ_0 为燃料空气爆炸混合物的密度；D 为爆速。

4.3.2.2 试验拟合方法计算超压

试验拟合方法计算云爆弹超压分布，首先假设云爆弹爆炸形成的超压分布和杀爆弹爆炸形成的超压分布符合相似规律，形式如下：

$$\Delta P_m = \frac{K_1}{\bar{r}} + \frac{K_2}{\bar{r}^2} + \frac{K_3}{\bar{r}^3} \tag{4-132}$$

式中，$\bar{r}$ 为相对距离，$\bar{r} = r/\sqrt[3]{m}$，$\mathrm{m/kg}^{\frac{1}{3}}$；$m$ 为 FAE 燃料装药的 TNT 当量；ΔP_m 为离爆心 r 处空气冲击波峰值超压。

用最小二乘法拟合得到的某云爆弹的冲击波超压计算公式如下：

$$\Delta P_m = \frac{0.084}{\bar{r}} + \frac{0.27}{\bar{r}^2} + \frac{0.7}{\bar{r}^3}, 1 \leqslant \bar{r} < 10 \sim 15 \qquad (4-133)$$

4.3.2.3 目标及其毁伤准则

云爆弹打击的目标主要是人员集群目标。目标分布区域宽度为 W_t（垂直射面方向），纵深长度为 L_t，内部分布人员且均匀分布。目标的具体分布参数如下：

人员目标简化为长方体，其长宽高分别为 l_r、w_r 和 h_r，纵深间隔 ΔL_r，宽度方向的间隔为 ΔW_r，如图 4-17 所示。

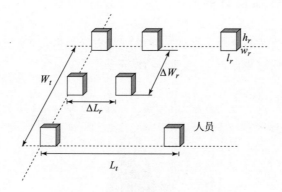

图 4-17 人员目标分布示意图

则人员目标的面密度 ω_r 为

$$\omega_y = \frac{1}{\Delta L_r \Delta W_r} \qquad (4-134)$$

目标区域内人员的数目 N_r 为

$$N_r = \frac{L_t W_t}{\Delta L_r \Delta W_r} \qquad (4-135)$$

云爆弹爆炸后形成的冲击波对很多类型的目标都具有破坏作用，如人员、工事、车辆等。冲击波对目标的毁伤过程非常复杂，目前常用的毁伤准则是冲击波超压准则，形式如下：

$$P_k = \begin{cases} 1, \Delta P_m \geqslant \Delta P_c \\ 0, \Delta P_m < \Delta P_c \end{cases} \qquad (4-136)$$

式中，P_k 为目标毁伤概率；ΔP_c 为目标毁伤的冲击波阈值。不同的目标其阈值不同，常见目标的毁伤阈值如表 4-13 所示。

表 4-13 冲击波超压作用下目标毁伤的阈值

目标		ΔP/MPa	目标	ΔP/MPa
钢筋混凝土墙的破坏		0.300	各种飞机的破坏	0.100
野战工事破坏		0.400	火炮失效	0.150~0.200
人员目标	中等伤害	0.029~0.049	雷达、电子设备失效	0.050
	严重伤害	0.049~0.098	装甲车、火炮的破坏	0.035~0.300
	致死	>0.098	坦克的破坏	0.400~0.500

4.3.3 云爆弹毁伤计算

根据云爆弹的弹药参数,按照超压准则对有生力量进行毁伤计算,针对仿真数据得目标毁伤概率曲面图如图4-18所示。

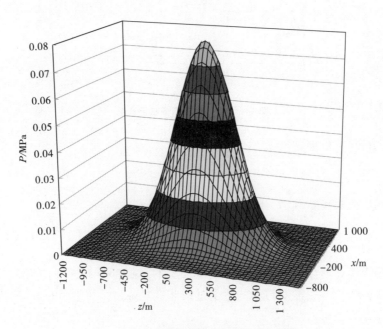

图 4-18 云爆弹目标毁伤概率分布曲面图

令 r_k 表示单发云爆弹毁伤范围半径,假设在以炸点为圆心、以 r_k 为半径的圆内目标被毁伤,在此范围之外目标不能被毁伤。假设理想条件下,形成半径为 r_c 的云雾团,引爆后仍以落点为毁伤中心,计算冲击波超压随距离爆心超压值如表4-14所示。

表 4 – 14　冲击波超压随距离爆心超压值

r/m	1	2	3	4	5	6	7	8	9	10
$\Delta P/MPa$	425.63	58.09	18.72	8.562	4.737	2.953	1.998	1.434	1.077	0.838
r/m	11	12	13	14	15	16	17	18	19	20
$\Delta P/MPa$	0.670	0.548	0.457	0.388	0.333	0.290	0.225	0.226	0.202	0.182
r/m	21	22	23	24	25	26	27	28	29	30
$\Delta P/MPa$	0.165	0.150	0.137	0.126	0.117	0.108	0.101	0.094	0.083	0.078
r/m	31	32	33	34	35	36	37	38	39	40
$\Delta P/MPa$	0.078	0.073	0.069	0.066	0.062	0.059	0.057	0.054	0.052	0.049
r/m	41	42	43	44	45	46	47	48	49	50
$\Delta P/MPa$	0.048	0.046	0.044	0.042	0.041	0.039	0.038	0.036	0.035	0.034

冲击波超压值与爆炸威力半径之间的关系如图 4 – 19 所示。

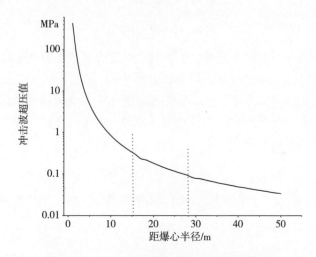

图 4 – 19　冲击波超压随距离爆心超压值变化图

根据仿真数据和试验数据对比分析，可确定冲击波超压对不同目标的毁伤半径和范围。

4.4 制导侵彻弹毁伤机理分析

制导侵彻弹是依靠动能侵彻到目标一定深度再爆破毁伤目标的弹种,本节对其侵彻战斗部作用机理进行分析。研究介质的侵彻,就是对战斗部在介质内的受力情况进行分析,找出其运动规律和侵彻深度,控制其侵彻作用,以期获得最佳的毁伤效果。本节重点介绍侵彻战斗部对土壤、岩石和混凝土的侵彻机理。

4.4.1 战斗部受力分析

由于战斗部落地速度较大,通常可认为仅有介质阻力作用于战斗部上。假设介质阻力由动阻力、介质的黏性力和静阻力组成,即

$$F = F_1 + F_2 + F_3 \quad (4-137)$$

式中,F_1 为动阻力,由介质质点惯性引起;F_2 为介质的黏性力,由战斗部侵彻与介质摩擦引起;F_3 为静阻力,与介质强度有关。

动阻力 F_1 和介质的黏性力 F_2 与侵彻速度有关。通常假设动阻力与侵彻速度的平方成正比,介质的黏性力与侵彻速度的一次项成正比,则战斗部侵彻过程中的介质阻力可表示为

$$F = B_1 v^2 + B_2 v + B_3 \quad (4-138)$$

式中,B_1、B_2、B_3 为待定常数,与介质和侵彻战斗部外形有关;v 为侵彻速度。

4.4.2 侵彻行程计算

假设介质阻力与弹轴重合,根据牛顿第二运动定律可得战斗部在介质内的运动方程为

$$m \frac{\mathrm{d}L}{\mathrm{d}t^2} = F = B_1 v^2 + B_2 v + B_3 \quad (4-139)$$

式中,m 为战斗部质量;L 为侵彻行程;t 为侵彻时间。

解式(4-139)微分方程可求得侵彻深度和侵彻行程。在待定常数 B_1、

B_2、B_3 不能完全确定的情况下，还得不到精确解，而仅能对介质阻力作不同的假设，得出适应于一定范围的近似解；也可以看出，对于待定常数赋予不同的值，便可得到不同的表达式。

4.4.2.1 别列赞公式

假设阻力与运动速度成正比，并认为战斗部在介质内作直线运动。由运动学方程，设 $F = cD^2v$，则

$$m\frac{\mathrm{d}v}{\mathrm{d}t} = -cD^2v \tag{4-140}$$

即

$$m\frac{\mathrm{d}v}{\mathrm{d}l}\frac{\mathrm{d}l}{\mathrm{d}t} = -cD^2v$$

$$mv\frac{\mathrm{d}v}{\mathrm{d}l} = -cD^2v$$

$$m\mathrm{d}v = -cD^2\mathrm{d}l$$

积分得侵彻行程表达式：

$$m\int_{v_0}^{v}\mathrm{d}v = -cD^2\int_0^L\mathrm{d}l$$

$$L = \frac{m}{cD^2}(v_0 - v)$$

当 $v=0$ 时，得到最大侵彻行程：

$$L_{\max} = \frac{1}{c}\frac{m}{D^2}v_0 \tag{4-141}$$

令 $\dfrac{1}{c} = i_1 k$，则式（4-141）变为

$$L_{\max} = i_1 k \frac{m}{D^2} v_0 \tag{4-142}$$

式中，i_1 为弹形系数；k 为由介质性质决定的阻力系数；m 为战斗部质量；D 为战斗部直径；v_0 为着地速度；$L_{\max}$ 为最大侵彻行程。

上式得出的基础假设是战斗部作直线运动，而实际上并非如此。考虑到战斗部作非直线运动后的修正公式为

$$h_{\max} = A_1 k \frac{m}{D^2} \frac{\cos(n\alpha)}{\sqrt{\cos\alpha}} v_0 \tag{4-143}$$

式中，A_1 为战斗部修正系数，一般取 $A_1 = 1.2 \sim 1.3$；k 为由介质性质决定的阻力系数，一般取 $k = (0.8 \sim 0.9) \times 10^6$；$n$ 为战斗部转弯系数，一般取 $n = 1.72 \sim$

1.82;m 为战斗部质量;D 为战斗部直径;v_0 为着地速度;α 为弹着角;h_{max} 为最大侵彻深度。

4.4.2.2　萨布斯公式

假设介质阻力由静阻力和动阻力组成,介质为均质,弹道为直线,则

$$F = \frac{\pi D^2}{4} Aj(1 + bv^2)$$

若不考虑战斗部旋转,则可得运动方程:

$$m \frac{dv}{dt} = -\frac{\pi D^2}{4} Aj(1 + bv^2)$$

$$v \frac{dv}{dl} = -\frac{\pi D^2}{4} \frac{1}{m} Aj(1 + bv^2)$$

$$dl = -\frac{4m}{\pi D^2 Aj} \frac{vdv}{(1 + bv^2)}$$

对其积分:

$$\int_0^L dl = -\frac{4m}{\pi D^2 Aj} \int_{v_0}^{v} \frac{vdv}{(1 + bv^2)}$$

$$L = -\frac{2m}{\pi D^2 Ajb} \ln \frac{(1 + bv_0^2)}{(1 + bv^2)} \tag{4-144}$$

当 $v = 0$ 时,得到最大侵彻行程:

$$L_{max} = -\frac{2m}{\pi D^2 Ajb} \ln(1 + bv_0^2) \tag{4-145}$$

式中,m 为战斗部质量;D 为战斗部直径;j 为与战斗部头部形状有关的系数;A、b 为由介质性质决定的系数;h_{max} 为最大侵彻行程。

在以上给出的两种计算侵彻行程的公式中,均对介质的性质、阻力等作了一些假设,这些假设与实际情况是有出入的,需要通过大量的试验加以验证和修正,才能提高公式的精度。

4.4.3　侵彻深度计算

侵彻深度是侵彻弹的关键指标,它体现了武器的基本作战能力。图 4-20 是战斗部的侵彻计算的几何示意图。

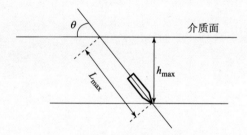

图 4 - 20　战斗部侵彻几何示意图

由最大行程计算公式和几何关系，可计算出最大侵彻深度为
$$h_{\max} = L_{\max}\sin\theta \tag{4-146}$$
式中，$h_{\max}$ 为最大侵彻深度；$L_{\max}$ 为最大侵彻行程；θ 为弹着角。

第 5 章
远程制导火箭射击效率分析

射击效率是射击结果与射击要求符合程度的度量，可作为反映武器系统和射击方案优劣程度的指标，同时也是进行弹药消耗量计算、确定火力运用方案的重要工具。

远程制导火箭的射击效率取决于武器系统本身的精度、战斗部的毁伤能力、武器系统的可靠性、武器对目标的毁伤特性等，还与目标、环境和射击方法等因素有关。影响制导火箭射击效率的因素有很多：一是目标，包括目标性质、幅员、机动能力、对抗能力及运动特性等；二是装备本身，包括弹种、毁伤能力、射击精度和落点散布等；三是作战保障，包括目标测量误差、测地误差等；四是火力运用方案，包括火力分配方法、用弹量、射击持续时间、射击适时性、射击突然性等；五是敌方因素，包括火力对抗、防护、电磁干扰等。

  远程制导火箭具备战役纵深内精确点打击和精确面压制相结合的火力打击能力。在研究射击效率时，要根据目标性质和弹种特点制定射击效率评定方法。针对目标性质，可从不同角度加以区分，如可将目标区分为单个目标、面目标、集群目标，也可区分为点目标、线目标、面目标、体目标、系统目标。

5.1 射击精度与落点散布

本节以"卫星+惯导"组合制导的远程火箭弹为例进行分析。首先分析弹道模型，再分析影响射击精度的因素，最后分析落点散布问题。

5.1.1 制导火箭弹空间运动模型

5.1.1.1 用到的坐标系

为了建立制导火箭弹在空间的运动方程，需定义一些坐标系。

（1）WGS-84 坐标系。

WGS-84 坐标系有 2 种表达方式，即地心空间直角坐标系和地心大地坐标系。

①地心空间直角坐标系，简记为 E 系，如图 5-1 所示。

如图 5-1 所示，原点在地心 O_E

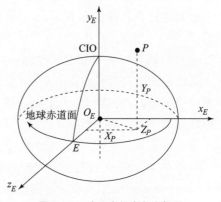

图 5-1 地心空间直角坐标系

处。$O_E x_E$ 轴在赤道面内指向格林尼治天文台所在子午线与赤道平面的交点。$O_E y_E$ 轴垂直于赤道平面，指向北极。$O_E z_E$ 轴与 $O_E x_E$、$O_E y_E$ 轴构成右手直角坐标系。该坐标系随地球一起转动，为动坐标系。

②地心大地坐标系，简记为 G 系。如图 5-2 所示。

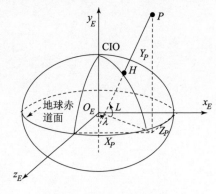

图 5-2 地心大地坐标系

其地球椭球中心 O_E 和地球质心重合，椭球短轴 $O_E y_E$ 与地球自转轴重合。该坐标系以地球质心为原点，与地球固连，是随地球转动的非惯性坐标系。图 5-2 中：

点 P ——地面测量点；

点 H ——过点 P 的椭球法线与椭球面的交点；

大地地理纬度 L ——过地面点 P 的椭球法线 PH 与椭球赤道面的夹角；

大地经度 λ ——过地面点 P 的椭球子午面与格林尼治平子午面之间的夹角。

（2）地心惯性坐标系，简记为 I 系。

原点在地心 O_E 处。$O_E x_I$ 轴在赤道面内指向平春分点。$O_E y_I$ 轴垂直于赤道平面，与地球自转轴重合，指向北极。$O_E z_I$ 轴与 $O_E x_I$、$O_E y_I$ 轴构成右手直角坐标系。其中地心纬度用 φ 表示，经度用 λ 表示。

（3）地理坐标系（北天东坐标系），简记为 C 系。

原点在制导火箭弹质心 O 处。Ox_C 轴在地球球心 O_E 与质心 O 的连线上。Oy_C 轴在过质心 O 的子午平面内垂直于 Ox_C 轴，指向北极。Oz_C 与 Ox_C、Oy_C 轴构成右手直角坐标系。该坐标系随制导火箭弹的运动作平动和转动，为非惯性坐标系。

（4）导航坐标系（东北天坐标系），简记为 N 系。

原点在制导火箭弹质心 O 处。Ox_N 轴沿参考卯酉圈方向指向东，Oy_N 轴沿参考椭球子午圈方向指向北，Oz_N 轴沿参考椭球外法线方向指向地心反方向。该坐标系随着飞行器的飞行在不停地移动，为非惯性坐标系。

（5）发射坐标系（地面坐标系），简记为 L 系。

原点 O_L 在火箭弹发射初始时刻的质心位置 O 处。$O_L x$ 轴在地心 O_E 与质心 O 的连线上。$O_L y$ 轴位于发射平面内，与 $O_L x$ 轴垂直，指向北极为正。$O_L z$ 轴与 $O_L x$、$O_L y$ 轴构成右手直角坐标系。发射坐标系随地球一起转动，也称非惯性坐标系。它可用于计算制导火箭弹相对地面的运动参量。

（6）发射惯性坐标系（地面惯性坐标系），简记为 i 系。

该坐标系重合于地面坐标系的初始位置。该坐标系的各轴方向在发射初始时刻的惯性空间内保持不动，它可用于进行导航计算。

（7）弹体坐标系，简记为 B 系。

原点在火箭弹质心 O 处。Ox_1 轴为火箭弹速度方向，指向前为正。Oy_1 轴在火箭弹的纵向对称平面内，垂直于 Ox_1 轴，向上为正。Oz_1 轴与 Ox_1、Oy_1 轴构成右手直角坐标系。该坐标系可用来表示制导火箭弹在空间的姿态方位。

（8）速度坐标系，简记为 V 系。

原点在火箭弹质心 O 处。Ox_3 轴沿飞行速度方向，指向前为正。Oy_3 轴位于火箭弹的纵向对称平面内，垂直于 Ox_3 轴，向上为正。Oz_3 轴与 Ox_3、Oy_3 轴构成右手直角坐标系。

（9）弹道坐标系，简记为 T 系。

原点在火箭弹质心 O 处。Ox_2 轴沿速度方向，指向前为正。Oy_2 轴位于垂直平面内，与 Ox_2 轴垂直，向上为正。Oz_2 轴与 Ox_2、Oy_2 轴构成右手直角坐标系。

（10）平移坐标系，简记为 i′ 系。

该坐标系原点根据需要可以选择在发射坐标系原点 O_L，或是制导火箭弹的质心 O 处。O_i 始终与 O 或 O_L 重合，但其坐标轴与发射惯性坐标系各轴始终保持平行。该坐标系用来进行惯性器件的对准和调平。

5.1.1.2 各坐标系间的转换关系

（1）地心惯性坐标系（I 系）与地心空间直角坐标系（E 系）间的转换。E 系与 I 系之间仅相差一个角度 $\lambda_0 + \omega_e t$。λ_0 为发射时刻火箭弹质心所在的经度，ω_e 为地球自转角速度，t 为火箭弹运动的时间，发射时刻时 $t = 0$。

两坐标系的转换关系为

$$\begin{bmatrix} x_E \\ y_E \\ z_E \end{bmatrix} = \boldsymbol{C}_I^E \cdot \begin{bmatrix} x_I \\ y_I \\ z_I \end{bmatrix} \tag{5-1}$$

$$\boldsymbol{C}_I^E = \begin{bmatrix} \cos(\lambda_0 + \omega_e t) & \sin(\lambda_0 + \omega_e t) & 0 \\ -\sin(\lambda_0 + \omega_e t) & \cos(\lambda_0 + \omega_e t) & 0 \\ 0 & 0 & 1 \end{bmatrix} \tag{5-2}$$

（2）地心空间直角坐标系（E系）与地面坐标系（L系）之间的转换。设地球为一圆球，发射点在地球表面的位置可用经度 λ_0、地心纬度 ϕ_0 来表示，$O_L x$ 轴指向射击方向，该轴与过 O_L 点的子午北切线之夹角为地心方位角 α_0。

要使 E 系的各轴与 L 系的各轴重合，可以先绕 $O_E z_E$ 轴反转 $90° - \lambda_0$，然后再绕新的 $O_E x'_E$ 轴正转 ϕ_0，即可将 $O_E y_E$ 轴转至与 $O_L y$ 轴平行，此时再绕与 $O_L y$ 轴平行的新的第二轴反转 $90° + \alpha_0$，就可以得到地心空间直角坐标系。故有

$$\begin{bmatrix} x \\ y \\ z \end{bmatrix} = C_E^L \begin{bmatrix} x_E \\ y_E \\ z_E \end{bmatrix} \tag{5-3}$$

式中，

$$C_E^L = \begin{bmatrix} -\sin\lambda_0\sin\alpha_0 - \cos\lambda_0\sin\phi_0\cos\alpha_0 & \cos\lambda_0\sin\alpha_0 - \sin\lambda_0\sin\varphi_0\cos\alpha_0 & \cos\phi_0\cos\alpha_0 \\ \cos\lambda_0\cos\phi_0 & \sin\lambda_0\cos\phi_0 & \sin\phi_0 \\ -\sin\lambda_0\cos\alpha_0 + \sin\phi_0\cos\lambda_0\sin\alpha_0 & \cos\lambda_0\cos\alpha_0 + \sin\lambda_0\sin\phi_0\sin\alpha_0 & -\cos\phi_0\sin\alpha_0 \end{bmatrix}$$

$$\tag{5-4}$$

（3）地面坐标系（L系）与弹体坐标系（B系）之间的转换。按照飞行力学中对姿态角的定义，地面坐标系 $O_L - xyz$ 按 2-3-1 次序转动，即先绕 $O_L y$ 转偏航角 ψ，然后绕新的 $O_L z'$ 轴转俯仰角 ϑ，最后绕 $O_L x_1$ 轴转滚转角 γ。再将坐标原点 O_L 平移至 O，即得到弹体坐标系 $O - x_1 y_1 z_1$。但在导航中给出的姿态角是弹体系相对地理系或导航系的转动角度。

$$\begin{bmatrix} x_1 \\ y_1 \\ z_1 \end{bmatrix} = C_L^B \cdot \begin{bmatrix} x \\ y \\ z \end{bmatrix} \tag{5-5}$$

$$C_L^B = \begin{bmatrix} \cos\vartheta\cos\psi & \sin\vartheta & -\cos\vartheta\sin\psi \\ -\cos\gamma\sin\vartheta\cos\psi + \sin\gamma\sin\psi & \cos\gamma\cdot\cos\vartheta & \cos\gamma\sin\vartheta\sin\psi + \sin\gamma\cos\psi \\ \sin\gamma\sin\vartheta\cos\psi + \cos\gamma\sin\psi & -\sin\gamma\cdot\cos\vartheta & -\sin\gamma\sin\vartheta\sin\psi + \cos\gamma\cos\psi \end{bmatrix}$$

$$\tag{5-6}$$

（4）地面坐标系（L系）与弹道坐标系（T系）之间的转换。按照飞行力学中对速度方位角的定义，地面坐标系 $O_L - xyz$ 按 2-3 次序转动，即先绕 $O_L y$ 转弹道偏角 ψ_V，然后绕新的 $O_L z'$ 轴转弹道倾角 θ，最后将坐标原点平移至质心 O，即得到弹道坐标系 $O - x_2 y_2 z_2$，即

$$\begin{bmatrix} x_2 \\ y_2 \\ z_2 \end{bmatrix} = \boldsymbol{C}_L^T \begin{bmatrix} x \\ y \\ z \end{bmatrix} \tag{5-7}$$

其中,

$$\boldsymbol{C}_L^T = \begin{bmatrix} \cos\theta\cos\psi_V & \sin\theta & -\cos\theta\sin\psi_V \\ -\sin\theta\cos\psi_V & \cos\theta & \sin\theta\sin\psi_V \\ \sin\psi_V & 0 & \cos\psi_V \end{bmatrix} \tag{5-8}$$

（5）弹道坐标系（T系）与速度坐标系（V系）之间的转换。由于速度倾斜角 γ_V 是位于导弹纵向对称平面内的 Oy_3 轴与包含速度 V 的铅垂面之夹角，所以，可将弹道坐标系 $O-x_2y_2z_2$ 绕 Ox_2 轴转 γ_V 角，便可得到速度坐标系 $O-x_3y_3z_3$，即

$$\begin{bmatrix} x_3 \\ y_3 \\ z_3 \end{bmatrix} = \boldsymbol{C}_T^V \begin{bmatrix} x_2 \\ y_2 \\ z_2 \end{bmatrix} \tag{5-9}$$

其中,

$$\boldsymbol{C}_T^V = \begin{bmatrix} 1 & 0 & 0 \\ 0 & \cos\gamma_V & \sin\gamma_V \\ 0 & -\sin\gamma_V & \cos\gamma_V \end{bmatrix} \tag{5-10}$$

（6）速度坐标系（V系）与弹体坐标系（B系）之间的转换。将速度坐标系 $O-x_3y_3z_3$ 先绕 Oy_3 轴转动侧滑角 β，再绕新轴 Oz_1 轴转动攻角 α，便得到弹体坐标系 $O-x_1y_1z_1$，即

$$\begin{bmatrix} x_1 \\ y_1 \\ z_1 \end{bmatrix} = \boldsymbol{C}_V^B \cdot \begin{bmatrix} x_3 \\ y_3 \\ z_3 \end{bmatrix} \tag{5-11}$$

其中,

$$\boldsymbol{C}_V^B = \begin{bmatrix} \cos\beta\cos\alpha & \sin\alpha & -\sin\beta\cos\alpha \\ -\cos\beta\sin\alpha & \cos\alpha & \sin\beta\sin\alpha \\ \sin\beta & 0 & \cos\beta \end{bmatrix} \tag{5-12}$$

（7）地理坐标系（C系）与弹道坐标系（T系）之间的转换。因为弹道坐标系的 Oy_2 轴在过 Oy_C 轴的铅垂面内，所以，这两个坐标系可由两个欧拉角确定。先由地理坐标系 $O-x_Cy_Cz_C$ 绕 Oy_C 轴转动 ψ_C 角，再绕新的 O_1z' 轴转动 θ_C 角，便可得到弹道坐标系 $O-x_2y_2z_2$，即

$$\begin{bmatrix} x_2 \\ y_2 \\ z_2 \end{bmatrix} = \boldsymbol{C}_G^T \begin{bmatrix} x_T \\ y_T \\ z_T \end{bmatrix} \tag{5-13}$$

其中,

$$\boldsymbol{C}_G^T = \begin{bmatrix} \cos\psi_G \cos\theta_G & \sin\theta_G & -\sin\psi_G \cos\theta_G \\ -\cos\psi_G \sin\theta_G & \cos\theta_G & \sin\psi_G \sin\theta_G \\ \sin\psi_G & 0 & \cos\psi_G \end{bmatrix} \tag{5-14}$$

(8) WGS-84 系的地心大地坐标系和地心空间直角坐标系之间的换算。从地心大地坐标系的纬经高 (L,λ,h) 到地心空间直角坐标系 (x_E,y_E,z_E) 的转换公式为

$$\begin{bmatrix} x_E \\ y_E \\ z_E \end{bmatrix} = \begin{bmatrix} (R+h)\cos L \cos\lambda \\ (R+h)\cos L \sin\lambda \\ [R(1-e^2)+h]\sin L \end{bmatrix} \tag{5-15}$$

式中,R 为椭球的卯酉圆曲率半径;e 为椭球的第一偏心率。表达式为

$$R = a_e / \sqrt{1 - e^2 \sin^2 L}, \quad e^2 = (a_e^2 - b_e^2)/a_e^2 \tag{5-16}$$

式中,a_e 为椭球长半径,$a_e = 6\,378\,137 \pm 2$ m;b_e 为椭球短半径,$b_e = 6\,356\,752 \pm 2$ m。

从地心空间直角坐标系 (x_E,y_E,z_E) 到地心大地坐标系的纬经高 (L,λ,h) 的转换公式为

$$\begin{cases} L = \arctan\left[\dfrac{z_E}{\sqrt{x_E^2 + y_E^2}}\left(1 + \dfrac{a_e e^2 \sin L}{z_E \sqrt{1 - e^2 \sin^2 L}}\right)\right] \\ \lambda = \arctan\dfrac{y_E}{x_E} \\ h = \dfrac{\sqrt{x_E^2 + y_E^2}}{\cos L} - R \end{cases} \tag{5-17}$$

式中,大地地理纬度 L 需迭代计算,但其收敛速度很快,迭代 4 次后,大地地理纬度 L 的精度可达 0.000 01 mm,大地高 h 的精度可达到 1 mm。

(9) 平移坐标系与发射惯性坐标系之间的换算。发射惯性坐标系在发射瞬间与发射坐标系是重合的,只是由于地球旋转,使固定在地球上的发射坐标系在惯性空间的方位发生变化。记从发射瞬时到所讨论时刻的时间间隔为 t,则发射坐标系绕地轴转动 $\omega_e t$ 角。将 ω_e 在地面坐标系内投影。首先在过发射点 O_L 的子午面内将 ω_e 分解为 $O_L y$ 方向和水平(垂直于 $O_L y$)方向的两个分量,然后再将水平分量分解为沿 $O_L x$ 轴方向与 $O_L z$ 轴方向的分量,则从发射惯性坐

标系 $O_i - x_iy_iz_i$ 到地面坐标系 $O_L - xyz$ 的转换公式为

$$C_i^L = \begin{bmatrix} 1 & \omega_{ez}t & -\omega_{ey}t \\ -\omega_{ez}t & 1 & \omega_{ex}t \\ \omega_{ey}t & -\omega_{ex}t & 1 \end{bmatrix} \qquad (5-18)$$

由于平移坐标系 $O_i - x_iy_iz_i$ 与发射惯性坐标系各轴始终保持平行，因此，这两个坐标系与地面坐标系之间的转换矩阵是相同的。

综合以上各个坐标系之间的转换矩阵关系，如图 5-3 所示。

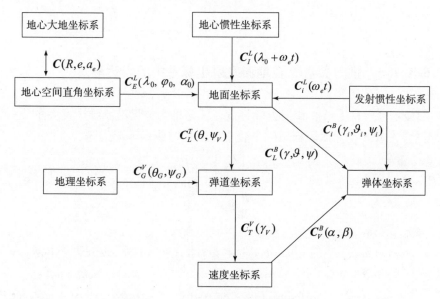

图 5-3 各个坐标系之间的转换关系

5.1.1.3 在地面发射坐标系中建立质心动力学方程

地面发射坐标系为一动坐标系，其相对于惯性坐标系以角速度 ω_e 转动，制导火箭弹在地面发射坐标系内的质心运动矢量方程为

$$m\frac{\delta^2 \boldsymbol{r}}{\delta t^2} = \boldsymbol{P} + \boldsymbol{R} + \boldsymbol{F}_c + m\boldsymbol{g} - m\boldsymbol{\omega}_e \times (\boldsymbol{\omega}_e \times \boldsymbol{r}) - 2m\boldsymbol{\omega}_e \times \frac{\delta \boldsymbol{r}}{\delta t} \qquad (5-19)$$

式中，$\frac{\delta^2 \boldsymbol{r}}{\delta t^2}$ 为相对地面坐标系的相对加速度矢量，$\boldsymbol{P}$ 为推力矢量；$\boldsymbol{R}$ 为空气动力矢量；$m\boldsymbol{g}$ 为地球引力矢量；$\boldsymbol{F}_c$ 为控制力矢量；$m\boldsymbol{\omega}_e \times (\boldsymbol{\omega}_e \times \boldsymbol{r})$ 为由于地球自转而产生的离心惯性力矢量；$m\boldsymbol{\omega}_e \times \frac{\delta \boldsymbol{r}}{\delta t}$ 为由于地球自转而产生的哥氏惯性力

矢量。

5.1.1.4 相对加速度矢量 $\dfrac{\delta^2 \boldsymbol{r}}{\delta t^2}$ 在地面发射坐标系中的表达形式

$$\frac{\delta^2 \boldsymbol{r}}{\delta t^2} = \begin{bmatrix} \dfrac{\mathrm{d}V_x}{\mathrm{d}t} \\ \dfrac{\mathrm{d}V_y}{\mathrm{d}t} \\ \dfrac{\mathrm{d}V_z}{\mathrm{d}t} \end{bmatrix} \tag{5-20}$$

5.1.1.5 推力矢量 $\boldsymbol{P}$ 在地面发射坐标系中的表达形式

假设不考虑推力偏心和推力侧分量，认为推力矢量沿制导火箭弹的纵轴方向，推力矢量 $\boldsymbol{P}$ 在弹体坐标系三个轴上的分量写成矩阵形式为

$$\boldsymbol{P} = \begin{bmatrix} P_{x_1} \\ P_{y_1} \\ P_{z_1} \end{bmatrix} = \begin{bmatrix} P \\ 0 \\ 0 \end{bmatrix} \tag{5-21}$$

弹体坐标系向地面发射坐标系的转换关系为

$$\boldsymbol{C}_B^L = \begin{bmatrix} \cos\vartheta\cos\psi & -\sin\vartheta\cos\psi\cos\gamma + \sin\psi\sin\gamma & \sin\vartheta\cos\psi\sin\gamma + \sin\psi\cos\gamma \\ \sin\vartheta & \cos\vartheta\cos\gamma & -\cos\vartheta\sin\gamma \\ -\cos\vartheta\sin\psi & \sin\vartheta\sin\psi\cos\gamma + \cos\psi\sin\gamma & -\sin\vartheta\sin\psi\sin\gamma + \cos\psi\cos\gamma \end{bmatrix} \tag{5-22}$$

于是，推力矢量 $\boldsymbol{P}$ 在地面发射坐标系三个轴上的分量的矩阵形式为

$$\begin{bmatrix} P_x \\ P_y \\ P_z \end{bmatrix} = \boldsymbol{C}_B^L \begin{bmatrix} P \\ 0 \\ 0 \end{bmatrix} = P \begin{bmatrix} \cos\theta\cos\psi \\ \sin\theta \\ -\cos\theta\sin\psi \end{bmatrix} \tag{5-23}$$

5.1.1.6 空气动力矢量 $\boldsymbol{R}$ 在地面发射坐标系中的表达式

已知空气动力矢量 $\boldsymbol{R}$ 在速度坐标系下的分量为

$$\boldsymbol{R} = \begin{bmatrix} \boldsymbol{R}_{x_3} \\ \boldsymbol{R}_{y_3} \\ \boldsymbol{R}_{z_3} \end{bmatrix} = \begin{bmatrix} -X \\ Y \\ Z \end{bmatrix} \tag{5-24}$$

利用弹道坐标系向地面发射坐标系的转换矩阵 $\boldsymbol{C}_T^L$ 及速度坐标系向弹道坐标系的转换矩阵 $\boldsymbol{C}_V^T$ 便能得到空气动力矢量 $\boldsymbol{R}$ 在地面发射坐标系三个轴上的投影分量的矩阵形式表达式:

$$\boldsymbol{R} = \begin{bmatrix} \boldsymbol{R}_x \\ \boldsymbol{R}_y \\ \boldsymbol{R}_z \end{bmatrix} = \boldsymbol{C}_V^L \begin{bmatrix} -X \\ Y \\ Z \end{bmatrix} = \boldsymbol{C}_T^L \boldsymbol{C}_V^T \begin{bmatrix} -qS_{ref}C_x \\ qS_{ref}C_y \\ qS_{ref}C_z \end{bmatrix}$$

$$= \begin{bmatrix} \cos\theta\cos\psi_V & -\sin\theta\cos\psi_V\cos\gamma_V + \sin\psi_V\sin\gamma_V & \sin\theta\cos\psi_V\sin\gamma_V + \sin\psi_V\cos\gamma_V \\ \sin\theta & \cos\theta\cos\gamma_V & -\cos\theta\sin\gamma_V \\ -\cos\theta\sin\psi_V & \sin\theta\sin\psi_V\cos\gamma_V + \cos\psi_V\sin\gamma_V & -\sin\theta\sin\psi_V\sin\gamma_V + \cos\psi_V\cos\gamma_V \end{bmatrix} \begin{bmatrix} -qS_{ref}C_x \\ qS_{ref}C_y \\ qS_{ref}C_z \end{bmatrix}$$

$$= \begin{bmatrix} -qS_{ref}C_x\cos\theta\cos\psi_V + qS_{ref}C_y(-\sin\theta\cos\psi_V\cos\gamma_V + \sin\psi_V\sin\gamma_V) + \\ qS_{ref}C_z(\sin\theta\cos\psi_V\sin\gamma_V + \sin\psi_V\cos\gamma_V) \\ -qS_{ref}C_x\sin\theta + qS_{ref}C_y\cos\theta\cos\gamma_V + qS_{ref}C_z(-\cos\theta\sin\gamma_V) \\ -qS_{ref}C_x\cos\theta\sin\psi_V + qS_{ref}C_y(\sin\theta\sin\psi_V\cos\gamma_V + \cos\psi_V\sin\gamma_V) + \\ qS_{ref}C_z(-\sin\theta\sin\psi_V\sin\gamma_V + \cos\psi_V\cos\gamma_V) \end{bmatrix}$$

其中,

$$C_y = C_y^\alpha \alpha + C_y^{\delta_z}\delta_z \quad C_z = C_z^\beta \beta + C_z^{\delta_y}\delta_y \tag{5-25}$$

5.1.1.7 地球引力 mg 在地面发射坐标系中的表达式

地球引力 mg 可沿地心矢径 $\boldsymbol{r}$ 和地轴 $\boldsymbol{\omega}_e$ 的方向分解为

$$m\boldsymbol{g} = mg'_r \frac{\boldsymbol{r}}{r} + mg_{\omega_e} \frac{\boldsymbol{\omega}_e}{\omega_e} \tag{5-26}$$

式中,

$$g'_r = -\frac{fM}{r^2}\left[1 + J\left(\frac{a_e}{r}\right)^2(1 - 5\sin^2\phi)\right] \tag{5-27}$$

$$g_{\omega_e} = -\frac{2fM}{r^2}J\left(\frac{a_e}{r}\right)^2\sin\phi \tag{5-28}$$

其中,$fM = \mu$ 称为地球引力系数,$\mu = 3.986\,005 \times 10^{14}$;$J = \frac{3}{2}J_2 = 1.623\,95 \times 10^{-3}$;地球椭球体长半轴 $a_e = 637\,814\,0$ m;ϕ 为地心纬度。

弹道上任一点的地心矢径和发射点的地心矢径如图 5-4 所示。

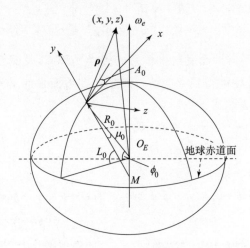

图 5-4 弹道上任一点的地心矢径和发射点的地心矢径

由图 5-4 可知，弹道上任一点地心矢径为

$$\boldsymbol{r} = \boldsymbol{R}_0 + \boldsymbol{\rho} \tag{5-29}$$

其中，$\boldsymbol{R}_0$ 为发射点地心矢径，$\boldsymbol{\rho}$ 为发射点到弹道上任一点的矢径。$\boldsymbol{R}_0$ 在发射坐标系上的三分量为

$$\begin{bmatrix} R_{0x} \\ R_{0y} \\ R_{0z} \end{bmatrix} = \begin{bmatrix} -R_0 \sin\mu_0 \cos A_0 \\ R_0 \cos\mu_0 \\ R_0 \sin\mu_0 \sin A_0 \end{bmatrix} = \begin{bmatrix} -R_0 \sin(L_0 - \phi_0) \cos A_0 \\ R_0 \cos(L_0 - \phi_0) \\ R_0 \sin(L_0 - \phi_0) \sin A_0 \end{bmatrix} \tag{5-30}$$

式中，A_0 为发射方位角，μ_0 为发射点地理纬度 L_0 与地心纬度 ϕ_0 之差，即 $\mu_0 = L_0 - \phi_0$。

假设地球为一两轴旋转椭球体，故 R_0 的长度可由子午椭圆方程求取：

$$R_0 = \frac{a_e b_e}{\sqrt{a_e^2 \sin^2\phi_0 + b_e^2 \cos^2\phi_0}} \tag{5-31}$$

由于 $\boldsymbol{\rho}$ 在发射坐标系的三分量为 $\boldsymbol{\rho} = [x, y, z]^T$，那么由式（5-11）可得弹道上任一点地心矢径 $\boldsymbol{r}$ 在地面发射坐标系的分量为

$$\boldsymbol{r} = \begin{bmatrix} x + R_{0x} \\ y + R_{0y} \\ z + R_{0z} \end{bmatrix} \tag{5-32}$$

显然，ω_e 在发射坐标系的三分量可写成

$$\boldsymbol{\omega}_e = \begin{bmatrix} \boldsymbol{\omega}_{ex} \\ \boldsymbol{\omega}_{ey} \\ \boldsymbol{\omega}_{ez} \end{bmatrix} \tag{5-33}$$

$$\begin{bmatrix} \boldsymbol{\omega}_{ex} \\ \boldsymbol{\omega}_{ey} \\ \boldsymbol{\omega}_{ez} \end{bmatrix} = \boldsymbol{\omega}_e \begin{bmatrix} \cos L_0 \cos A_0 \\ \sin L_0 \\ -\cos L_0 \sin A_0 \end{bmatrix} \tag{5-34}$$

根据式（5-26）可知地球引力 $m\boldsymbol{g}$ 在地面发射坐标系中的分量形式为

$$m\begin{bmatrix} g_x \\ g_y \\ g_z \end{bmatrix} = m\frac{g_r'}{r}\begin{bmatrix} x + R_{0x} \\ y + R_{0y} \\ z + R_{0z} \end{bmatrix} + m\frac{g_{\omega_e}}{\omega_e}\begin{bmatrix} \boldsymbol{\omega}_{ex} \\ \boldsymbol{\omega}_{ey} \\ \boldsymbol{\omega}_{ez} \end{bmatrix} \tag{5-35}$$

5.1.1.8　离心惯性力 F_e 在地面发射坐标系上的表达式

$\boldsymbol{F}_e = -m\boldsymbol{a}_e$，其中 $\boldsymbol{a}_e = \boldsymbol{\omega}_e \times (\boldsymbol{\omega}_e \times \boldsymbol{r})$ 为牵连加速度，由式（5-32）可知，牵连加速度在地面发射坐标系中的分量形式为

$$\begin{bmatrix} a_{ex} \\ a_{ey} \\ a_{ez} \end{bmatrix} = \begin{bmatrix} a_{11} & a_{12} & a_{13} \\ a_{21} & a_{22} & a_{23} \\ a_{31} & a_{32} & a_{33} \end{bmatrix}\begin{bmatrix} x + R_{0x} \\ y + R_{0y} \\ z + R_{0z} \end{bmatrix} \tag{5-36}$$

其中，

$$a_{11} = \boldsymbol{\omega}_{ex}^2 - \boldsymbol{\omega}_e^2, a_{12} = a_{21} = \boldsymbol{\omega}_{ex}\boldsymbol{\omega}_{ey}$$
$$a_{22} = \boldsymbol{\omega}_{ey}^2 - \boldsymbol{\omega}_e^2, a_{23} = a_{32} = \boldsymbol{\omega}_{ey}\boldsymbol{\omega}_{ez}$$
$$a_{33} = \boldsymbol{\omega}_{ez}^2 - \boldsymbol{\omega}_e^2, a_{13} = a_{31} = \boldsymbol{\omega}_{ez}\boldsymbol{\omega}_{ex}$$

则离心惯性力 F_e 在地面发射坐标系上的分量表达式为

$$\begin{bmatrix} F_{ex} \\ F_{ey} \\ F_{ez} \end{bmatrix} = -m\begin{bmatrix} a_{ex} \\ a_{ey} \\ a_{ez} \end{bmatrix} = -m\begin{bmatrix} a_{11} & a_{12} & a_{13} \\ a_{21} & a_{22} & a_{23} \\ a_{31} & a_{32} & a_{33} \end{bmatrix}\begin{bmatrix} x + R_{0x} \\ y + R_{0y} \\ z + R_{0z} \end{bmatrix} \tag{5-37}$$

5.1.1.9　哥氏惯性力 F_k 在地面发射坐标系上的表达式

$\boldsymbol{F}_k = -m\boldsymbol{a}_k$，其中 $\boldsymbol{a}_k = 2\boldsymbol{\omega}_e \times \delta\boldsymbol{r}/\delta t$ 为哥氏加速度。$\delta\boldsymbol{r}/\delta t$ 为火箭弹相对于发射坐标系的速度，即

$$\frac{\delta \boldsymbol{r}}{\delta t} = \begin{bmatrix} \dot{x} & \dot{y} & \dot{z} \end{bmatrix}^T \quad (5-38)$$

a_k 在发射坐标系下的分量形式为

$$\begin{bmatrix} \boldsymbol{a}_{kx} \\ \boldsymbol{a}_{ky} \\ \boldsymbol{a}_{kz} \end{bmatrix} = \begin{bmatrix} b_{11} & b_{12} & b_{13} \\ b_{21} & b_{22} & b_{23} \\ b_{31} & b_{32} & b_{33} \end{bmatrix} \begin{bmatrix} \dot{x} \\ \dot{y} \\ \dot{z} \end{bmatrix} \quad (5-39)$$

其中,

$$b_{11} = b_{22} = b_{33} = 0$$
$$b_{12} = -b_{21} = -2\boldsymbol{\omega}_{ez}$$
$$b_{31} = -b_{13} = -2\boldsymbol{\omega}_{ey}$$
$$b_{23} = -b_{32} = -2\boldsymbol{\omega}_{ex}$$

从而可得哥氏惯性力 $\boldsymbol{F}_k$ 在地面发射坐标系上的分量形式为

$$\begin{bmatrix} \boldsymbol{F}_{kx} \\ \boldsymbol{F}_{ky} \\ \boldsymbol{F}_{kz} \end{bmatrix} = -m \begin{bmatrix} a_{kx} \\ a_{ky} \\ a_{kz} \end{bmatrix} = -m \begin{bmatrix} b_{11} & b_{12} & b_{13} \\ b_{21} & b_{22} & b_{23} \\ b_{31} & b_{32} & b_{33} \end{bmatrix} \begin{bmatrix} \dot{x} \\ \dot{y} \\ \dot{z} \end{bmatrix} \quad (5-40)$$

5.1.1.10 在地面发射坐标系上的质心运动方程组

将式（5-20）、式（5-23）、式（5-25）、式（5-35）、式（5-37）、式（5-40）代入式（5-19），可以得到

$$m \begin{bmatrix} \dfrac{\mathrm{d}V_x}{\mathrm{d}t} \\ \dfrac{\mathrm{d}V_y}{\mathrm{d}t} \\ \dfrac{\mathrm{d}V_z}{\mathrm{d}t} \end{bmatrix} = \boldsymbol{C}_B^L \begin{bmatrix} P \\ 0 \\ 0 \end{bmatrix} + \boldsymbol{C}_V^L \begin{bmatrix} -X \\ Y \\ Z \end{bmatrix} + m \frac{g_r'}{r} \begin{bmatrix} x + R_{0x} \\ y + R_{0y} \\ z + R_{0z} \end{bmatrix} + m \frac{g_{\omega_e}}{\boldsymbol{\omega}_e} \begin{bmatrix} \boldsymbol{\omega}_{ex} \\ \boldsymbol{\omega}_{ey} \\ \boldsymbol{\omega}_{ez} \end{bmatrix}$$

$$- m \begin{bmatrix} a_{11} & a_{12} & a_{13} \\ a_{21} & a_{22} & a_{23} \\ a_{31} & a_{32} & a_{33} \end{bmatrix} \begin{bmatrix} x + R_{ox} \\ y + R_{oy} \\ z + R_{oz} \end{bmatrix} - m \begin{bmatrix} b_{11} & b_{12} & b_{13} \\ b_{21} & b_{22} & b_{23} \\ b_{31} & b_{32} & b_{33} \end{bmatrix} \begin{bmatrix} V_x \\ V_y \\ V_z \end{bmatrix}$$

$$(5-41)$$

5.1.1.11 在弹体坐标系中建立围绕质心运动的动力学方程

制导火箭弹相对弹体坐标系用矢量形式描述的围绕质心运动的动力学方

程为

$$J \cdot \frac{d\boldsymbol{\omega}_i}{dt} + \boldsymbol{\omega}_i \times (J \cdot \boldsymbol{\omega}_i) = \boldsymbol{M}_{st} + \boldsymbol{M}_c + \boldsymbol{M}_d \qquad (5-42)$$

式中，$\boldsymbol{\omega}_i$ 为弹体相对于平移坐标系的转动角速度矢量，其在弹体坐标系的分量可表示为

$$\boldsymbol{\omega}_i = \begin{bmatrix} \omega_{ix_1} & \omega_{iy_1} & \omega_{iz_1} \end{bmatrix}^T \qquad (5-43)$$

J 为制导火箭弹惯性张量，在弹体坐标系中分量表达式为

$$J = \begin{bmatrix} J_{x_1} & 0 & 0 \\ 0 & J_{y_1} & 0 \\ 0 & 0 & J_{z_1} \end{bmatrix} \qquad (5-44)$$

$\boldsymbol{M}_{st}$ 为作用在制导火箭弹上的稳定力矩，在弹体坐标系中分量表达式为

$$\boldsymbol{M}_{st} = \begin{bmatrix} 0 \\ M_{y1st} \\ M_{z1st} \end{bmatrix} = \begin{bmatrix} 0 \\ qS_{ref}lm_{y_1}^{\beta}\beta \\ qS_{ref}lm_{z_1}^{\alpha}\alpha \end{bmatrix} \qquad (5-45)$$

$\boldsymbol{M}_d$ 为作用在制导火箭弹上的阻尼力矩，在弹体坐标系中分量表达式为

$$\boldsymbol{M}_d = \begin{bmatrix} M_{x1d} \\ M_{y1d} \\ M_{z1d} \end{bmatrix} = \begin{bmatrix} qS_{ref}lm_{x_1}^{\bar{\omega}_{x_1}}\bar{\omega}_{x_1} \\ qS_{ref}lm_{y_1}^{\bar{\omega}_{y_1}}\bar{\omega}_{y_1} \\ qS_{ref}lm_{z_1}^{\bar{\omega}_{z_1}}\bar{\omega}_{z_1} \end{bmatrix} \qquad (5-46)$$

$\boldsymbol{M}_c$ 为作用在制导火箭弹上的控制力矩，在弹体坐标系中分量表达式为

$$\boldsymbol{M}_c = \begin{bmatrix} M_{x_1c} \\ M_{y_1c} \\ M_{z_1c} \end{bmatrix} = \begin{bmatrix} qS_{ref}lm_x^{\delta_x}\delta_x \\ qS_{ref}lm_y^{\delta_y}\delta_y \\ qS_{ref}lm_z^{\delta_z}\delta_z \end{bmatrix} \qquad (5-47)$$

故制导火箭弹相对弹体坐标系的围绕质心运动的动力学方程的分量形式为

$$\begin{bmatrix} J_{x_1} & 0 & 0 \\ 0 & J_{y_1} & 0 \\ 0 & 0 & J_{z_1} \end{bmatrix} \begin{bmatrix} \dfrac{d\omega_{ix_1}}{dt} \\ \dfrac{d\omega_{iy_1}}{dt} \\ \dfrac{d\omega_{iz_1}}{dt} \end{bmatrix} + \begin{bmatrix} (J_{z_1} - J_{y_1})\omega_{iz_1}\omega_{iy_1} \\ (J_{x_1} - J_{z_1})\omega_{ix_1}\omega_{iz_1} \\ (J_{y_1} - J_{x_1})\omega_{iy_1}\omega_{ix_1} \end{bmatrix} = \begin{bmatrix} 0 \\ qS_{ref}lm_{y_1}^{\beta}\beta \\ qS_{ref}lm_{z_1}^{\alpha}\alpha \end{bmatrix} + \begin{bmatrix} qS_{ref}lm_{x_1}^{\bar{\omega}_{x_1}}\bar{\omega}_{x_1} \\ qS_{ref}lm_{y_1}^{\bar{\omega}_{y_1}}\bar{\omega}_{y_1} \\ qS_{ref}lm_{z_1}^{\bar{\omega}_{z_1}}\bar{\omega}_{z_1} \end{bmatrix}$$

$$+ \begin{bmatrix} qS_{ref}lm_x^{\delta_x}\delta_x \\ qS_{ref}lm_y^{\delta_y}\delta_y \\ qS_{ref}lm_z^{\delta_z}\delta_z \end{bmatrix} \qquad (5-48)$$

5.1.1.12 补充方程

(1) 运动学方程。质心速度与位置参数关系方程为

$$\begin{cases} \dfrac{\mathrm{d}x}{\mathrm{d}t} = V_x \\ \dfrac{\mathrm{d}y}{\mathrm{d}t} = V_y \\ \dfrac{\mathrm{d}z}{\mathrm{d}t} = V_z \end{cases} \quad (5-49)$$

由于 $\boldsymbol{\omega}_i = \dot{\boldsymbol{\gamma}}_i + \dot{\boldsymbol{\psi}}_i + \dot{\boldsymbol{\vartheta}}_i$，则火箭弹绕平移坐标系转动角度 $\boldsymbol{\omega}_i$ 在弹体坐标系的分量：

$$\begin{cases} \omega_{ix1} = \dot{\gamma}_i + \dot{\psi}_i \sin\vartheta_i \\ \omega_{iy1} = \dot{\psi}_i \cos\vartheta_i \cos\gamma_i + \dot{\vartheta}_i \sin\gamma_i \\ \omega_{iz1} = -\dot{\psi}_i \cos\vartheta_i \sin\gamma_i + \dot{\vartheta}_i \cos\gamma_i \end{cases} \quad (5-50)$$

经变换后得

$$\begin{cases} \dot{\vartheta}_i = \omega_{iy_1} \sin\gamma_i + \omega_{iz_1} \cos\gamma_i \\ \dot{\psi}_i = (\omega_{iy_1} \cos\gamma_i - \omega_{iz_1} \sin\gamma_i)/\cos\vartheta_i \\ \dot{\gamma}_i = \omega_{ix_1} - (\omega_{iy_1} \cos\gamma_i - \omega_{iz_1} \sin\gamma_i)\tan\vartheta_i \end{cases} \quad (5-51)$$

火箭弹相对于地球的转动角速度 $\boldsymbol{\omega}$ 与火箭弹相对于发射惯性（平移）坐标系的转动角速度 $\boldsymbol{\omega}_i$、地球自转角速度 $\boldsymbol{\omega}_e$ 之间的关系为

$$\boldsymbol{\omega} = \boldsymbol{\omega}_i - \boldsymbol{\omega}_e \quad (5-52)$$

式（5-52）在弹体坐标系的投影分量表达式为

$$\begin{bmatrix} \omega_{x_1} \\ \omega_{y_1} \\ \omega_{z_1} \end{bmatrix} = \begin{bmatrix} \omega_{ix_1} \\ \omega_{iy_1} \\ \omega_{iz_1} \end{bmatrix} - C_L^B \begin{bmatrix} \omega_{ex} \\ \omega_{ey} \\ \omega_{ez} \end{bmatrix}$$

$$= \begin{bmatrix} \omega_{ix_1} \\ \omega_{iy_1} \\ \omega_{iz_1} \end{bmatrix} - \begin{bmatrix} \cos\vartheta\cos\psi & \sin\vartheta & -\cos\vartheta\sin\psi \\ -\cos\gamma\sin\vartheta\cos\psi + \sin\gamma\sin\psi & \cos\gamma\cos\vartheta & \cos\gamma\sin\vartheta\sin\psi + \sin\gamma\cos\psi \\ \sin\gamma\sin\vartheta\cos\psi + \cos\gamma\sin\psi & -\sin\gamma\cos\vartheta & -\sin\gamma\sin\vartheta\sin\psi + \cos\gamma\cos\psi \end{bmatrix} \begin{bmatrix} \omega_{ex} \\ \omega_{ey} \\ \omega_{ez} \end{bmatrix}$$

$$(5-53)$$

5.1.1.13 控制方程

制导火箭的控制方程为

$$\begin{cases} F_z(\boldsymbol{\delta}_z, x, y, z, \dot{x}, \dot{y}, \dot{z}, \vartheta_i, \dot{\vartheta}_i, \cdots) = 0 \\ F_y(\boldsymbol{\delta}_y, x, y, z, \dot{x}, \dot{y}, \dot{z}, \psi_i, \dot{\psi}_i, \cdots) = 0 \\ F_x(\boldsymbol{\delta}_x, x, y, z, \dot{x}, \dot{y}, \dot{z}, \gamma_i, \dot{\gamma}_i, \cdots) = 0 \end{cases} \tag{5-54}$$

5.1.1.14 欧拉角联系方程

由坐标转换关系可知，弹体到平移坐标系的转换矩阵为

$$\boldsymbol{C}_B^i = \begin{bmatrix} \cos\vartheta_i\cos\psi_i & -\cos\gamma_i\sin\vartheta_i\cos\psi_i + \sin\gamma_i\sin\psi_i & \sin\gamma_i\sin\vartheta_i\cos\psi_i + \cos\gamma_i\sin\psi_i \\ \sin\vartheta_i & \cos\gamma_i\cos\vartheta_i & -\sin\gamma_i\cos\vartheta_i \\ -\cos\vartheta_i\sin\psi_i & \cos\gamma_i\sin\vartheta_i\sin\psi_i + \sin\gamma_i\cos\psi_i & -\sin\gamma_i\sin\vartheta_i\sin\psi_i + \cos\gamma_i\cos\psi_i \end{bmatrix} \tag{5-55}$$

弹体到发射坐标系的转换矩阵为

$$\boldsymbol{C}_B^L = \begin{bmatrix} \cos\vartheta\cos\psi & -\cos\gamma\sin\vartheta\cos\psi + \sin\gamma\sin\psi & \sin\gamma\sin\vartheta\cos\psi + \cos\gamma\sin\psi \\ \sin\vartheta & \cos\gamma\cos\vartheta & -\sin\gamma\cos\vartheta \\ -\cos\vartheta\sin\psi & \cos\gamma\sin\vartheta\sin\psi + \sin\gamma\cos\psi & -\sin\gamma\sin\vartheta\sin\psi + \cos\gamma\cos\psi \end{bmatrix} \tag{5-56}$$

由于 $\boldsymbol{C}_B^i = \boldsymbol{C}_L^i \cdot \boldsymbol{C}_B^L$，且考虑到 $\psi, \gamma, \psi_i, \gamma_i$ 和 $\boldsymbol{\omega}_e t$ 均为小量，将它们的正弦、余弦展成泰勒级数取至一阶微量，则可得

$$\begin{bmatrix} \cos\vartheta_i & -\sin\vartheta_i & \psi_i + \gamma_i\sin\vartheta_i \\ \sin\vartheta_i & \cos\vartheta_i & -\gamma_i\cos\vartheta_i \\ -\psi_i\cos\vartheta_i & \psi_i\sin\vartheta_i + \gamma_i & 1 \end{bmatrix}$$

$$= \begin{bmatrix} 1 & -\omega_{ez}t & \omega_{ey}t \\ \omega_{ez}t & 1 & -\omega_{ex}t \\ -\omega_{ey}t & \omega_{ex}t & 1 \end{bmatrix} \begin{bmatrix} \cos\vartheta & -\sin\vartheta & \psi + \gamma\sin\vartheta \\ \sin\vartheta & \cos\vartheta & -\gamma\cos\vartheta \\ -\psi\cos\vartheta & \psi\sin\vartheta + \gamma & 1 \end{bmatrix}$$

故

$$\begin{cases} \sin\vartheta_i = \boldsymbol{\omega}_{ez}t \cdot \cos\vartheta + \sin\vartheta + \boldsymbol{\omega}_{ex}t \cdot \psi \cdot \cos\vartheta \\ \psi_i = (\boldsymbol{\omega}_{ey}t \cdot \cos\vartheta - \boldsymbol{\omega}_{ex}t \cdot \sin\vartheta + \psi \cdot \cos\vartheta)/\cos\vartheta_i \\ \gamma_i = [-\boldsymbol{\omega}_{ez}t(\psi + \gamma \cdot \sin\vartheta) + \gamma\cos\vartheta + \omega_{ex}t]/\cos\vartheta_i \end{cases} \tag{5-57}$$

由于速度系到发射坐标系的转换矩阵为

$$C_V^L = \begin{bmatrix} \cos\theta\cos\psi_V & -\sin\theta\cos\psi_V\cos\gamma_V + \sin\psi_V\sin\gamma_V & \sin\theta\cos\psi_V\sin\gamma_V + \sin\psi_V\cos\gamma_V \\ \sin\theta & \cos\theta\cos\gamma_V & -\cos\theta\sin\gamma_V \\ -\cos\theta\sin\psi_V & \sin\theta\sin\psi_V\cos\gamma_V + \cos\psi_V\sin\gamma_V & -\sin\theta\sin\psi_V\sin\gamma_V + \cos\psi_V\cos\gamma_V \end{bmatrix}$$

$$(5-58)$$

所以

$$\begin{bmatrix} V_x \\ V_y \\ V_z \end{bmatrix} = C_V^L \begin{bmatrix} V \\ 0 \\ 0 \end{bmatrix}$$

$$= \begin{bmatrix} \cos\theta\cos\psi_V & -\sin\theta\cos\psi_V\cos\gamma_V + \sin\psi_V\sin\gamma_V & \sin\theta\cos\psi_V\sin\gamma_V + \sin\psi_V\cos\gamma_V \\ \sin\theta & \cos\theta\cos\gamma_V & -\cos\theta\sin\gamma_V \\ -\cos\theta\sin\psi_V & \sin\theta\sin\psi_V\cos\gamma_V + \cos\psi_V\sin\gamma_V & -\sin\theta\sin\psi_V\sin\gamma_V + \cos\psi_V\cos\gamma_V \end{bmatrix} \begin{bmatrix} V \\ 0 \\ 0 \end{bmatrix}$$

$$(5-59)$$

由此可得

$$\begin{cases} V_x = V\cos\theta\cos\psi_V \\ V_y = V\sin\theta \\ V_z = -V\cos\theta\sin\psi_V \end{cases} \quad (5-60)$$

所以

$$\begin{cases} \psi_V = -\arctan\dfrac{V_z}{V_x} \\ \theta = \arcsin\dfrac{V_y}{V} \end{cases} \quad (5-61)$$

由于 $C_L^V = C_B^V \cdot C_L^B$,故将转换矩阵展开为

$$\begin{bmatrix} \cos\theta\cos\psi_V & \sin\theta & -\cos\theta\sin\psi_V \\ -\sin\theta\cos\psi_V\cos\gamma_V + \sin\psi_V\sin\gamma_V & \cos\theta\cos\gamma_V & \sin\theta\sin\psi_V\cos\gamma_V + \cos\psi_V\sin\gamma_V \\ \sin\theta\cos\psi_V\sin\gamma_V + \sin\psi_V\cos\gamma_V & -\cos\theta\sin\gamma_V & -\sin\theta\sin\psi_V\sin\gamma_V + \cos\psi_V\cos\gamma_V \end{bmatrix}$$

$$= \begin{bmatrix} \cos\alpha\cos\beta & -\sin\alpha\cos\beta & \sin\beta \\ \sin\alpha & \cos\alpha & 0 \\ -\cos\alpha\sin\beta & \sin\alpha\sin\beta & \cos\beta \end{bmatrix} \cdot$$

$$\begin{bmatrix} \cos\vartheta\cos\psi\sin\vartheta & -\cos\vartheta\sin\psi & \\ -\cos\gamma\sin\vartheta\cos\psi + \sin\gamma\sin\psi\cos\gamma & \cos\vartheta\cos\gamma\sin\vartheta\sin\psi + \sin\gamma\cos\psi \\ \sin\gamma\sin\vartheta\cos\psi + \cos\gamma\sin\psi & -\sin\gamma\cdot\cos\vartheta & -\sin\gamma\sin\vartheta\sin\psi + \cos\gamma\cos\psi \end{bmatrix}$$

$$(5-62)$$

故可得

$$\begin{cases} \sin\alpha = -\cos\vartheta\sin\theta\cos\gamma_V\cos(\psi-\psi_V) - \cos\vartheta\sin\gamma_V\sin(\psi-\psi_V) + \sin\vartheta\cos\theta\cos\gamma_V \\ \sin\beta = \sin\vartheta\cos\theta\sin\gamma\cos(\psi-\psi_V) + \cos\theta\cos\gamma\sin(\psi-\psi_V) - \sin\theta\cos\vartheta\sin\gamma \\ \sin\gamma_V = (\sin\vartheta\cos\alpha\sin\beta - \cos\vartheta\cos\gamma\sin\alpha\sin\beta + \cos\vartheta\sin\gamma\cos\beta)/\cos\theta \end{cases}$$

(5 – 63)

故由以上推导可得欧拉角的关系方程为

$$\begin{cases} \sin\vartheta_i = \boldsymbol{\omega}_{ez}t \cdot \cos\vartheta + \sin\vartheta + \boldsymbol{\omega}_{ex}t \cdot \psi \cdot \cos\vartheta \\ \psi_i = (\boldsymbol{\omega}_{ey}t \cdot \cos\vartheta - \boldsymbol{\omega}_{ex}t \cdot \sin\vartheta + \psi \cdot \cos\vartheta)/\cos\vartheta_i \\ \gamma_i = [-\boldsymbol{\omega}_{ez}t(\psi + \gamma \cdot \sin\vartheta) + \gamma\cos\vartheta + \boldsymbol{\omega}_{ex}t]/\cos\vartheta_i \\ \psi_V = -\arctan(V_z/V) \\ \theta = \arcsin(V_y/V) \\ \sin\alpha = -\cos\vartheta\sin\theta\cos\gamma_V\cos(\psi-\psi_V) - \cos\vartheta\sin\gamma_V\sin(\psi-\psi_V) + \sin\vartheta\cos\theta\cos\gamma_V \\ \sin\beta = \sin\vartheta\cos\theta\cos\gamma\cos(\psi-\psi_V) + \cos\theta\cos\gamma\sin(\psi-\psi_V) - \sin\theta\cos\vartheta\sin\gamma \\ \sin\gamma_V = (\sin\vartheta\cos\alpha\sin\beta - \cos\vartheta\cos\gamma\sin\alpha\sin\beta + \cos\vartheta\sin\gamma\cos\beta)/\cos\theta \end{cases}$$

(5 – 64)

5.1.1.15 地速计算方程

$$V = \sqrt{V_x^2 + V_y^2 + V_z^2} \tag{5 – 65}$$

5.1.1.16 质量计算方程

$$m = m_0 - \dot{m}t \tag{5 – 66}$$

式中，m_0 为火箭弹离开发射台瞬间的质量；$\dot{m}$ 为火箭弹发动机工作单位时间的质量消耗量；t 为火箭弹离开发射台瞬间 $t=0$ 起的计时。

5.1.1.17 高度计算公式

轨道上任一点距地心的距离为

$$r = \sqrt{(x+R_{0x})^2 + (y+R_{0y})^2 + (z+R_{0z})^2} \tag{5 – 67}$$

地心纬度 ϕ 可由矢径 r 与地球自转角速度 ω_e 之间的关系求出：

$$\sin\phi = \frac{\boldsymbol{r} \cdot \boldsymbol{\omega}_e}{r\omega_e} = \frac{(x+R_{0x})\omega_{ex} + (y+R_{0y})\omega_{ey} + (z+R_{0z})\omega_{ez}}{r\omega_e} \tag{5 – 68}$$

则对应于地心纬度 ϕ 之椭球表面距地心的距离为

$$R = \frac{a_e b_e}{\sqrt{a_e^2 \sin^2\phi + b_e^2 \cos^2\phi}} \qquad (5-69)$$

在理论弹道计算中计算高度时，可以忽略 $\mu(\mu = L - \phi)$ 的影响，因此，空间任一点距地球表面的距离为

$$h = r - R \qquad (5-70)$$

5.1.1.18　制导火箭弹在地面发射坐标系下的空间运动方程组

综上，可得制导火箭弹在地面发射坐标系下的六自由度运动方程组：

$$m \begin{bmatrix} \dfrac{\mathrm{d}V_x}{\mathrm{d}t} \\ \dfrac{\mathrm{d}V_y}{\mathrm{d}t} \\ \dfrac{\mathrm{d}V_z}{\mathrm{d}t} \end{bmatrix} = C_B^L \begin{bmatrix} P \\ 0 \\ 0 \end{bmatrix} + C_V^L \begin{bmatrix} -qS_{ref}C_x \\ qS_{ref}C_y \\ qS_{ref}C_z \end{bmatrix} + m\frac{g_r'}{r}\begin{bmatrix} x + R_{0x} \\ y + R_{0y} \\ z + R_{0z} \end{bmatrix} + m\frac{g_{\omega_e}}{\omega_e}\begin{bmatrix} \omega_{ex} \\ \omega_{ey} \\ \omega_{ez} \end{bmatrix} -$$

$$m \begin{bmatrix} a_{11} & a_{12} & a_{13} \\ a_{21} & a_{22} & a_{23} \\ a_{31} & a_{32} & a_{33} \end{bmatrix} \begin{bmatrix} x + R_{0x} \\ y + R_{0y} \\ z + R_{0z} \end{bmatrix} - m \begin{bmatrix} b_{11} & b_{12} & b_{13} \\ b_{21} & b_{22} & b_{23} \\ b_{31} & b_{32} & b_{33} \end{bmatrix} \begin{bmatrix} V_x \\ V_y \\ V_z \end{bmatrix}$$

$$\begin{bmatrix} J_{x1} & 0 & 0 \\ 0 & J_{y1} & 0 \\ 0 & 0 & J_{z1} \end{bmatrix} \begin{bmatrix} \dfrac{\mathrm{d}\omega_{ix1}}{\mathrm{d}t} \\ \dfrac{\mathrm{d}\omega_{iy1}}{\mathrm{d}t} \\ \dfrac{\mathrm{d}\omega_{iz1}}{\mathrm{d}t} \end{bmatrix} + \begin{bmatrix} (J_{z1} - J_{y1})\omega_{iz1}\omega_{iy1} \\ (J_{x1} - J_{z1})\omega_{ix1}\omega_{iz1} \\ (J_{y1} - J_{x1})\omega_{iy1}\omega_{ix1} \end{bmatrix} = \begin{bmatrix} 0 \\ qS_{ref}lm_{y1}^{\beta}\beta \\ qS_{ref}lm_{z1}^{\alpha}\alpha \end{bmatrix} +$$

$$\begin{bmatrix} qS_{ref}lm_{x1}^{\bar{\omega}_{x1}}\bar{\omega}_{x1} \\ qS_{ref}lm_{y1}^{\bar{\omega}_{y1}}\bar{\omega}_{y1} \\ qS_{ref}lm_{z1}^{\bar{\omega}_{z1}}\bar{\omega}_{z1} \end{bmatrix} + \begin{bmatrix} qS_{ref}lm_x^{\delta_x}\delta_x \\ qS_{ref}lm_y^{\delta_y}\delta_y \\ qS_{ref}lm_z^{\delta_z}\delta_z \end{bmatrix}$$

$$\begin{bmatrix} \dfrac{\mathrm{d}x}{\mathrm{d}t} \\ \dfrac{\mathrm{d}y}{\mathrm{d}t} \\ \dfrac{\mathrm{d}z}{\mathrm{d}t} \end{bmatrix} = \begin{bmatrix} V_x \\ V_y \\ V_z \end{bmatrix}$$

$$\begin{cases} \dfrac{\mathrm{d}m}{\mathrm{d}t} = -m_c \\[2mm] \begin{bmatrix} \dfrac{\mathrm{d}\vartheta_i}{\mathrm{d}t} \\ \dfrac{\mathrm{d}\psi_i}{\mathrm{d}t} \\ \dfrac{\mathrm{d}\gamma_i}{\mathrm{d}t} \end{bmatrix} = \begin{bmatrix} \omega_{iy1}\sin\gamma_i + \omega_{iz1}\cos\gamma_i \\ (\omega_{iy1}\cos\gamma_i - \omega_{iz1}\sin\gamma_i)/\cos\vartheta_i \\ \omega_{ix1} - (\omega_{iy1}\cos\gamma_i - \omega_{iz1}\sin\gamma_i)\tan\vartheta_i \end{bmatrix} \\[2mm] \begin{bmatrix} \omega_{x1} \\ \omega_{y1} \\ \omega_{z1} \end{bmatrix} = \begin{bmatrix} \omega_{ix1} \\ \omega_{iy1} \\ \omega_{iz1} \end{bmatrix} - C_L^B \begin{bmatrix} \omega_{ex} \\ \omega_{ey} \\ \omega_{ez} \end{bmatrix} \\[2mm] F_z(\delta_z, x, y, z, \dot{x}, \dot{y}, \dot{z}, \vartheta_i, \dot{\vartheta}_i, \cdots) = 0 \\ F_y(\delta_y, x, y, z, \dot{x}, \dot{y}, \dot{z}, \psi_i, \dot{\psi}_i, \cdots) = 0 \\ F_x(\delta_x, x, y, z, \dot{x}, \dot{y}, \dot{z}, \gamma_i, \dot{\gamma}_i, \cdots) = 0 \end{cases} \quad (5-71)$$

式中，

$$\begin{cases} V = \sqrt{V_x^2 + V_y^2 + V_z^2} \\[2mm] \psi_V = -\arctan\dfrac{V_z}{V_x} \\[2mm] \theta = \arcsin\dfrac{V_y}{V} \\[2mm] \sin\vartheta_i = \omega_{ez}t \cdot \cos\vartheta + \sin\vartheta + \omega_{ex}t \cdot \psi \cdot \cos\vartheta \\ \psi_i = (\omega_{ey}t \cdot \cos\vartheta - \omega_{ex}t \cdot \sin\vartheta + \psi \cdot \cos\vartheta)/\cos\vartheta_i \\ \gamma_i = [-\omega_{ez}t(\psi + \gamma \cdot \sin\vartheta) + \gamma\cos\vartheta + \omega_{ex}t]/\cos\vartheta_i \\ \sin\alpha = -\cos\vartheta\sin\theta\cos\gamma_V\cos(\psi-\psi_V) - \cos\vartheta\sin\gamma_V\sin(\psi-\psi_V) + \sin\vartheta\cos\theta\cos\gamma_V \\ \sin\beta = \sin\vartheta\cos\theta\sin\gamma\cos(\psi-\psi_V) + \cos\theta\cos\gamma\sin(\psi-\psi_V) - \sin\theta\cos\vartheta\sin\gamma \\ \sin\gamma_V = (\sin\vartheta\cos\alpha\sin\beta - \cos\vartheta\cos\gamma\sin\alpha\sin\beta + \cos\vartheta\cos\beta)/\cos\theta \\ r = \sqrt{(x+R_{0x})^2 + (y+R_{0y})^2 + (z+R_{0z})^2} \\[2mm] \sin\phi = \dfrac{(x+R_{0x})\omega_{ex} + (y+R_{0y})\omega_{ey} + (z+R_{0z})\omega_{ez}}{r\omega_e} \\[2mm] \tan L = \dfrac{a_e^2}{b_e^2}\tan\phi \\[2mm] R = \dfrac{a_e b_e}{\sqrt{a_e^2\sin^2\phi + b_e^2\cos^2\phi}} \end{cases}$$

$$\begin{cases}
h = r - R \\
\omega_{ex} = \omega_e \cos L_0 \cos A_0 \\
\omega_{ey} = \omega_e \sin L_0 \\
\omega_{ez} = -\omega_e \cos L_0 \sin A_0 \\
g'_r = -\dfrac{fM}{r^2}\left[1 + J\left(\dfrac{a_e}{r}\right)^2(1 - 5\sin^2\phi)\right] \quad (fM = 3.986\,005 \times 10^{14}, J = 1.623\,95 \times 10^{-3}) \\
g_{\omega e} = -\dfrac{2fM}{r^2}J\left(\dfrac{a_e}{r}\right)^2 \sin\phi \\
g = -\dfrac{fM}{r^2}\left[1 + J\left(\dfrac{a_e}{r}\right)^2(1 - 3\sin^2\phi) - 0.003\,461\,4 \times \left(\dfrac{a_e}{r}\right)^3 \cos^2\phi\right] \\
R_0 = \dfrac{a_e b_e}{\sqrt{a_e^2 \sin^2\phi_0 + b_e^2 \cos^2\phi_0}} \\
R_{0x} = -R_0 \sin(L_0 - \phi_0)\cos A_0 \\
R_{0y} = R_0 \cos(L_0 - \phi_0) \\
R_{0z} = R_0 \sin(L_0 - \phi_0)\sin A_0
\end{cases}$$

根据瞬时平衡假设，忽略火箭弹绕质心转动过程，发射坐标系中质点运动三自由度方程为

$$\begin{cases}
m\dfrac{dV_x}{dt} = P\cos\vartheta\cos\psi - X\cos\theta\cos\psi_V + Y(-\sin\theta\cos\psi_V\cos\gamma_V + \sin\psi_V\sin\gamma_V) + \\
\qquad Z(\sin\theta\cos\psi_V\sin\gamma_V + \sin\psi_V\cos\gamma_V) + m\dfrac{g'_r(x + R_{0x})}{r} + mg_{\omega e}\cos L_0\cos A_0 - \\
\qquad m(\omega_{ex}^2 - \omega_e^2)(x + R_{0x}) - m\omega_{ex}\omega_{ey}(y + R_{0y}) - m\omega_{ez}\omega_{ex}(z + R_{0z}) - \\
\qquad m(-2\omega_{ez}V_y + 2\omega_{ey}V_z) \\
m\dfrac{dV_y}{dt} = P\sin\vartheta - X\sin\theta + Y\cos\theta\cos\gamma_V - Z\cos\theta\sin\gamma_V + m\dfrac{g'_r(y + R_{0y})}{r} + mg_{\omega e}\sin L_0 - \\
\qquad m\omega_{ex}\omega_{ey}(x + R_{0x}) - m(\omega_{ey}^2 - \omega_e^2)(y + R_{0y}) - m\omega_{ey}\omega_{ex}(z + R_{0z}) - \\
\qquad m(2\omega_{ez}V_x - 2\omega_{ex}V_z) \\
m\dfrac{dV_z}{dt} = -P\cos\vartheta\sin\psi + X\cos\theta\sin\psi_V + Y(\sin\theta\sin\psi_V\cos\gamma_V + \cos\psi_V\sin\gamma_V) + \\
\qquad Z(-\sin\theta\sin\psi_V\sin\gamma_V + \cos\psi_V\cos\gamma_V) + m\dfrac{g'_r(z + R_{0z})}{r} - mg_{\omega e}\cos L_0\sin A_0 - \\
\qquad m\omega_{ez}\omega_{ex}(x + R_{0x}) - m\omega_{ey}\omega_{ex}(y + R_{0y}) - m(\omega_{ez}^2 - \omega_e^2)(z + R_{0z}) - \\
\qquad m(-2\omega_{ey}V_x + 2\omega_{ex}V_y)
\end{cases}$$

$$\begin{cases} \dfrac{\mathrm{d}x}{\mathrm{d}t} = V_x \\ \dfrac{\mathrm{d}y}{\mathrm{d}t} = V_y \\ \dfrac{\mathrm{d}z}{\mathrm{d}t} = V_z \\ \dfrac{\mathrm{d}m}{\mathrm{d}t} = -m_c \\ \alpha = \alpha^* \\ \beta = \beta^* \end{cases} \quad (5-72)$$

式中，

$$\begin{cases} V = \sqrt{V_x^2 + V_y^2 + V_z^2} \\ \psi_V = -\arctan \dfrac{V_z}{V_x} \\ \theta = \arcsin \dfrac{V_y}{V} \\ r = \sqrt{(x+R_{0x})^2 + (y+R_{0y})^2 + (z+R_{0z})^2} \\ \sin\phi = \dfrac{(x+R_{0x})\omega_{ex} + (y+R_{0y})\omega_{ey} + (z+R_{0z})\omega_{ez}}{r\omega_e} \\ \tan L = \dfrac{a_e^2}{b_e^2}\tan\phi \\ R = \dfrac{a_e b_e}{\sqrt{a_e^2 \sin^2\phi + b_e^2 \cos^2\phi}} \\ h = r - R \\ \omega_{ex} = \omega_e \cos L_0 \cos A_0 \\ \omega_{ey} = \omega_e \sin L_0 \\ \omega_{ez} = -\omega_e \cos L_0 \sin A_0 \\ g_r' = -\dfrac{fM}{r^2}\left[1 + J\left(\dfrac{a_e}{r}\right)^2 (1 - 5\sin^2\phi)\right] \\ \quad (fM = 3.986\,005 \times 10^{14}, J = 1.623\,95 \times 10^{-3}) \\ g_{\omega e} = -\dfrac{2fM}{r^2} J\left(\dfrac{a_e}{r}\right)^2 \sin\phi \\ g = -\dfrac{fM}{r^2}\left[1 + J\left(\dfrac{a_e}{r}\right)^2 (1 - 3\sin^2\phi)\right] - 0.003\,461\,4 \times \left(\dfrac{a_e}{r}\right)^3 \cos^2\phi \end{cases}$$

$$\begin{cases} R_0 = \dfrac{a_e b_e}{\sqrt{a_e^2 \sin^2\phi_0 + b_e^2 \cos^2\phi_0}} \\ R_{0x} = -R_0 \sin(L_0 - \phi_0)\cos A_0 \\ R_{0y} = R_0 \cos(L_0 - \phi_0) \\ R_{0z} = R_0 \sin(L_0 - \phi_0)\sin A_0 \end{cases}$$

5.1.2 误差分析模型

影响远程制导火箭弹制导精度和弹道制导性能的误差因素很多，根据误差产生的原因可将其分为两类：制导误差与非制导误差。制导误差是影响远程制导火箭弹命中精度的主要误差源，它包括制导方法误差和制导工具误差。制导工具误差则是影响制导火箭弹弹精度的主要因素，据有关资料统计，制导工具误差占总误差的70%～80%。制导工具误差主要包括惯导误差、卫星测量误差和舵系统误差等。非制导误差是在自身或外界因素干扰下，由与制导系统无关的因素造成的误差或偏差，通常包括弹体气动参数误差、弹体参数误差、风干扰和初始发射误差等。

5.1.2.1 卫星接收机测量误差模型

卫星接收机可以为"卫星 + IMU"组合导航系统提供观测信号，并最终为弹体提供位置和速度信息。对其进行误差建模可以有助于分析卫星测量精度对制导系统的影响。卫星的测量信号 $\tilde{X}$ 可以写成如下形式：

$$\tilde{X} = X + \Delta X \tag{5-73}$$

式中，$X = [x_e \quad y_n \quad z_u \quad V_e \quad V_n \quad V_u]^T$ 表示卫星测量真值向量，分别为弹体位置和速度在东北天导航系下的三个分量，它们可以根据远程制导火箭弹空间弹道计算获得；$\Delta X = [\Delta x_e \quad \Delta y_n \quad \Delta z_u \quad \Delta V_e \quad \Delta V_n \quad \Delta V_u]^T$ 表示卫星测量误差向量，它由系统偏差 ΔX_s 和随机偏差 ΔX_r 两部分组成：

$$\Delta X = \Delta X_s + \Delta X_r \tag{5-74}$$

式中，ΔX_s 是随机常值误差，服从于正态分布 $\Delta X_s \sim N(a_s, b_s)$；$\Delta X_r$ 是随机误差，$\Delta X_r \sim N(a_r, b_r)$。其中，$a_s, b_s, a_r, b_r$ 是卫星精度。

考虑到在制导过程中，我们采用相对卫星制导的办法，即目标的位置和远程制导火箭弹的位置采用同样的卫星接收机测量。这样，卫星测量误差中的系统偏差 ΔX_s 可以被消除掉，所以在本项目的仿真中，我们可以取 $\Delta X_s = 0$。对

于随机偏差 ΔX_r，根据卫星的 CEP 精度和卫星信号的统计特性，可以取 $a_r = [0.0,0.0,0.0,0.0,0.00.0]^T$，$b_r = [10,15,10,0.1,0.1,0.1]^T$，这样就可以模拟出卫星的测量信号 $\tilde{X}$。

5.1.2.2 陀螺仪的测量误差模型

陀螺仪的测量误差主要包括标度因数误差、交叉耦合误差、零偏误差、噪声误差等，其中标度因数误差、零偏误差和交叉耦合误差是随机常值误差，噪声误差是随机误差。这里我们将陀螺仪所提供的测量信号 $\tilde{\omega}^g$ 表示为输入角速率的真值 ω^b（弹体相对于惯性空间的角速度）和各误差项的总和：

$$\tilde{\omega}^g = (I + K_{gr})(I + K_{gc})\omega^b + \bar{B}^g + n^g \tag{5-75}$$

式中，K_{gr} 为陀螺的标度因数误差，K_{gc} 为陀螺的交叉耦合系数，$\bar{B}^g$ 为与零偏有关的误差项，n^g 为测量噪声。在弹体系下投影为

$$\begin{bmatrix}\tilde{\omega}_x\\\tilde{\omega}_y\\\tilde{\omega}_z\end{bmatrix}=\begin{bmatrix}1+K_{grx}&0&0\\0&1+K_{gry}&0\\0&0&1+K_{grz}\end{bmatrix}\begin{bmatrix}1+K_{gcxx}&K_{gcxy}&K_{gcxz}\\K_{gcyx}&1+K_{gcyy}&K_{gcyz}\\K_{gczx}&K_{gczy}&1+K_{gczz}\end{bmatrix}\begin{bmatrix}\omega_x\\\omega_y\\\omega_z\end{bmatrix}+\begin{bmatrix}\bar{B}_x^g\\\bar{B}_y^g\\\bar{B}_z^g\end{bmatrix}+\begin{bmatrix}n_x^g\\n_y^g\\n_z^g\end{bmatrix} \tag{5-76}$$

(1) 标度因数误差。

与标度因数相关的误差主要用标度因数重复性 K_{gr} 指标来表示。多次测试时，认为标度因数误差 K_{gr} 服从正态分布，即 $K_{gr} \sim N(0, K_{gr})$，是一个随机均值常值误差。根据指标要求，标度因数重复性 ≤ 200 ppm（1σ），即 $K_{gr} \sim N(0, 2 \times 10^{-4})$。

(2) 与零偏相关的误差 $\bar{B}^g$。与零偏相关的测量误差包括以下几项：

①可以确定的每次通电都会出现的零偏项，属于固定零偏，是可以修正的。

②与温度有关的零偏项，可用适当的标定来修正。

③每次通电都不一样的随机零偏，但在任何一次运行期间都是不变的，即单次测试时固定未知、多次测试时认为服从正态分布的随机零偏。

④运行中的随机零偏，整个运行过程中都在变化。

从目前的误差分析角度来说，暂不考虑可以修正的零偏以及与温度有关的零偏，运行中的随机零偏折合到测量噪声中进行考虑。只考虑第③项，认为 $\bar{B}^g$ 服从正态分布，即 $B_i^g \sim N(0, B_{ri}^g)$，$i = x,y,z$，它也是一个随机常值误差。

根据指标要求，零偏重复性≤3°/h（1σ），即 $\bar{B}^g \sim N(0, 3.0°/h)$。

5.1.2.3 加速度计的测量误差模型

在实际使用过程中，加速度计常常是非质心布置的，所以加速度计除了要考虑角位置安装误差之外，还需考虑位置安装偏差（杆臂误差）d。加速度计的理想测量值 f^* 与远程制导火箭弹质心加速度 a 的关系为

$$f^* = a + \omega \times (\omega \times d) + \dot{\omega} \times d - g \tag{5-77}$$

式中，a_i 为弹体质心的真实加速度在弹体系下 i 轴分量，d_i 为加速度计中心相对与质心的安装偏差在弹体系下的分量，g 为重力向量。在弹体坐标系下投影可表示成

$$\begin{bmatrix} f_x^* \\ f_y^* \\ f_z^* \end{bmatrix} = \begin{bmatrix} a_x \\ a_y \\ a_z \end{bmatrix} + \begin{bmatrix} \omega_x \\ \omega_y \\ \omega_z \end{bmatrix} \times \left(\begin{bmatrix} \omega_x \\ \omega_y \\ \omega_z \end{bmatrix} \times \begin{bmatrix} d_x \\ d_y \\ d_z \end{bmatrix} \right) + \begin{bmatrix} \dot{\omega}_x \\ \dot{\omega}_y \\ \dot{\omega}_z \end{bmatrix} \times \begin{bmatrix} d_x \\ d_y \\ d_z \end{bmatrix} - \begin{bmatrix} g_x \\ g_y \\ g_z \end{bmatrix} \tag{5-78}$$

与陀螺仪的测量误差类似，加速度计测量误差还包括标度因数误差、交叉耦合误差、零偏、随机误差等。对照式（5-75），加速度计的测量值可表示为

$$\begin{bmatrix} \tilde{f}_x \\ \tilde{f}_y \\ \tilde{f}_z \end{bmatrix} = \begin{bmatrix} 1+K_{arx} & 0 & 0 \\ 0 & 1+K_{ary} & 0 \\ 0 & 0 & 1+K_{arz} \end{bmatrix} \begin{bmatrix} 1+K_{acxx} & K_{acxy} & K_{acxz} \\ K_{acyx} & 1+K_{acyy} & K_{acyz} \\ K_{aczx} & K_{aczy} & 1+K_{aczz} \end{bmatrix} \begin{bmatrix} f_x^* \\ f_y^* \\ f_z^* \end{bmatrix} + \begin{bmatrix} \bar{B}_x^a \\ \bar{B}_y^a \\ \bar{B}_y^a \end{bmatrix} + \begin{bmatrix} n_x^a \\ n_y^a \\ n_z^a \end{bmatrix}$$

$$\tag{5-79}$$

根据指标要求，标度因数重复性≤200 ppm（1σ），即 $K_{ar} \sim N(0, 2 \times 10^{-4})$。

5.1.2.4 "卫星+INS"组合导航系统误差分析与模拟

组合导航系统在 IMU 惯组和卫星接收机的输出信号基础上，进行惯导捷联解算和组合导航滤波校正，估计并补偿由器件因素、安装因素和初始对准因素等带来的部分误差，进而给制导控制系统提供导航参数，包括三个位置、三个速度、三个姿态角、三个角速度、三个过载信息。在制导控制系统初步仿真阶段可以直接根据组合导航系统的精度指标模拟组合导航系统的误差特性，以便分析组合导航误差对制导控制系统的影响。具体模拟方法如下：

（1）位置和速度输出信号模拟。组合导航的位置和速度输出信号精度主要取决于卫星接收机和组合滤波器，因此模拟这两组参数信号可以在卫星接收

机测量误差模型基础上再串联一个惯性滤波环节,信号流程如图 5-5 所示。

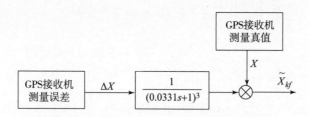

图 5-5 组合导航位置和速度输出信号模拟流程

(2) 角速度和加速度输出信号模拟。考虑到组合导航滤波可以估计并补偿大部分的随机常值误差,仅有剩下的残差影响制导控制系统,同时还要考虑 IMU 相对于弹体的安装误差带来的影响,我们可以将组合导航输出的角速度写成

$$\begin{bmatrix} \tilde{\omega}_x \\ \tilde{\omega}_y \\ \tilde{\omega}_z \end{bmatrix} = \begin{bmatrix} 1+\delta K_{cxx} & \delta K_{cxy} & \delta K_{cxz} \\ \delta K_{cyx} & 1+\delta K_{cyy} & \delta K_{cyz} \\ \delta K_{czx} & \delta K_{czy} & 1+\delta K_{czz} \end{bmatrix} \left(\begin{bmatrix} 1+\delta K_{grx} & 0 & 0 \\ 0 & 1+\delta K_{gry} & 0 \\ 0 & 0 & 1+\delta K_{grz} \end{bmatrix} \begin{bmatrix} \omega_x \\ \omega_y \\ \omega_z \end{bmatrix} + \begin{bmatrix} \delta \bar{B}_x^g \\ \delta \bar{B}_y^g \\ \delta \bar{B}_z^g \end{bmatrix} + \begin{bmatrix} \delta n_x^g \\ \delta n_y^g \\ \delta n_z^g \end{bmatrix} \right) \quad (5-80)$$

加速度信号写成

$$\begin{bmatrix} \tilde{f}_x \\ \tilde{f}_y \\ \tilde{f}_z \end{bmatrix} = \begin{bmatrix} 1+\delta K_{cxx} & \delta K_{cxy} & \delta K_{cxz} \\ \delta K_{cyx} & 1+\delta K_{cyy} & \delta K_{cyz} \\ \delta K_{czx} & \delta K_{czy} & 1+\delta K_{czz} \end{bmatrix} \left(\begin{bmatrix} 1+\delta K_{arx} & 0 & 0 \\ 0 & 1+\delta K_{ary} & 0 \\ 0 & 0 & 1+\delta K_{arz} \end{bmatrix} \begin{bmatrix} f_x^* \\ f_y^* \\ f_z^* \end{bmatrix} + \begin{bmatrix} \delta \bar{B}_x^a \\ \delta \bar{B}_y^a \\ \delta \bar{B}_z^a \end{bmatrix} + \begin{bmatrix} \delta n_x^a \\ \delta n_x^a \\ \delta n_x^a \end{bmatrix} \right) \quad (5-81)$$

式中,δK_c、δK_{gr}、δK_{ar} 分别表示 IMU 安装误差、陀螺零偏误差、加速度计零偏误差补偿后的残差。在仿真中取:$\delta K_c = 0.1K_c = 15''$,$\delta K_{gr} = 0.1K_{gr}$,$\delta K_{ar} = 0.1K_{ar}$,$\delta \bar{B}^g = \bar{B}^g$,$\delta n^g = n^g$,$\delta \bar{B}^a = \bar{B}^a$,$\delta n^a = n^a$。

(3) 姿态输出信号模拟。组合导航的姿态输出信号精度主要取决于 IMU、安装误差和初始对准精度等因素中未补偿或消除的部分。因此,在模拟时可以主要考虑这些因素带来的误差。根据远程制导火箭弹绕质心转动运动学有如下关系:

$$\begin{bmatrix} \dot{\tilde{\vartheta}} \\ \dot{\tilde{\psi}} \\ \dot{\tilde{\gamma}} \end{bmatrix} = \begin{bmatrix} \tilde{\omega}_y \sin\tilde{\gamma} + \tilde{\omega}_z \cos\tilde{\gamma} \\ \dfrac{1}{\cos\tilde{\vartheta}}(\tilde{\omega}_y \cos\tilde{\gamma} - \tilde{\omega}_z \sin\tilde{\gamma}) \\ \tilde{\omega}_x - \tan\tilde{\vartheta}(\tilde{\omega}_y \cos\tilde{\gamma} - \tilde{\omega}_z \sin\tilde{\gamma}) \end{bmatrix} \quad (5-82)$$

式中,初始对准误差服从正态分布,根据初始对准误差指标,设为 $(\Delta\tilde{\vartheta}_0 \sim N(0,0.07\deg) \quad \Delta\tilde{\psi}_0 \sim N(0,0.07\deg) \quad \Delta\tilde{\gamma}_0 \sim N(0,0.07\deg))$。

5.1.2.5 舵系统动力学模型

舵系统动力学误差主要包括静态误差和动态误差两部分。静态误差包括由死区和间隙等因素产生的稳态误差,动态误差主要由舵回路动力学运动的动态过程产生。

根据电动直流舵机工作原理,电动舵机的运动方程可由电枢回路、电枢反电势、电磁力矩和力矩平衡方程组成。其在铰链力矩负载条件下,电动舵机二阶非线性动力学原理可以由图 5-6 描述。图中,K_δ、ξ_δ、ω_δ 为负载条件下舵系统的传递系数、阻尼、带宽,$|\delta|_m$、$|\dot{\delta}|_m$ 分别为最大舵偏角和角速度的限幅值,δ_g 是电气零位和机械零位不重合产生的舵偏,δ_c、δ_a 分别是舵偏指令输入和舵偏输出。

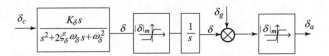

图 5-6 电动舵机二阶非线性动力学原理框图

根据舵机系统的技术指标,$|\delta|_m = 25°$,$|\dot{\delta}|_m = 120°/s$,$\delta_g = 0.1°$。舵机模型传递参数随铰链力矩的变化关系如表 5-1 所示。

表 5-1 舵机模型传递参数随着铰链力矩的变化关系

M_h/δ	$-16\text{N}\cdot\text{m}/(°)$	$-8\text{N}\cdot\text{m}/(°)$	$-4\text{N}\cdot\text{m}/(°)$	$0\text{N}\cdot\text{m}/(°)$	$4\text{N}\cdot\text{m}/(°)$	$12\text{N}\cdot\text{m}/(°)$	$20\text{N}\cdot\text{m}/(°)$
K_δ	3.36	2.88	2.68	2.51	2.35	2.11	1.91
ξ_δ	0.9	0.83	0.8	0.77	0.75	0.71	0.67
$\omega_\delta/\text{Hz}/3°$	8	8.5	8.7	8.7	8.6	8.5	7.9

5.1.2.6 发动机推力偏心及偏角误差模型

推力偏心是指推力作用点与发动机轴线的距离。推力偏角是指推力矢量与发动机轴线的夹角,如图 5-7 所示。

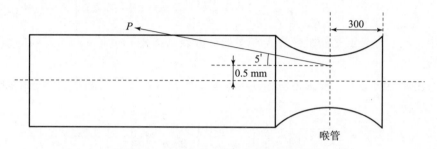

图 5-7 推力偏心和推力偏角示意图

推力偏心和推力偏角为两个独立的偏差量,在误差分析中均要考虑,推力的作用点在喷管的喉管截面上,如:推力偏心 $0.5\ \mathrm{mm}$,推力偏角 $5'$。

5.1.3 弹着点散布

尽管采用了制导技术,远程制导火箭弹在射击中还是存在射击误差的,表征在落点就会产生一定散布。产生射击误差的因素有很多,包括目标位置测量误差、战斗队形连测误差、瞄准误差、制导工具和制导方法误差、导弹制造装配误差以及气象因素、弹道随机因素等。由于射击误差的存在,使得在同一射击条件下的同一弹种以同样的方式对目标进行多次射击,各次射击的弹着点是不同的,这种现象称为弹着点散布。

根据误差对落点散布的影响属性,可将其归为系统误差和随机误差。在研究其散布规律时,认为总的射击误差是单个因素所引起误差之和,因而可用正态分布律作为散布律。

制导火箭弹的弹着点可用二维变量 (X,Y) 描述。当坐标原点为靶心时,落点的坐标即表示了其与靶心的偏差,也即射击误差。射击误差 (X,Y) 可分为两部分:

$$\begin{cases} X = U + \bar{x} \\ Y = V + \bar{y} \end{cases} \tag{5-83}$$

式中,(U,V) 为随机误差,也即落点对于散布中心的偏差;$(\bar{x},\bar{y})$ 为系统误差,也即弹着点散布中心坐标。

由于总的射击误差可认为是所有的单个因素引起的误差之和,其散布律可认为服从正态分布,其概率密度函数 $f(x,y)$ 为

$$f(x,y) = \frac{1}{2\pi\sigma_x\sigma_y\sqrt{1-\rho^2}} \cdot \exp\left\{-\frac{1}{2\pi\sqrt{1-\rho^2}} \cdot \left[\left(\frac{x-\bar{x}}{\sigma_x}\right)^2 - 2\rho\frac{(x-\bar{x})(y-\bar{y})}{\sigma_x\sigma_y} + \left(\frac{y-\bar{y}}{\sigma_y}\right)^2\right]\right\} \quad (5-84)$$

式中,σ_x、σ_y 分别是随机变量 X 和 Y 的标准差(方差);ρ 是 x 和 y 方向的相关系数。

在理想状态下,若认为坐标轴与射弹主散布轴平行,则满足正态分布律的表达式为

$$f(x,y) = \frac{1}{2\pi\sigma_x}\exp\left\{-\frac{1}{2}\left(\frac{x-\bar{x}}{\sigma_x}\right)^2\right\} \cdot \frac{1}{2\pi\sigma_y}\exp\left\{-\frac{1}{2}\left(\frac{y-\bar{y}}{\sigma_y}\right)^2\right\} \quad (5-85)$$

5.1.4 射击精度

射击精度由射击准确度和射击密集度组成,是衡量制导火箭弹命中目标准确程度的概率量度。射击准确度由系统误差来表示,表征平均弹着点对靶心的偏离程度;射击密集度是指实际弹着点对平均弹着点的偏离程度。描述射击密集度的指标主要有概率偏差 E、圆概率偏差 CEP、标准差 σ。

(1)概率偏差。有 50% 的弹着点落入对称于散布中心且垂直于 x 轴或 y 轴的无限长带状区域内时,将此带状区域宽度的 1/2 称为概率偏差,记为 E_x 和 E_y,如图 5-8 所示。概率偏差反映了在一个坐标方向上半数射弹的命中范围,弹着点散布服从正态分布时,可依据标准正态分布确定概率偏差与标准着的关系:

$$\frac{E_x}{\sigma_x} = \frac{E_y}{\sigma_y} \approx 0.6745 \quad (5-86)$$

有了这种转换关系,也就可以用概率偏差代替标准差表示弹着点的密集度。

(2)圆概率偏差。弹着点 (X,Y) 的散布服从正态分布时,xOy 平面的等概率曲线为椭圆,称为散布椭圆。当概率偏差 $E_x = E_y$ 时,散布椭圆呈圆形,称为散布圆。当有 50% 的弹着点落入散布圆内时,就把此散布圆的半径称为圆概率偏差,用 CEP 表示,示意图如图 5-9 所示。

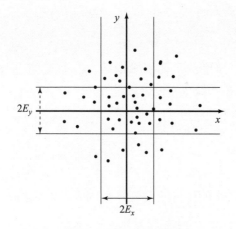
图 5-8　概率偏差示意图

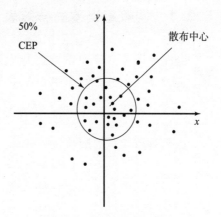
图 5-9　圆概率偏差示意图

5.2　制导火箭射击效率分析基本方法

　　射击效率评定是火力运用筹划的基础工作。远程制导火箭弹采用"卫星+惯导"组合导航模式，射程远、精度高、弹道控制能力较强，具备对战役纵深目标实施"点面结合、功能交叉"的精确压制，既能对点目标进行打击，也能通过火力分配对面目标进行精确打击。

　　基于全弹道制导体制，影响制导火箭弹命中精度的因素与无控弹有所不同，在进行射击效率评定时与传统的无控弹评定方法也有差异。一方面，虽然采用了制导体制，但所使用的低成本组合导航模式和战场综合因素决定了仍然存在一定的散布问题；另一方面，全程制导技术的应用，使得在进行射击效率评定时，须精确到对每发弹进行评估与筹划。

　　在炮兵射击学中，大致将目标种类归为点目标、面目标、线目标。随着对目标属性精细化要求的提高，还可将目标归为单个目标、系统目标、集群目标、疏散目标等。实际上，系统目标一般又可分解为点目标、面目标和线目标，线目标、面目标又可分解为点目标。本书暂取对单个目标、集群目标、面目标分析射击效率评定方法。

5.2.1 圆概率误差的一般表达式

圆概率误差 CEP 是描述制导火箭射击精度的重要度量指标，根据正态分布，由概率论可知，散布中心在原点的圆散布概率密度函数是

$$f(y,z) = \frac{1}{2\pi\sigma^2}\exp\left[-\frac{y^2+z^2}{2\sigma^2}\right] \quad (5-87)$$

因为弹着点呈圆散布，所以有

$$E_R = E_y = E_z, \sigma = \sigma_y = \sigma_z \quad (5-88)$$

假设目标中心在原点，那么向目标发射 n 发制导火箭弹命中 k 发的圆概率为

$$P_{nk} = \iint_{y^2+z^2 \leqslant R_{0.5}^2} f(y,z)\,\mathrm{d}y\mathrm{d}z = 0.5 \quad (5-89)$$

式中，$R_{0.5}$ 表示包含50%制导火箭弹落点的圆的半径。

因为 $y = r\cos\theta$，$z = r\sin\theta$，且 $0 \leqslant \theta \leqslant 2\pi$，积分得

$$P_{nk} = \frac{1}{2\pi\sigma^2}\int_0^{R_{0.5}}\int_0^{2\pi}\mathrm{d}\theta\exp\left[-\frac{r^2}{2\sigma^2}\right]r\mathrm{d}r = 0.5 \quad (5-90)$$

$$P_{nk} = \exp\left[-\frac{R_{0.5}^2}{2\sigma^2}\right] = 0.5 \quad (5-91)$$

因此，可以求得圆概率误差 CEP，即 $R_{0.5}$：

$$\mathrm{CEP} = R_{0.5} = \sqrt{2\ln 2}\sigma = 1.177\,4\sigma \quad (5-92)$$

假设射击误差为 σ，对一个圆形目标进行射击，此目标的半径为 $1.177\,4\sigma$，散布中心与瞄准中心、目标中心重合，且圆心在散布中心上，那么制导火箭弹射击此目标的命中概率为50%。

5.2.2 单发制导火箭弹的命中概率

对目标的毁伤概率是研究制导火箭弹射击效率时的重点内容，毁伤概率记为 P_k，它等于命中概率 $P(r)$ 与毁伤条件概率 $P(k|r)$ 的乘积。因此，要研究 P_k，必须分析制导火箭弹的命中概率 $P(r)$。由于制导火箭弹的射击精度大幅提高，具备战役纵深内点面结合的精确打击能力，研究单发弹对目标的毁伤情况成为基础性工作，这也就需要研究单发制导火箭弹对目标的命中概率问题。

目标的性质、形状和幅员多种多样，对于确定的制导火箭弹弹种，其毁伤

形状和幅员一般可认为是随着入射角度变化而在一定范围内变化的量。通过数值仿真和毁伤试验的数据分析，通常会给出具备一定密集杀伤能力的定值，配合射击效率评定方法，用于支持弹药筹划。

5.2.2.1 单发制导火箭弹命中已知半径的圆形目标的概率

图 5-10 表示的是目标的单元圆环图。图中，r 表示实际弹道的脱靶量，θ 表示实际弹道的脱靶方位角。

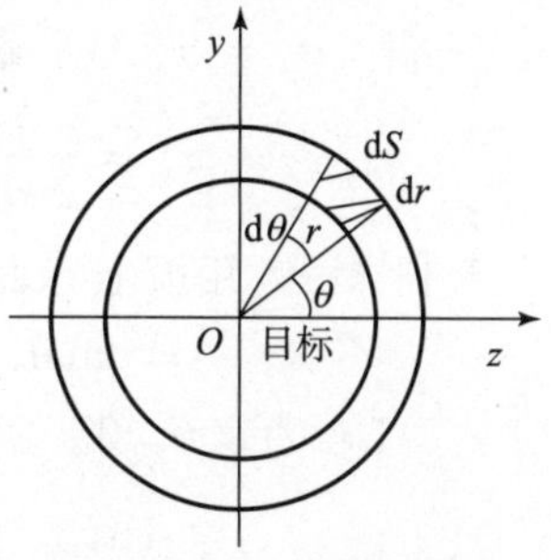

（1）弹道为圆散布，且散布中心与目标质心重合。

有 $\sigma = \sigma_y = \sigma_z$，且 $E_y = E_z = 0$。制导误差的概率密度函数可简化为

$$f(y,z) = \frac{1}{2\pi\sigma^2}\exp\left[-\frac{y^2 + z^2}{2\sigma^2}\right]$$

$$= \frac{1}{2\pi\sigma^2}\exp\left[-\frac{r^2}{2\sigma^2}\right] \tag{5-93}$$

图 5-10　单元圆环图

式中，脱靶量 $r = \sqrt{y^2 + z^2}$，那么，制导火箭弹命中单元面积（图 5-10）上的概率为

$$dP = f(y,z)dS \tag{5-94}$$

$$dS = rd\theta dr \tag{5-95}$$

代入得

$$dP = \frac{1}{2\pi\sigma^2}\exp\left[-\frac{r^2}{2\sigma^2}\right]rd\theta dr \tag{5-96}$$

因为 $0 \leqslant \theta \leqslant 2\pi$，对上式 θ 进行积分，那么制导火箭弹命中单元圆环的概率是

$$P(r < R < r + dr) = \int_0^{2\pi}\frac{r}{2\pi\sigma^2}\exp\left[-\frac{r^2}{2\sigma^2}\right]d\theta dr = \frac{r}{\sigma^2}\exp\left[-\frac{r^2}{2\sigma^2}\right]dr \tag{5-97}$$

由于 dr 无穷小，所以制导火箭弹命中半径为 r 的单元圆环的概率就是 r 的概率密度函数，即

$$f(r) = \frac{r}{\sigma^2}\exp\left[-\frac{r^2}{2\sigma^2}\right] \tag{5-98}$$

由概率论可算得制导火箭弹对半径为 R 的圆命中概率为

$$P(r<R) = \int_0^R f(r)\mathrm{d}r = \int_0^R \frac{r}{\sigma^2}\mathrm{e}^{-\frac{r^2}{2\sigma^2}}\mathrm{d}r \qquad (5-99)$$

令 $t = \frac{r^2}{2\sigma^2}$，则 $r=0$ 时，$t=0$；$r=R$ 时，$t=\frac{R^2}{2\sigma^2}$，$\mathrm{d}t = \frac{r\mathrm{d}r}{\sigma^2}$。故

$$P(r<R) = \int_0^{\frac{R^2}{2\sigma^2}} \mathrm{e}^{-t}\mathrm{d}t = 1 - \mathrm{e}^{-\frac{R^2}{2\sigma^2}} \qquad (5-100)$$

（2）弹道为圆散布，且散布中心与目标质心不重合。

有 $\sigma = \sigma_y = \sigma_z$，且 y_0、z_0 不同时为 0，制导误差的概率密度函数为

$$f(y,z) = \frac{1}{2\pi\sigma^2}\exp\left\{-\frac{1}{2\sigma^2}[(y-y_0)^2 + (z-z_0)^2]\right\} \qquad (5-101)$$

若制导误差用极坐标表示时，则

$$y = r\sin\theta, y_0 = r_0\sin\theta_0, z = r\cos\theta, z_0 = r_0\cos\theta_0 \qquad (5-102)$$

式中，r_0 为表示实际平均弹道的脱靶量；θ_0 为表示实际平均弹道的脱靶方位角。

将式（5-102）代入式（5-101），得

$$f(r,\theta) = \frac{r}{2\pi\sigma^2}\exp\left\{-\frac{1}{2\sigma^2}[r^2 + r_0^2 - 2rr_0\cos(\theta-\theta_0)]\right\} \qquad (5-103)$$

因为 $0 \leq \theta \leq 2\pi$，对 θ 积分可得

$$f(r) = \int_0^{2\pi} f(r,\theta)\mathrm{d}\theta = \frac{r}{\sigma^2}\exp\left[-\frac{r^2+r_0^2}{2\sigma^2}\right] \times I_0\left(\frac{rr_0}{\sigma^2}\right) \qquad (5-104)$$

而

$$I_0\left(\frac{rr_0}{\sigma^2}\right) = \int_0^{2\pi} \frac{1}{2\pi}\exp\left[\frac{rr_0}{\sigma^2}\cos(\theta-\theta_0)\right]\mathrm{d}\theta \qquad (5-105)$$

式（5-105）称为虚变量零阶贝塞尔函数，函数值可从数学手册中查询。那么，对于制导火箭弹命中目标质心在圆心、半径为 R 的圆的概率为

$$P(r<R) = \int_0^R \frac{r}{\sigma^2}\exp\left[-\frac{r^2+r_0^2}{2\sigma^2}\right] \times I_0\left(\frac{rr_0}{\sigma^2}\right)\mathrm{d}r \qquad (5-106)$$

（3）弹道为椭圆散布，且散布中心与目标质心重合。

制导误差的标准差在 y 和 x 轴上的值不相等，即有

$$\sigma_y \neq \sigma_z, y_0 = z_0 = 0 \qquad (5-107)$$

由式（5-107）可推出制导误差的概率密度函数为

$$f(y,z) = \frac{1}{2\pi\sigma_y\sigma_z}\exp\left[-\frac{1}{2}\left(\frac{y^2}{\sigma_y^2} + \frac{z^2}{\sigma_z^2}\right)\right] \qquad (5-108)$$

将式（5-108）转换为极坐标形式，为

$$f(y,z) = \frac{1}{2\pi\sigma_y\sigma_z}\exp\left[-\frac{1}{2}\left(\frac{r^2\sin^2\theta}{\sigma_y^2} + \frac{r^2\cos^2\theta}{\sigma_z^2}\right)\right] \quad (5-109)$$

由变量替换法则，得到

$$f(r,\theta) = r \times f(y,z) = \frac{r}{2\pi\sigma_y\sigma_z}\exp\left[-\frac{1}{2}\left(\frac{r^2\sin^2\theta}{\sigma_y^2} + \frac{r^2\cos^2\theta}{\sigma_z^2}\right)\right] \quad (5-110)$$

将 $f(r,\theta)$ 对 θ 从 0 到 2π 积分，可得到

$$f(r) = \int_0^{2\pi} f(r,\theta)\mathrm{d}\theta$$

$$= \frac{r}{\sigma_y\sigma_z}\int_0^{2\pi}\frac{1}{2\pi}\exp\left[-\frac{2r^2\sigma_z^2\sin^2\theta + 2r^2\sigma_y^2\cos^2\theta}{4\sigma_y^2\sigma_z^2}\right]\mathrm{d}\theta \quad (5-111)$$

对上式进行简化，可得到

$$f(r) = \frac{r}{\sigma_y\sigma_z}\exp\left[-\frac{r^2(\sigma_z^2 + \sigma_y^2)}{4\sigma_y^2\sigma_z^2}\right] \times I_0\left[\frac{r^2(\sigma_y^2 - \sigma_z^2)}{4\sigma_y^2\sigma_z^2}\right] \quad (5-112)$$

而

$$I_0\left(\frac{r^2(\sigma_y^2 - \sigma_z^2)}{4\sigma_y^2\sigma_z^2}\right) = \int_0^{2\pi}\frac{1}{2\pi}\exp\left[-\frac{r^2(\sigma_y^2 - \sigma_z^2)}{4\sigma_y^2\sigma_z^2}\cos 2\theta\right]\mathrm{d}\theta \quad (5-113)$$

上式也是虚变量零阶贝塞尔函数，其数值根据数学手册查询。

此时，制导火箭弹命中目标质心在圆心、半径为 R 的圆的概率为

$$P(r<R) = \int_0^R \frac{r}{\sigma_y\sigma_z}\exp\left[-\frac{r^2(\sigma_z^2 + \sigma_y^2)}{4\sigma_y^2\sigma_z^2}\right] \times I_0\left[\frac{r^2(\sigma_y^2 - \sigma_z^2)}{4\sigma_y^2\sigma_z^2}\right]\mathrm{d}r$$

$$(5-114)$$

(4) 弹道为椭圆散布，且散布中心与目标质心不重合。

有 $\sigma_y \neq \sigma_z$ 且 y_0、z_0 不同时为零，此时，制导误差的概率密度函数为

$$f(y,z) = \frac{1}{2\pi\sigma_y\sigma_z}\exp\left\{-\frac{1}{2}\left[\frac{(y-y_0)^2}{\sigma_y^2} + \frac{(z-z_0)^2}{\sigma_z^2}\right]\right\} \quad (5-115)$$

根据前面的方法，同理可求出

$$f(r) = A\exp\left[-\frac{r^2(\sigma_z^2 + \sigma_y^2)}{4\sigma_y^2\sigma_z^2}\right]B \quad (5-116)$$

$$A = \frac{1}{\sigma_y\sigma_z}\exp\left[-\frac{y_0^2\sigma_z^2 + z_0^2\sigma_y^2}{2\sigma_y^2\sigma_z^2}\right] \quad (5-117)$$

$$B = I_0\left[\frac{r(\sigma_z^2 - \sigma_y^2)}{4\sigma_y^2\sigma_z^2}\right] \times I_0\left[r\left(\frac{z_0^2}{\sigma_z^4} + \frac{y_0^2}{\sigma_y^4}\right)\right]$$

$$+ 2\sum_{i=1}^{\infty} I_i\left[\frac{r^2(\sigma_z^2 - \sigma_y^2)}{4\sigma_y^2\sigma_z^2}\right] \times I_{2i}\left[r\left(\frac{z_0^2}{\sigma_z^4} + \frac{y_0^2}{\sigma_y^4}\right)\cos 2\arctan\frac{y_0\sigma_z^2}{z_0\sigma_y^2}\right] \quad (5-118)$$

式中，$I_i\left[\dfrac{r^2(\sigma_z^2-\sigma_y^2)}{4\sigma_y^2\sigma_z^2}\right]$ 表示虚变量 i 阶贝塞尔函数。

此时，制导火箭弹命中目标质心在圆心、半径为 R 的圆的概率为

$$P(r<R)=\int_0^R A r\exp\left[-\dfrac{r^2(\sigma_z^2+\sigma_y^2)}{4\sigma_y^2\sigma_z^2}\right]B\mathrm{d}r \qquad (5-119)$$

5.2.2.2 单发制导火箭弹对复杂图形目标的命中概率

复杂图形目标在靶平面上的投影一般都是一个复杂的几何图形，如图 5 - 11 所示。

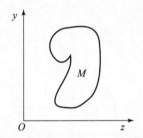

图 5 - 11 复杂的几何投影图形

制导火箭弹对复杂图形目标命中概率，可通过对该图形上的制导误差密度函数的积分求得，即

$$P[(y,z)\in Q]=\iint_Q f(y,z)\mathrm{d}y\mathrm{d}z \qquad (5-120)$$

将式 (5 - 120) 代入式 (5 - 121)，得到

$$P[(y,z)\in Q]=\iint_Q \dfrac{1}{2\pi\sigma_y\sigma_z}\exp\left\{-\dfrac{1}{2}\left[\dfrac{(y-y_0)^2}{\sigma_y^2}+\dfrac{(z-z_0)^2}{\sigma_z^2}\right]\right\}\mathrm{d}y\mathrm{d}z$$

$$(5-121)$$

5.2.3 基于相关性射击的两组误差型分析

制导火箭对某一个目标进行射击时，有可能采用单发弹进行射击，也有可能采用连射、齐射方式进行射击。前者的射击可认为是一个独立事件，是一种较为简单的情况。而后者的射击中，由于对同一目标射击的相邻两发弹之间的时间间隔很小，有某些因素可能对各发弹的散布都产生影响，则各发弹之间就产生射击相关性。

将相关射击中的总随机误差分为个别误差和集体误差两组相互独立的误差。在这种情况下，每一发弹的落点坐标误差可分为三部分：系统误差、集体随机误差、某发弹个别随机误差，如图 5-12 所示。

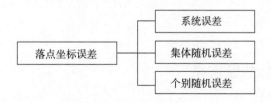

图 5-12　落点坐标误差划分

其中，系统误差是非随机性的确定量。集体误差是重复误差，对各发弹的影响都相同。某发弹的个别随机误差是非重复性误差，既独立于集体误差，又独立于其他各发弹的个别误差。于是，第 i 发弹的弹着点坐标可表示为

$$\begin{cases} X_i = U_J + U_{Gi} + \bar{x}_i \\ Y_i = V_J + V_{Gi} + \bar{y}_i \end{cases} \quad (5-122)$$

式中，U_J 和 V_J 为射击集体随机误差；U_{Gi} 和 V_{Gi} 为第 i 发弹射击的个别随机误差；$\bar{x}_i$ 和 $\bar{y}_i$ 为系统误差，即弹着点散布中心坐标。

据方差加法定理，第 i 发弹射击的标准差（方差）为

$$\begin{cases} \sigma_{xi}^2 = \sigma_{xJ}^2 + \sigma_{xGi}^2 \\ \sigma_{yi}^2 = \sigma_{yJ}^2 + \sigma_{yGi}^2 \end{cases} \quad (5-123)$$

式中，σ_{xi}、σ_{yi} 为第 i 发弹射击的标准差（方差）；σ_{xJ}、σ_{yJ} 为集体随机误差的标准差；σ_{xGi}、σ_{yGi} 为第 i 发弹个别随机误差的标准差。

假设集体随机误差与个别随机误差之间、个别随机误差之间相互独立，则两发弹之间射击误差的协方差为

$$\text{Cov}(X_i, X_j) = \sigma_{xJ}^2 \quad (5-124)$$

相邻两发弹射击的相关系数为

$$\rho_x^{ij} = \frac{\text{Cov}(X_i, X_j)}{\sigma_{xi}\sigma_{xj}} = \frac{\sigma_{xJ}^2}{\sigma_{xi}\sigma_{xj}} \quad (5-125)$$

设参加射击的火箭弹弹种相同，则各发弹的个别随机误差服从相同的分布规律，其标准差是相同的，此时 x 坐标方向和 y 坐标方向的误差标准差为

$$\begin{cases} \sigma_x^2 = \sigma_{xJ}^2 + \sigma_{xG}^2 \\ \sigma_y^2 = \sigma_{yJ}^2 + \sigma_{yG}^2 \end{cases} \quad (5-126)$$

任意两次射击的相关系数为

$$\begin{cases} \rho_x = \dfrac{\sigma_{xJ}^2}{\sigma_{xJ}^2 + \sigma_{xG}^2} \\ \rho_y = \dfrac{\sigma_{yJ}^2}{\sigma_{yJ}^2 + \sigma_{yG}^2} \end{cases} \quad (5-127)$$

5.2.4 对目标的毁伤律

毁伤目标规律是指 k 发制导火箭弹命中目标的情况下，对目标的毁伤条件概率，通常用 $G(k)$ 表示。制导火箭弹命中目标后对目标的毁伤受如下因素的影响：

（1）战斗部的威力；
（2）杀伤区对目标的覆盖程度；
（3）杀伤区破片的大小、速度；
（4）战斗部对目标的毁伤机理；
（5）目标的结构及易损性。

目前一般采用基于目标坐标条件的毁伤规律的方法来描述对目标的毁伤律。

5.2.4.1 基于目标坐标的毁伤条件概率

（1）目标坐标的毁伤条件概率。在制导火箭弹战斗部威力、毁伤机理及目标结构、易损性给定的条件下，制导火箭弹对目标的毁伤概率主要取决于弹着点散布中心相对目标质心在靶平面投影的位置关系，用平面坐标 (y,z) 来描述，即为

$$G(k) = \int G(y,z) \mathrm{d}\Omega \quad (5-128)$$

式中，(y,z) 是弹着点散布中心相对于目标质心位置的坐标；函数 $G(y,z)$ 描述的是在给定条件下制导火箭弹对目标的毁伤概率。

由概率论可知，毁伤概率是其密度函数的积分，故

$$G(k) = \iint G(y,z) \mathrm{d}y \mathrm{d}z \quad (5-129)$$

弹着点散布中心相对目标质心散布的概率密度函数为 $f(y,z)$，因为制导火箭弹对目标的毁伤概率 P_k 等于命中概率 $P(r)$ 与毁伤条件概率 $P(k|r)$ 的

乘积，故

$$P_k = \iint G(y,z)f(y,z)\,\mathrm{d}y\mathrm{d}z \qquad (5-130)$$

式中，$\iint f(y,z)\,\mathrm{d}y\mathrm{d}z$ 是制导火箭弹的命中概率，因此，$\iint G(y,z)\,\mathrm{d}y\mathrm{d}z$ 是制导火箭弹命中目标的条件毁伤概率，即目标坐标的毁伤条件概率，公式如下：

$$G_0(y,z) = \iint G(y,z)\,\mathrm{d}y\mathrm{d}z \qquad (5-131)$$

（2）目标坐标的毁伤条件概率的近似计算。由前面分析可知，目标坐标的毁伤条件概率 $G_0(y,z)$ 描述的是毁伤概率与命中概率之间的函数关系，其可以用概率曲线来直观描述，如图 5-13 所示。

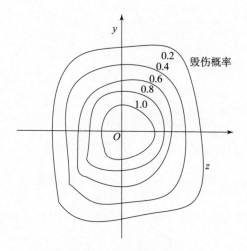

图 5-13 毁伤概率曲线

图 5-13 表明，目标坐标条件的毁伤概率与脱靶量成反比，脱靶量增大，毁伤概率减小，这是因为随着脱靶量的增大，导致破片对目标的覆盖程度降低和破片杀伤目标时飞散速度的减小。另外，毁伤概率曲线并不是绝对的圆形，说明目标坐标条件的毁伤概率还与脱靶方位角 θ 有关，主要是因为不同方位命中目标时目标的易损性不一致造成的。因此，在计算给定条件下目标坐标条件的毁伤规律 $G_0(y,z)$ 时，难以通过解析的方法分析计算，一般通过试验的方法获取数据，形成经验计算公式，$G_0(y,z)$ 可表示为

$$G_0(r,\theta) = 1 - \exp\left[-\frac{\delta_0^2(\theta)}{r^2}\right] \qquad (5-132)$$

式中，$\delta_0(\theta)$ 表示目标坐标的毁伤条件概率的综合参数，与制导火箭弹及目标的特性等因素有关。

制导火箭弹对目标打击，其目标坐标条件的毁伤规律 $G_0(r,\theta)$ 受脱靶量的影响，与脱靶方位角的关系不太明显。在计算制导火箭弹对目标的毁伤概率时，一般是以圆条件目标坐标的毁伤条件概率来替代目标的二维坐标的毁伤条件概率。圆条件目标坐标的毁伤条件概率的公式可表示为

$$G_0(r) = 1 - \exp\left[-\frac{\delta_0^2}{r^2}\right] \quad (5-133)$$

其中，圆条件目标坐标的毁伤条件概率的综合参数 δ_0 为

$$\delta_0 = \frac{1}{2\pi}\int_0^{2\pi}\delta_0(\theta)\,\mathrm{d}\theta \quad (5-134)$$

$G_0(r)$ 与脱靶量 r 之间的关系曲线如图 5-14 所示。

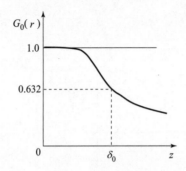

图 5-14 $G_0(r)$ 与 r 之间的关系曲线

当 $\delta_0 = r$ 时，代入式 (5-133)，求得圆条件目标坐标毁伤规律为

$$G_0(r = \delta_0) = 1 - e^{-1} = 0.632 \quad (5-135)$$

即当圆条件目标坐标的毁伤条件概率的综合参数 δ_0 与脱靶量 r 相等时，目标坐标条件的毁伤概率为 0.632。

5.2.4.2 无损伤累积的毁伤律

远程制导火箭属多管联装武器，一般是多发齐射，存在多发弹打击同一目标重复损伤的情况，也存在多发弹打击目标不同部位时毁伤场重叠的现象，这里把这种重复损伤和重叠损伤称为累积毁伤。累积毁伤适应于非单独一发弹将目标毁伤、多发弹综合作用毁伤目标的情况。远程制导火箭弹的精度较高，在目标坐标数据和导航正常情况下的射击精度甚至可在数米以内。因此，考虑无损伤累积的毁伤问题具有现实意义。在计算中，可假设每发弹对目标的毁伤是相互独立的，也即无损伤累积。

对于无损伤累积的毁伤律问题，可用指数毁伤律和坐标毁伤律两种方法进行研究。

（1）无损伤累积的指数毁伤律。无损伤累积条件下，命中毁伤律可简化为指数毁伤律。令 1 发弹命中目标的概率为 r，则 m 发制导火箭弹命中毁伤目标的概率 $G(m)$ 等于 m 发命中弹至少有 1 发毁伤目标的概率，其指数毁伤律为

$$G(m) = 1 - (1-r)^m \qquad (5-136)$$

考虑到目标易损性，存在仅需 1 发制导火箭弹命中目标即毁伤目标的情况，则 r 可认为是命中目标致命部位的概率与命中整个目标的概率之比，也就是命中目标致命部位的条件概率。从另一个角度讲，也可描述为目标致命部位的相对面积。

指数毁伤律的平均必须命中弹数为

$$\omega = \sum_{k=0}^{\infty}\left[(1-r)^k\right] = \frac{1}{r} \qquad (5-137)$$

上式也可理解为目标致命部位相对面积的倒数，则指数毁伤律用平均必须命中弹数的表达方式为

$$G(m) = 1 - \left(1 - \frac{1}{\omega}\right)^m \qquad (5-138)$$

（2）无损伤累积的坐标毁伤律。设 n 发同弹种制导火箭弹的弹着点分别为 $(x_1,y_1),(x_2,y_2),\cdots,(x_n,y_n)$，单发弹的坐标毁伤律为 $G_1(x,y)$，则 n 发制导火箭弹击毁目标的坐标毁伤律（条件概率）为

$$\begin{aligned}&G_n(x_1,y_1;x_2,y_2;\cdots;x_n,y_n)\\&=1-[1-G_1(x_1,y_1)][1-G_1(x_2,y_2)]\cdots[1-G_1(x_n,y_n)]\end{aligned}$$
$$(5-139)$$

无损伤累积的毁伤律可以将多发制导火箭弹的复杂毁伤问题简化为单发弹的毁伤问题，对于多目标多弹量毁伤计算问题具有很大的工程意义，也符合远程制导火箭弹精确到单发弹的弹药消耗量筹划现实需要。

5.2.5 对集群目标的射击效率评定

由多个单目标组成的目标总体称为集群目标，对集群目标射击时一般要通过打击其中的部分单个目标来阻止目标群发挥其整体作用，通常要求歼灭目标群中尽可能多的目标。根据目标分布情况，目标群又可分为密集目标群和疏散目标群。这里的疏散目标群，指的是目标群中各单个目标的距离较大，每发弹仅能毁伤一个目标而不能毁伤到其他目标。鉴于远程制导火箭具备精确打击能

力，这里仅研究密集目标群的射击效率问题，对于疏散目标群，可将其分解为多个单个目标看待。

5.2.5.1 对集群目标射击的效率指标

（1）目标群中的平均被毁目标数。由于对目标群射击的主要目的在于歼灭其中尽可能多的目标，因而可把平均被毁目标数作为对目标群射击的效率指标。

假设组成目标群的目标有 N 个，设 X_i 表示第 i 个目标是否被击毁伤的随机变量。考虑到制导火箭的高精度特点，设第 i 个目标被击毁则 $X_i = 1$，反之则 $X_i = 0$。按照这个思路，令 X_T 表示被击毁的目标数，则有

$$X_T = \sum_{i=1}^{N} X_i \qquad (5-140)$$

式（5-140）表示被击毁伤的目标总数，则平均被毁伤目标数可认为是每个目标平均被毁伤的数学期望之和。令 M_T 表示平均被毁伤目标数，则有

$$M_T = E[X_T] = \sum_{i=1}^{N} E[X_i] \qquad (5-141)$$

记射击过程中第 i 个目标被击毁的概率为 W_i，由数学期望定义：

$$E[X_i] = W_i \times 1 + (1 - W_i) \times 0 = W_i$$

式（5-141）变为

$$M_T = \sum_{i=1}^{N} W_i \qquad (5-142)$$

由上式可以看出，目标群中平均被毁目标数等于目标群中所有单个目标被毁伤概率之和。

（2）目标群中被毁目标数的分布律。根据火力任务需求，当需要击毁目标群中的所有 N 个目标或至少击毁 k 个目标时，就不能再以平均毁伤目标数作为射击效率的指标，而需要研究被毁伤目标数的概率分布，即目标群中有 p（$p = (0, 1, \cdots, N)$ 个）个目标被击毁伤的概率 Q_p。在作战中，Q_p 可认为是任务需要达到的值或程度，有了这个指标，就可以计算出至少需要击毁 k 个目标的概率。

$$R_k = \sum_{m=k}^{N} Q_m \qquad (5-143)$$

由式（5-142）可知，也可计算出平均被毁目标数：

$$M_T = \sum_{m=0}^{N} m Q_m \qquad (5-144)$$

5.2.5.2 对集群目标射击效率

远程制导火箭的不同弹种产生的毁伤场幅员、形状等各不相同，因而密集目标群被毁伤存在一定的不确定性。把密集目标群看作一个整体目标，1 发火箭弹毁伤目标群中各单个目标不能看作是相互独立的关系，而是存在相关性的，计算被毁目标数的概率分布存在难度。

远程火箭炮采用多发联装方式，可按照一定的短时间间隔对目标进行连续多发射击。假定采用单发弹对集群目标行 n 次射击（每门炮一般 n 不超过 12 发），n 次射击相互独立，目标无损伤累积，在一次射击中目标群中的第 i 个目标的被毁概率为 P_i，则平均被毁目标数为

$$M_T = \sum_{i=1}^{N} W_i = \sum_{i=1}^{N} [1 - (1 - P_i)^n] \quad (5-145)$$

假设对目标实施多发连射，后面各发弹平均被毁伤目标数可由上式推广而得。对于 n 次射击的情况，令函数

$$\varphi(z_1, z_2, \cdots, z_N) = \left(P_0 + \sum_{i=1}^{N} P_i z_i\right)^n \quad (5-146)$$

将之展开成 $z_1, z_2, \cdots, z_N$ 的多项式，记 n 次射击中击毁 m 个目标数的概率为 $Q_m^{(n)}$，则 $Q_m^{(n)}$ 是该多项式中只含 $z_1, z_2, \cdots, z_N$ 单项的 m 个不同符号（任意次幂）的系数之和。

用一例对以上加以说明。假设用 2 发远程制导杀爆弹对 3 个野战半地下工事进行打击，无损伤累积；2 发制导火箭弹的射击相互独立，单发火箭弹最多击毁 1 个工事。根据火箭弹的威力和毁伤强度，单发火箭弹击毁 3 个工事的概率分别为 $P_1 = 0.2, P_2 = 0.3, P_3 = 0.1$，则击毁工事数的概率分布和平均击毁工事数的计算如下：

$$\begin{aligned}\varphi(z_1, z_2, z_3) &= (P_0 + P_1 z_1 + P_2 z_2 + P_3 z_3)2 \\ &= P_0^2 + P_1^2 z_1^2 + P_2^2 z_2^2 + P_3^2 z_3^2 + 2P_0 P_1 z_1 + 2P_0 P_2 z_2 + \\ &\quad 2P_0 P_3 z_3 + 2P_1 P_2 z_1 z_2 + 2P_1 P_3 z_1 z_3 + 2P_2 P_3 z_2 z_3\end{aligned} \quad (5-147)$$

由条件知，一次射击中未击毁任何目标的概率为

$$P_0 = 1 - (P_1 + P_2 + P_3) = 1 - (0.2 + 0.3 + 0.1) = 0.4 \quad (5-148)$$

则击毁工事数的概率分布是式（5-147）中只含与击毁工事数相关的项的系数之和，即：

（1）击毁 0 个工事的概率，即式（5-147）与 z_1、z_2、z_3 无关：

$$Q_0 = P_0^2 = 0.16$$

（2）击毁1个工事的概率，即式（5-147）中只包含z_1、z_2、z_3中任意1个变量的项的系数和：

$$Q_1 = P_1^2 + P_2^2 + P_3^2 + 2P_0P_1 + 2P_0P_2 + 2P_0P_3 = 0.62$$

（3）击毁2个工事的概率，即式（5-147）中只包含z_1、z_2、z_3中任意2个变量相乘的项的系数和：

$$Q_2 = 2P_1P_2 + 2P_1P_3 + 2P_2P_3 = 0.22$$

（4）平均击毁工事数，由式（5-145）得

$$M_T = Q_1 + 2Q_2 = 1.06$$

5.2.6 对面目标的射击效率评定

远程制导火箭弹精度高、威力大、弹道控制能力较强，可对战役纵深目标实施精确压制，并具备"一次调炮、多点攻击"能力。制导火箭"一次调炮、多点攻击"如图5-15所示。

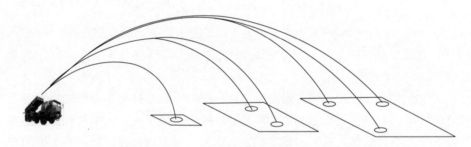

图5-15 "一次调炮、多点攻击"示意图

远程制导火箭由于射击精度高，不仅可以对点目标、小幅员目标进行打击，还可以对面目标进行分布式精确压制。前文已分析了对单个目标的射击效率评定问题，以下分析对面目标的射击效率评定问题。

5.2.6.1 对面目标的射击效率指标

假定面目标以平均密度均匀分布，且其毁伤程度与毁伤面积成比例，用目标的相对毁伤面积U来衡量对目标的毁伤程度：

$$U = \frac{S_h}{S} \tag{5-149}$$

令 W 为射击效率,根据对面目标的射击要求不同,评价 W 的指标也不同。如果射击任务要求对目标最大程度毁伤,且 U 为概率密度函数,则可将 U 的数学期望(称为平均相对毁伤面积)作为射击效率指标:

$$W = E(U) = \frac{E(S_h)}{S} \qquad (5-150)$$

如果射击任务要求对目标的毁伤程度不低于某个值,也即相对毁伤面积不低于某个给定值 u,则可取相对毁伤面积不小于 u 的概率作为射击效率评定指标:

$$W = P(U \geq u) \qquad (5-151)$$

在以上两种指标中,前者一般用于根据给定用弹量谋求达到最大毁伤程度的火力分配优化方案,后者则一般适用于根据火力毁伤任务确定对目标的射击点及用弹量。

5.2.6.2 对面目标的射击效率评定计算模型

(1)单发弹对面目标的射击效率评定。假设目标边长为 T_x 和 T_y,制导火箭弹有效毁伤区边长为 D_x 和 D_y。以射弹散布中心 O 为坐标原点,目标中心点 O_T 的坐标为 (Δ_x, Δ_y),有效毁伤区的中心是服从弹着点散布律的随机点,记为 O_D。射击点、毁伤区和面目标的位置关系如图 5-16 所示。

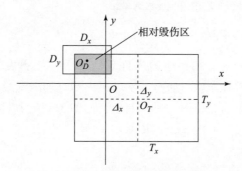

图 5-16 射击点、相对毁伤区和面目标的位置关系

由于每发弹的毁伤区与射击点的位置密切相关,而射击点又服从射弹散布规律,故相对毁伤面积 U 服从连续概率密度分布。显然,射弹毁伤面积与目标无重合时相对毁伤面积最小值为 0,每发弹与目标完全重合时相对毁伤面积达到最大值。对于单发射击,最大相对毁伤面积等于有效毁伤面积与目标面积之比:

$$u_{\max} = \frac{S_h}{S} = \frac{D_x D_y}{T_x T_y} \quad (5-152)$$

其概率是毁伤区中心 O_D 落在以目标中心 O_T 为中心点、边长为 $(T_x - D_x)$ 和 $(T_y - D_y)$ 的矩形以内的概率。假设弹着点在两个散布主轴方向上服从正态分布，令 $\Phi(x)$ 为标准正态分布函数，则其散布概率密度函数分别为 $\Phi_x(x)$ 和 $\Phi_y(y)$。在 $(0, u_{\max})$ 取值范围内，根据毁伤区与目标面积的重合要求，可给出一条以 O_T 为中心点、宽度为 $(T_x + D_x - 2uT_xT_y/D_y)$ 和 $(T_y + D_y - 2uT_xT_y/D_x)$ 等杀伤面积落点轨迹曲线。在目标面积远大于单发弹的杀伤面积情况下，单发弹相对毁伤面积不大于某给定值 u（即射击点落在该轨迹曲线以外）的概率分布函数为

$$\begin{aligned} P(U \le u) &= \Phi(u) \\ &= 1 - \left[\Phi_x\left(\Delta_x + \frac{T_x + D_x}{2} - \frac{uT_xT_y}{D_y}\right) - \Phi_x\left(\Delta_x - \frac{T_x + D_x}{2} + \frac{uT_xT_y}{D_y}\right)\right] \cdot \\ &\quad \left[\Phi_y\left(\Delta_y + \frac{T_y + D_y}{2} - \frac{uT_xT_y}{D_x}\right) - \Phi_y\left(\Delta_y - \frac{T_y + D_y}{2} + \frac{uT_xT_y}{D_x}\right)\right] \end{aligned}$$
$$(5-153)$$

进而得到相对毁伤面积不小于某给定值 u 的概率：

$$P(U \ge u) = 1 - \Phi(u) \quad (5-154)$$

式 (5-153) 中，$\Phi(u)$ 为标准正态分布函数。在实际计算中，需要根据标准差 σ_x 和 σ_y 计算出 $\Phi_x(x)$ 和 $\Phi_y(y)$ 的值：

$$\Phi_x(x) = \Phi\left(\frac{x}{\sigma_x}\right), \Phi_y(y) = \Phi\left(\frac{y}{\sigma_y}\right) \quad (5-155)$$

（2）多发弹对面目标的射击效率评定。由于实施多发分布式射击，故可将连续射击的每发弹看作独立射击。不考虑火箭炮连射造成的毁伤累积，把所有射弹至少覆盖一次的面积作为毁伤面积，如图 5-17 中阴影部分的面积。

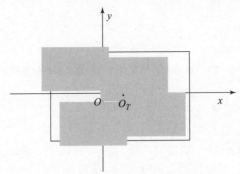

图 5-17 多发弹对面目标射击的毁伤面积

将目标划分为足够多的单元网格，按每个小单元网格的中心坐标计算 n 发弹射击该单元网格未被覆盖的概率，之后再对所有单元网格求和，计算出平均毁伤面积。

基于式（5 – 153）～式（5 – 155），可得坐标为 (x,y) 处的给定点不在 n 发弹任意一发毁伤区中的概率为

$$P_{0,n}(x,y) = \left\{1 - \left[\Phi_x\left(x + \frac{D_x}{2}\right) - \Phi_x\left(x - \frac{D_x}{2}\right)\right] \cdot \left[\Phi_y\left(y + \frac{D_y}{2}\right) - \Phi_y\left(y - \frac{D_y}{2}\right)\right]\right\}^n$$

(5 – 156)

可以将 $P_{0,n}(x,y)$ 看作 (x,y) 处的目标面积微元 $\mathrm{d}x\mathrm{d}y$ 未被毁伤的概率。令 U_n 表示 n 发弹射击的相对毁伤面积，则 n 发弹射击的平均相对毁伤面积为

$$\begin{aligned} E(U_n) &= \frac{E(S_h)}{S} \\ &= \frac{1}{D_x D_y} \int_{\Delta_x - \frac{D_x}{2}}^{\Delta_x + \frac{D_x}{2}} \int_{\Delta_y - \frac{D_y}{2}}^{\Delta_y + \frac{D_y}{2}} [1 - P_{0,n}(x,y)] \mathrm{d}x\mathrm{d}y \\ &= 1 - \frac{1}{D_x D_y} \int_{\Delta_x - \frac{D_x}{2}}^{\Delta_x + \frac{D_x}{2}} \int_{\Delta_y - \frac{D_y}{2}}^{\Delta_y + \frac{D_y}{2}} P_{0,n}(x,y) \mathrm{d}x\mathrm{d}y \end{aligned}$$

(5 – 157)

这种网格法通过目标微元 $\mathrm{d}x\mathrm{d}y$ 被毁伤情况来分析目标的平均毁伤面积，因而其计算量会较大，但其突出好处在于可直接对任意复杂形状的面目标进行射击效率评定，是一种较为精确的对面目标射击效率的评定方法。随着计算机硬件的不断发展，计算速度方面会得以满足。

5.3 远程制导侵彻弹射击效率分析

通常把尺寸较小的单独目标称为单个目标，对单个目标的射击效率就是击毁这个目标的概率。

在研究远程制导火箭射击效率时，需要考虑命中目标的概率和命中后目标被毁伤的条件概率。若考虑到毁伤累积和射击相关性，需要用到成组射击的联合分布律进行积分计算，较为复杂。为此，这里先不考虑毁伤累积问题，仅考虑射击相关性。

5.3.1 确定标准差和相关系数

由两组误差型的划分可知,集体随机误差与个别随机误差是相互独立的,个别随机误差之间也相互独立。x 方向上两发弹射击误差的协方差可表示为

$$\begin{aligned}
\mathrm{Cov}(X_i, X_j) &= E[(X_i - \bar{x}_i)(X_j - \bar{x}_j)] \\
&= E[(U_J + U_{Gi})(U_J + U_{Gj})] \\
&= E(U_J U_J) + E(U_J U_{Gi}) + E(U_{Gi} U_J) + E(U_{Gi} U_{Gj}) \\
&= \sigma_{xJ}^2
\end{aligned} \qquad (5-158)$$

同理,可得 y 方向上两发弹射击误差的协方差:

$$\mathrm{Cov}(Y_i, Y_j) = \sigma_{yJ}^2 \qquad (5-159)$$

相邻两发弹射击的相关系数为

$$\begin{cases} \rho_x^{ij} = \dfrac{\mathrm{Cov}(X_i, X_j)}{\sigma_{xi}\sigma_{xj}} = \dfrac{\sigma_{xJ}^2}{\sigma_{xi}\sigma_{xj}} \\[2mm] \rho_y^{ij} = \dfrac{\mathrm{Cov}(Y_i, Y_j)}{\sigma_{yi}\sigma_{yj}} = \dfrac{\sigma_{yJ}^2}{\sigma_{yi}\sigma_{yj}} \end{cases} \qquad (5-160)$$

对于多发联装的远程制导火箭,设参加射击的制导火箭弹型号相同,则各发弹的个别随机误差服从相同的分布规律,其标准差是相同的,即 $\sigma_{xGi} = \sigma_{xG}$、$\sigma_{yGi} = \sigma_{yG}$。则有

$$\begin{cases} \sigma_x^2 = \sigma_{xJ}^2 + \sigma_{xG}^2 \\ \sigma_y^2 = \sigma_{yJ}^2 + \sigma_{yG}^2 \end{cases} \qquad (5-161)$$

将式(5-161)代入式(5-160),可得任意两发弹之间的相关系数:

$$\begin{cases} \rho_x = \dfrac{\sigma_{xJ}^2}{\sigma_{xi}\sigma_{xj}} = \dfrac{\sigma_{xJ}^2}{\sigma_x^2} = \dfrac{\sigma_{xJ}^2}{\sigma_{xJ}^2 + \sigma_{xG}^2} \\[2mm] \rho_y = \dfrac{\sigma_{yJ}^2}{\sigma_{yi}\sigma_{yj}} = \dfrac{\sigma_{yJ}^2}{\sigma_y^2} = \dfrac{\sigma_{yJ}^2}{\sigma_{yJ}^2 + \sigma_{yG}^2} \end{cases} \qquad (5-162)$$

至此,获得总体随机误差的标准差和任意两发弹之间的相关系数,为毁伤律研究打下基础。

5.3.2 对单目标射击效率评定模型

制导火箭毁伤目标的概率与战斗部作用方式、战斗部威力、目标特性、落点与目标之间的相对位置等因素有关。有的弹种需要直接命中目标或目标的关

键部位才能毁伤目标，如侵彻弹战斗部，其毁伤目标的概率依赖于命中弹数，称为命中毁伤型。有的弹种与目标有一定距离时也能毁伤目标，如杀爆弹、云爆弹、子母弹战斗部，其毁伤目标的概率依赖于落点相对于目标的坐标，称为幅员毁伤型。

对于命中毁伤型和幅员毁伤型制导火箭，提出"三步法"研究射击效率计算问题。

（1）命中毁伤型射击效率评定。命中毁伤型制导火箭弹（如制导侵彻弹）只有直接命中目标时才能毁伤，因此毁伤目标的概率与命中目标的弹数有关。假定 n 发弹中有 m 发命中目标的概率为 $P_{m,n}$，对目标命中毁伤律为 $G(m)$，则 n 发弹的射击效率为

$$W = \sum_{m=1}^{n} P_{m,n} G(m) \tag{5-163}$$

其中，$P_{m,n}$ 可根据弹着点散布和目标形状特性计算。

为了求解上式，根据两组误差型，在给定集体随机误差 (x,y) 条件下，可分三步求取射击效率。

第一步：先按独立射击的方式计算命中弹数的条件概率分布 $P_{m,n}(x,y)$。设 S_T 为目标沿射击方向在散布平面的投影区域，弹着点散布概率密度函数为 $f(x,y)$，则有

$$P_{m,n}(x,y) = \iint_{S_T} f(x,y) \, \mathrm{d}x \mathrm{d}y \tag{5-164}$$

取 σ_x、σ_y 分别为随机变量 X 和 Y 的标准差（方差），ρ 为 x 和 y 方向的射击相关系数，则有

$$f(x,y) = \frac{1}{2\pi\sigma_x\sigma_y\sqrt{1-\rho^2}} \cdot \exp\left\{-\frac{1}{2\pi\sqrt{1-\rho^2}} \cdot \left[\left(\frac{x-\bar{x}}{\sigma_x}\right)^2 - 2\rho\frac{(x-\bar{x})(y-\bar{y})}{\sigma_x\sigma_y} + \left(\frac{y-\bar{y}}{\sigma_y}\right)^2\right]\right\} \tag{5-165}$$

若取坐标轴与射弹主散布轴平行，则随机变量 x 和 y 相互独立，式（5-165）的正态散布律可简化为

$$f(x,y) = \frac{1}{2\pi\sigma_x}\exp\left\{-\frac{1}{2}\left(\frac{x-\bar{x}}{\sigma_x}\right)^2\right\} \cdot \frac{1}{2\pi\sigma_y}\exp\left\{-\frac{1}{2}\left(\frac{y-\bar{y}}{\sigma_y}\right)^2\right\} \tag{5-166}$$

第二步：利用集体误差散布律，根据全概率公式积分计算命中弹数概率分布：

$$P_{m,n} = \int_{-\infty}^{\infty}\int_{-\infty}^{\infty} P_{m,n}(x,y) f_J(x,y) \, \mathrm{d}x \mathrm{d}y \tag{5-167}$$

式中，$f_J(x,y)$ 为集体误差概率密度函数，可根据目标信息、散布数据和目标形状特性确定。

第三步：将式（5-167）代入式（5-163），求取 W。

（2）幅员毁伤型射击效率评定。幅员毁伤型制导火箭可依靠爆炸破片、冲击波等形成的毁伤场对目标进行毁伤，毁伤作用的大小同目标与落点的相对坐标、入射角等因素有关。

根据相关射击条件下的两组误差型，除去所有射弹未毁伤目标的条件概率，便可得到全部射弹的射击效率，即

$$W = 1 - \prod_{i=1}^{n}(1 - P_i) \qquad (5-168)$$

式中，P_i 为第 i 发火箭毁伤目标的概率。

按照"先求条件概率、再全概率积分"的步骤，分三步计算幅员毁伤型射击效率。

第一步：给定集体随机误差 (x,y)，先按独立射击方式计算单发火箭毁伤目标的条件概率，即

$$P_i(x,y) = \int_{-\infty}^{\infty}\int_{-\infty}^{\infty} G_d^i(u,v) f_G^i(u,v|x,y) \mathrm{d}u\mathrm{d}v \qquad (5-169)$$

式中，$G_d^i(u,v)$ 为单发毁伤律；$f_G^i(u,v|x,y)$ 为集体误差为 (x,y) 时第 i 发火箭的个别误差概率密度函数。特别是为了提高毁伤效能而采用单炮多弹种复合射击时，不同弹种的个别随机误差有可能不尽相同，在计算中有时需加以体现。

第二步：求 n 发火箭毁伤目标的条件概率 $W(x,y)$，由式（5-168）得

$$W(x,y) = 1 - \prod_{i=1}^{n}[1 - P_i(x,y)] \qquad (5-170)$$

第三步：根据全概率公式对式（5-170）积分求取射击效率 W，即

$$W = \int_{-\infty}^{\infty}\int_{-\infty}^{\infty} W(x,y) f_J(x,y) \mathrm{d}x\mathrm{d}y \qquad (5-171)$$

对式（5-171）进行二维积分可求取对目标的射击效率，但因涉及射弹散布律问题而较为烦琐。若把目标平面看作同由很多等概率网格组成，取各弹独立射击时目标被毁概率为 W_d，W_x 为相关射击时目标被毁概率，相关系数为 ρ，则有

$$\begin{cases} W = \chi W_d + (1-\chi) W_x \\ W_d = 1 - (1 - P_{dm}P_{dh})n \\ W_x = P_{dm}[1 - (1 - P_{dh})n] \end{cases} \qquad (5-172)$$

式中，P_{dm} 为单发命中概率；P_{dh} 为单发命中的毁伤概率；n 是发射的总弹数。

以某命中毁伤型制导火箭为例进行计算分析。取 4 发同型号弹种，对单个目标进行射击，将目标投影形状归一化为半径 50 m 的圆形。取组合制导时 CEP 值为 29 m，采用纯惯导模式时 CEP 值为 200 m。为了考察其在不同作战条件下射击效率变化情况，CEP 在 0～200 m 取值。目标测量误差取 20 m，系统误差取（-5,6）m；考虑射击相关性和毁伤累积，4 发弹各自的毁伤律取为：$G_d^1 = 0.2$，$G_d^2 = 0.4$，$G_d^3 = 0.6$，$G_d^4 = 0.8$。在射弹量为 4 发、3 发、2 发和 1 发条件下对 W_d、W_x 和 W 进行了计算，列于表 5-2～表 5-5。

表 5-2　用弹量为 4 发的计算结果

计算项目	计算值				
CEP/m	10	30	50	100	200
W_d	0.908	0.804	0.628	0.291	0.089
W_x	0.712	0.545	0.365	0.140	0.039
W	0.852	0.798	0.628	0.291	0.089

表 5-3　用弹量为 3 发的计算结果

计算项目	计算值				
CEP/m	10	30	50	100	200
W_d	0.741	0.612	0.443	0.187	0.055
W_x	0.650	0.498	0.333	0.128	0.036
W	0.687	0.601	0.443	0.187	0.055

表 5-4　用弹量为 2 发的计算结果

计算项目	计算值				
CEP/m	10	30	50	100	200
W_d	0.390	0.306	0.210	0.083	0.024
W_x	0.373	0.286	0.192	0.074	0.020
W	0.381	0.306	0.210	0.083	0.024

表 5-5　用弹量为 1 发的计算结果

计算项目	计算值				
CEP/m	10	30	50	100	200
W	0.143 8	0.110 2	0.073 8	0.028 4	0.008

由表 5-2～表 5-5 中数据得曲线如图 5-18～图 5-21 所示。

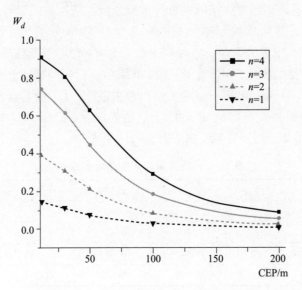

图 5-18 不同用弹量 W_d 随 CEP 的变化曲线

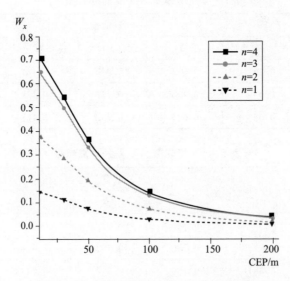

图 5-19 不同用弹量 W_x 随 CEP 的变化曲线

由图 5-18~图 5-21 可知，W_d、W_x 和 W 的值均随着 CEP 的增加而减小。这是因为，CEP 值越大，则射弹散布越大，从而使命中概率和毁伤概率减小。在 CEP 值相同时，毁伤概率和射击效率随用弹量的增加而增加。

由图 5-18~图 5-21 可以看出，在 CEP 相同时，射击效率随着用弹量的增加而增加，且用弹量越多，射击效率越趋近于 1，这与毁伤律的物理本质也

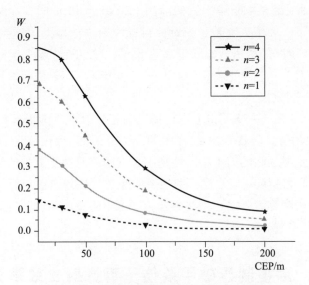

图 5-20　不同用弹量 W 随 CEP 的变化曲线

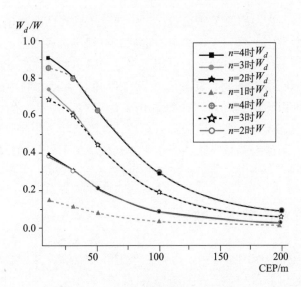

图 5-21　不同用弹量 W 与 W_d 对比曲线

是相符的。随着 CEP 的增大，射击效率先急剧减小，在 CEP 增大到 100 m 左右后趋于平缓，且保持在一个较低的毁伤程度。这样大的散布一般是由于卫星导航失去作用而仅靠纯惯导工作所致，这也说明了保持卫星导航正常工作是确保高射击效率的重要工作。

在图 5-18~图 5-21 中，算例中的 CEP 值为 10 m 时，在考虑了目标测量误差的条件下，采用 2 发制导弹对该目标的射击效率即可达到近 40%（中度毁伤），用 4 发弹的射击效率即可高达 85%（毁歼）。而在实际射击中，若目标测量误差很小且制导正常，CEP 的值可达米级，则射击效率更高。对于远程制导火箭，一个贮运发箱的弹药可以满足对多个目标打击的需求。

由图 5-18~图 5-21 可以看出，每发弹独立射击毁伤概率 W_d 在开始时大于射击效率 W 的值，随着 CEP 的增大，W_d 与 W 的值逐渐逼近。这是因为随着散布越大，各发弹之间的射击相关性越小，就越趋近独立射击的状态。

从计算数据和曲线可以看出，射击效率除了与用弹量、目标性质、目标测量误差和火箭精度等因素密切相关之外，所采用的毁伤律对其也有重要影响。

5.4 远程制导破甲杀伤子母弹射击效率分析

子母弹是一种有力的面杀伤武器，它的特点是具有二次弹道，母弹飞行到目标上空之后抛撒出子弹，子弹按照一定的分布规律形成一定的覆盖面飞向目标。因此，影响子母弹射击效率的重要因素是起爆点的精度问题和子弹抛撒产生杀伤面对目标的覆盖问题，其核心在于子母弹对目标的命中或覆盖概率问题。考虑到随机影响因素，为了计算各种条件下对不同目标的命中或覆盖概率，常用的方法有模拟仿真方法和解析算法，在数值积分中用到的函数主要有拉普拉斯函数、圆覆盖函数、正态分布密度函数。关于母弹的起爆点的精度问题，在 4.1 节中已有分析，这里仅对子弹进行分析。

5.4.1 子弹群的抛撒和散布

在制导子母弹的作用过程中，母弹在预定解爆点解爆并抛撒出子弹群，形成子弹群的弹道束。每一条子弹弹道与目标区地面相交或在距地面一定高度爆炸，形成地面或空中的子弹炸点群。远程制导母弹的子弹抛撒方式有多种，下面先分析子弹群的抛撒方式，再分析落点散布问题。

5.4.1.1 子弹群的抛撒方式

子母弹的抛撒机制和抛撒机构通常不外乎三种形式：单环抛撒、多环抛撒、霰弹式抛撒。

1. 单环抛撒

单环抛撒多用于母弹所装填的子弹中单枚子弹质量较大且装填数量较少的场合。单环抛撒的子弹一般具有较大装药量,因而具有较大的威力半径 R_z。对于目标的毁伤,除直接命中之外,在靠近目标条件下,也可以达成毁伤要求。其对目标的毁伤,属于坐标式毁伤。

单环抛撒大威力子弹群的炸点分布域是一个圆环,称为威力环,用 R_{pe} 表示期望的抛撒半径,且有

$$R_{pe} = \frac{R_z + L/2}{\sin(\pi/N)} \tag{5-173}$$

式中,R_z 为子弹威力半径;L 为两枚相邻子弹之间的威力间隙;N 为母弹中装填的子弹数。

单环抛撒威力环如图 5-22 所示。

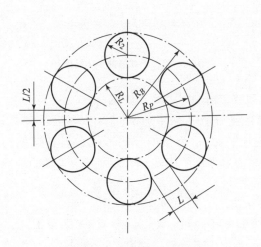

图 5-22 子母弹的单环抛撒

由图 5-22 可知,单环抛撒的威力环中心区域存在毁伤死界。为了保证威力环中各枚子弹炸点均匀衔接,须保证

$$L \leq \min\{2R_T, B_T\} \tag{5-174}$$

2. 多环抛撒

当母弹中装填子弹数量较大时,就必须采用多环抛撒的方式。多环抛撒的

子弹，其质量较小，装药量也很小，但一般具有较大的着速。因此，它主要以对目标体的侵彻作用和侵彻爆破作用来毁伤目标。这种子弹对目标要产生毁伤作用，必须直接命中目标，这属于命中毁伤的情况。

多环抛撒的方式，可以被看作由若干个单环抛撒组成，综合这些单威力环，可以形成威力圆或一个较宽的威力环，如图 5-23 所示。

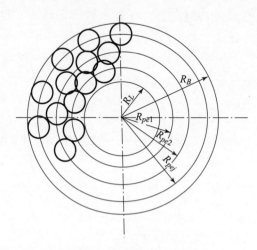

图 5-23 子弹群的多环抛撒

各单环的抛撒参数，可由以下诸式确定：

（1）各环子弹数量分配。多环抛撒时，各环上子弹数的分配大体上与该环的序号数成正比，设 n_1 为最内环的子弹数，其数量的确定方法可由式（5-174）获取。令该最内环的序号 $j=1$，则其余各环的子弹分配数为

$$n_j = n_1 \frac{R_{pej}}{R_{pe1}}, j = 1, 2, \cdots, m \quad (5-175)$$

式中，n_j 为第 j 环分配的子弹数；R_{pe1} 为最内环（即第 1 环）抛撒半径；R_{pej} 为第 j 环抛撒半径；n_1 为最内环分配子弹数。

于是，可以把表达式

$$J = n_1 / R_{pe1} \quad (5-176)$$

称为多环抛撒时的子弹分配基数。J 的物理意义是单位抛撒半径所相应的子弹分配数，它有点类似齿轮设计中的"模数"，于是，式（5-174）可改写为

$$n_j = J R_{pej}, j = 1, 2, \cdots, m \quad (5-177)$$

总的子弹数 N，由以下关系式给出：

$$N = \sum_{j=1}^{m} n_j = J \sum_{j=1}^{m} R_{pej} \quad (5-178)$$

（2）各环中子弹分布间距 S 及环间距 d。在各个环中子弹分布的弧间距 s_j 为

$$\begin{cases} s_1 = 2\pi R_{pe1}/n_1 = 2\pi/J \\ \quad \vdots \\ s_j = 2\pi R_{pej}/n_j = 2\pi/J \end{cases} \quad (5-179)$$

可以看出，理想条件下子弹在各环中保持等弧间距，即

$$s_1 = s_2 = \cdots = s_j = \cdots s_m = \text{const}$$

此外，如果希望做到使全部子弹的期望落点在威力环和威力圆中呈均匀分布，则要求各环间距 d 须满足以下条件：

$$d = \frac{\bar{S}}{2}\cot\frac{\pi}{6} \approx 0.866S \quad (5-180)$$

令式（5-179）中的弧间距 S 与其弦间距 $\bar{S}$ 概略相等，即 $S \approx \bar{S}$，如图 5-24 所示。

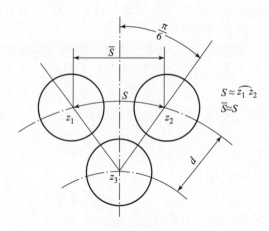

图 5-24 多环抛撒时的环间距和子弹的弧间距

（3）多环抛撒时子弹分布的威力衔接。为保证足够的子弹分布密度，使威力环（圆）覆盖（切割）目标时，目标不致从威力间隙中"漏网"，各环间距还应满足

$$\begin{cases} 命中毁伤时, d \leq k\min\{2R_T, B_T\} \\ 坐标毁伤时, d \leq k\min\{2(R_T+R_Z),(B_T+2R_Z)\} \end{cases} \quad (5-181)$$

式中，k 为威力重叠系数，通常取 $k = 0.6 \sim 1$。对比式（5-180）和式（5-181），可看出，当保证威力衔接的 d 被确定之后，便可以反过来确定合理的弧间距 S。

(4) 各环的理想抛撒半径 R_{pej}：
$$R_{pej} = R_{pe1} + d(j-1) \quad (5-182)$$
式中，j 为各环序号。

(5) 子弹群的理想抛撒半径 R_{pem}：
$$R_{pem} = R_{pe1} + d(m-1) \quad (5-183)$$
式中，m 为多环抛撒的总环数。

在多环抛撒时，如果 $R_{pe1} > R_T$（命中毁伤）或 $R_{pe1} > R_T + R_Z$（坐标毁伤）时，在抛撒圆内中心区域，也会形成像单环抛撒那样的毁伤死区，整个子弹群构成一个宽边的威力环。当该环覆盖目标时，对目标的毁伤程度将依靠子弹在环中的分布密度来保证，也可以说，主要由环间距 d 和弧间距 S 来保证。

3. 霰弹式抛撒

当母弹中直接装填毁伤元件（如重金属合金球等）或单个子弹质量甚小数量很大时，多采用霰弹式抛撒。

霰弹抛撒的毁伤元主要是以动能作为其终点毁伤因素，但这类元件质量较小，断面密度也不大；此外，为增大毁伤效能，还要求多发直接命中。因此，霰弹抛撒的母弹解爆高度不可太大，以形成较高的毁伤元件分布密度并保持较大的存速。对于质量较小且具有装药的子弹的抛撒，也基本上属于这种情况。

霰弹抛撒的理想情况是在目标区域形成一个均匀分布着子弹或毁伤元件的抛撒圆——威力圆。当该圆覆盖目标后，能使目标上达到规定的弹着密度 $\delta(\text{m}^{-2})$，即在单位面积上命中规定（需要）数量的子弹或毁伤元件。所以，参数 δ 就成为霰弹抛撒时最基本的特征参数。

设霰弹战斗部中装填子弹的总数为 N，则抛撒圆的总面积 A_p 为
$$A_p = N/\delta \; (\text{m}^2) \quad (5-184)$$
抛撒圆的半径 R_p 为
$$R_p = \sqrt{A_p/\pi} \; (\text{m}) \quad (5-185)$$
于是，霰弹的毁伤效能就主要依靠其抛撒密度 δ 来保证。当然，子弹本身的速度也是保证威力的一个重要的因素。

5.4.1.2 子弹落点的散布

子弹落点围绕位于抛撒圆上相应的期望分布点散布，这种散布是二维的，

它可以采用两种方法进行描述：一种是沿抛圆的径向 r 和其随机抛圆（以 R_p 为半径）的切向 s，用两个相互独立的正态分布的联合分布来描述；另一种则是用圆正态分布即瑞利分布来描述。两种分布的密度函数如下。

（1）基于相互独立的正态分布的联合分布描述。列出子弹落点散布的二维正态联合分布的两个边缘分布，此时有

$$\begin{cases} p_{zr}(r) = \dfrac{1}{\sqrt{2\pi}\sigma_{zr}}\exp\left(-\dfrac{r^2}{2\sigma_{zr}^2}\right) \\ p_{zs}(s) = \dfrac{1}{\sqrt{2\pi}\sigma_{zs}}\exp\left(-\dfrac{s^2}{2\sigma_{zs}^2}\right) \end{cases} \tag{5-186}$$

由于二者相互独立，故有

$$p_z(r,s) = p_{zr}(r) \cdot p_{zs}(s) \tag{5-187}$$

式（5-186）、式（5-187）中各参数的下标符号：z 为子弹；r 为径向；s 为切向。

（2）基于瑞利分布描述：

$$p_z(r) = \dfrac{r}{\sigma_z^2}\exp\left(-\dfrac{r^2}{2\sigma_z^2}\right), r > 0 \tag{5-188}$$

5.4.2 威力环对目标的射击效率

制导火箭子母弹在空中解爆抛撒后将在目标区形成很大的抛撒面积。当子弹数量较多时，一般进行多环抛撒。图 5-25 绘出了单环和多环抛撒形成的威力环。

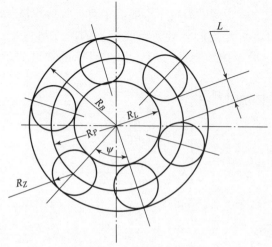

图 5-25 威力环的几何特征

图 5-25 中所绘出的子弹分布仅是一种理想状态，或称期望状态。而在子弹群的实际抛撒中，必有一定散布，这种散布有两种独立的散布：抛撒圆的圆环正态分布与子弹二维正态分布，这就构成了较复杂的随机散布形态。本节从威力环的几何特征入手，重点分析威力环对目标的覆盖问题。

5.4.2.1 威力环的几何特征参数

威力环的几何特征参数主要包括母弹抛撒圆半径 R_p、子弹威力半径 R_z、威力环外径 R_B、威力环内径 R_L、子弹威力间隙 L、环中子弹数 N_z、子弹位置分度角 ψ。在多环抛撒时，只需将 m 个单环威力环作同心叠加即可。

5.4.2.2 子弹对目标的毁伤规律

（1）坐标毁伤律。子弹未直接命中目标，只是落到目标附近且距目标一定距离的邻域内，子弹以其爆炸后产生的毁伤因素和毁伤作用（如超压、超压冲量、动能破片等）在有效距离内作用于目标，使之遭到毁伤。

（2）命中毁伤律。子弹只有直接命中目标，才能对目标造成毁伤。命中毁伤因素有侵彻、穿甲、破甲、碎甲、爆破与侵爆等。

5.4.2.3 有效抛撒半径的计算

（1）按坐标毁伤律的有效抛撒半径 R_{pd}。根据图 5-22 中的关系可知，按子弹期望分布形成的威力间隙 L 应小于或等于目标等效直径 $2R_T$ 与子弹威力直径 $2R_z$ 之和。此外，可选定制导火箭可能射击的典型目标集，从目标集中选出这些典型目标中最小的线特征尺度，如线目标的宽度 B_T 等，取代 $2R_T$ 进行计算。

于是，据上述情况可列出

$$\begin{cases} R_{pd} = \dfrac{R_z + R_T}{\sin(\pi/N_z)} \\ R_{pd} = \dfrac{R_z + B_T/2}{\sin(\pi/N_z)} \end{cases} \quad (5-189)$$

（2）按命中毁伤律的有效抛撒半径 R_{ph}。按命中毁伤律，子弹必须直接命中目标方能使目标毁伤，所以应在式（5-189）中消去子弹的威力半径 R_z，仅仅保留 R_T 或 $R_T/2$，则有

$$\begin{cases} R_{ph} = \dfrac{R_T}{\sin(\pi/N_z)} \\ R_{ph} = \dfrac{B_T/2}{\sin(\pi/N_z)} \end{cases} \quad (5-190)$$

5.4.2.4 威力环对不同几何特征目标的覆盖

威力环对不同几何特征目标的覆盖情况如图 5-26 所示。

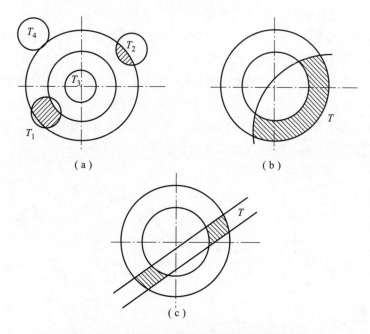

图 5-26 威力环对不同几何特征目标的覆盖情况
(a) 威力环覆盖点目标或等效圆目标;(b) 威力环覆盖面目标;(c) 威力环覆盖线目标

威力环的中心区域有一个半径为 R_L 的圆死界。当威力环覆盖点目标或幅员较小的等效圆目标时,如果目标的半径 $R_T < R_L$,则此目标即使被 R_B 为半径的大抛撒圆所覆盖,而恰恰位于威力环的中央,则此目标也肯定不会遭到毁伤,见图 5-26(a) 中的目标 T_3;只有当威力环的环体覆盖目标,即目标或目标的一部分位于半径 R_L 和 R_B 构成的圆环中时,目标才能遭到毁伤,如图 5-26(a) 中的目标 T_1、T_2。

当威力环覆盖面目标时,应该从大抛撒圆覆盖的面积中减去以 R_L 为半径的死区面积,因此,像单环抛撒那样的窄威力环,对于面目标的覆盖率是不会太大的，如图 5-26（b）所示。

然而用威力环去覆盖线目标，却有无比的优越性，就像用一个硕大的圆环去"切割"一条线段，因而"切断"的概率较高，效果较好，如图 5-26（c）所示。

5.4.2.5　威力环对目标的理想覆盖

制导火箭的射击，通常选定射击成功的概率作为衡量射击效能的指标。点目标是战场上最基本的、最常见的单个目标。以这样的目标为典型，研究威力环对它的理想覆盖，是研究对其他更复杂目标在更复杂条件下射击的基础。实际射击中，子母弹成功覆盖且命中目标的事件，由母弹正确定位、威力环成功覆盖、子弹靠近（对于坐标毁伤律）或直接命中（对于命中毁伤概率）目标三个循序发生的事件组成，并且这三个事件各自对应着一种随机散布。而三者中，最具关键性的则是母弹定位的精度。为了先从简单的研究入手，只考虑母弹定位的随机性，而不考虑抛撒圆散布和子弹散布的随机性，这样求取的覆盖概率称为理想覆盖概率。

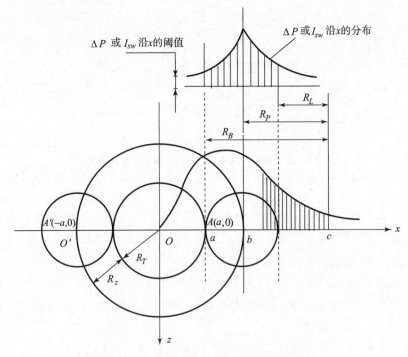

图 5-27　威力环对点目标覆盖概率示意图

（1）按坐标毁伤律求取的理想覆盖概率。图 5-27 为威力环对点目标覆盖概率示意图。图 5-27 中，设目标中心 T_0 位于坐标原点 O，目标半径为 R_T。以 O 为圆心，并以 $R_T + R_z$ 为半径作圆，该圆圆周与 Ox 轴交于点 $A'(-a, 0)$ 与 $A(a, 0)$。假设母弹的期望抛撒圆是以 R_{pe} 为半径的圆周，从任何方向上与 $eO(T_0)$ 的圆周相交或相切，都算威力圆覆盖了的目标；再令 eA 及 eA' 均代表子弹的有效威力圈，其半径均为 R_z。R_z 是由子弹爆炸后产生的冲击波超压 V_p 或比冲量 I_{sw} 沿 xOz 平面的分布及其阈值决定的。图 5-27 绘出了 V_p 和 I_{sw} 沿 Ox 轴方向的分布形态。

概率密度函数曲线 $\varphi_R(r)$ 就是母弹平均落点 C_0（近似地取子弹群分布中心的数学期望 O_{ze}）与目标中心重合时的瑞利分布密度函数曲线。

以 R_L 和 R_B 为半径所作一对同心圆构成的威力环，其中心区域存在死界的条件是

$$R_T < R_{pe} - R_z = R_L \tag{5-191}$$

图中设 R_T 符合上式给定的条件，这时可看出，当母弹随机落点 C 从任何方向"落入"以 $O(T_0)$ 为圆心、以 b 和 c 为半径所作同心圆构成的圆环区域之内时，方可认为威力环覆盖了目标。于是可知对目标 T 的覆盖概率 P_{fd} 可由以下定积分获得

$$P_{fd}(r) = \int_b^c \varphi_R(r) \mathrm{d}r \tag{5-192}$$

式中，积分的下限 b 与上限 c 可以由图中的关系直接加以确定，即

$$\begin{cases} b = R_{pe} - R_z - R_T \\ c = R_{pe} + R_z + R_T \end{cases} \tag{5-193}$$

可列出定积分式（5-192）的具体算式：

$$P_{fd} = \int_{R_{pe}-R_z-R_T}^{R_{pe}+R_z+R_T} \frac{r}{\sigma^2} \exp\left(-\frac{r^2}{2\sigma^2}\right) \mathrm{d}r = -\exp\left(-\frac{r^2}{2\sigma^2}\right) \Big|_{R_{pe}-R_z-R_T}^{R_{pe}+R_z+R_T} \tag{5-194}$$

式中，变量 r 取代了图 5-27 中的 x，这不仅仅是改变积分变量符号不影响积分结果的问题，而是用向径 r 的方向表达从任何方向覆盖目标均为有效的物理意义。此外，式（5-194）中 σ 表示正态分布的均方差。制导火箭射击通常以 CEP 作为衡量射击精度的尺度。将 $\sigma = 0.8493 \mathrm{CEP}$ 代入式（5-194），则可得出

$$P_{fd} = \exp\left(-\frac{(R_{pe}-R_z-R_T)^2}{1.443\mathrm{CEP}^2}\right) - \exp\left(-\frac{(R_{pe}+R_z+R_T)^2}{1.443\mathrm{CEP}^2}\right) \tag{5-195}$$

当 $R_z + R_T \geq R_{pe}$ 时，式（5-194）积分下限 $b = R_{pe} - R_z - R_T \leq 0$，此时，瑞利分布的密度函数 $\varphi_R(r) = 0$，于是式（5-195）变为

$$P_{fd} = 1 - \exp\left(-\frac{(R_{pe} + R_z + R_T)^2}{1.443 \text{CEP}^2}\right) \qquad (5-196)$$

这种情况发生在目标幅员较大，已超出点目标范围，成为一种小型面目标的情况，此时，威力环中不存在死界，式（5-196）也就等效为威力圆覆盖点目标的通用公式了。

（2）按命中毁伤律求取的理想覆盖概率。命中毁伤律要求子弹落点直接接触目标时才能使目标遭到毁伤，故在此情况下计算的覆盖概率 P_{fh}，只需将式（5-195）及式（5-196）中的子弹威力半径 R_z 除去即可。此时，对于威力环有

$$P_{fd} = \exp\left(-\frac{(R_{pe} - R_T)^2}{1.443 \text{CEP}^2}\right) - \exp\left(-\frac{(R_{pe} + R_T)^2}{1.443 \text{CEP}^2}\right) \qquad (5-197)$$

对于威力圆有

$$P_{fh} = 1 - \exp\left(-\frac{(R_{pe} + R_T)^2}{1.443 \text{CEP}^2}\right) \qquad (5-198)$$

上式为原点位于中心的椭圆极坐标方程。

子母弹的抛撒方式较多，不同抛撒方式对不同形状目标的覆盖概率求取方法也各不相同，特别是除了母弹的随机散布外，还会存在子弹群分布中心的随机性、抛撒圆半径的随机性、单枚子弹散布的随机性等问题。在此条件下，针对点目标、线目标、面目标、体目标、系统目标等将有较大区分和差异，这里暂不作深入分析。

5.5　远程制导末敏弹射击效率评定

末敏弹是末端敏感弹药的简称，英文全称是"Terminal Sensing Ammunition"。这里，"末端"是指弹道的末端，而"敏感"是指弹药可以探测到目标的存在并被目标激活。末敏弹就是在弹道末端能够探测出装甲目标的方位并使战斗部朝着目标方向爆炸的灵巧弹药。这个概念是由美国匹克汀尼兵工厂的罗伯特·海涅曼等提出的，当时称为目标定向末端激活弹（Target Oriented Terminal Activated Projectile，TOTAP）。它是一种既适用于间瞄射击、又能对远距离装甲目标实施有效攻击的智能弹药，如图5-28所示。

末敏弹是一种子母式弹药。装有敏感子弹药的母弹由火箭炮发射后，按预定弹道以无控的方式飞向目标，在目标区域上空的预定高度，时间引信作用，

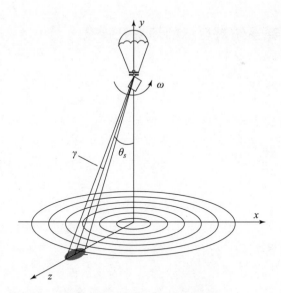

图 5-28　有伞末敏弹扫描示意图

点燃抛射药，将敏感子弹从弹体抛出。敏感子弹被抛出后，靠减速和减旋装置（一般是阻力伞和翼片）达到预定的稳定状态。在子弹的降落过程中，弹上的扫描装置对地面做螺旋状扫描。弹上还有高度（或距离）敏感装置，当它测出预定的距地面的高度（或斜距）时，即解除引爆机构的保险。随着子弹的下降，螺旋扫描的范围越来越小，一旦敏感装置在其视场范围内发现目标（也就是被敏感）时，弹上信号处理器就发出一个起爆自锻破片战斗部的信号，战斗部起爆后瞬时形成高速飞行（2 000～3 000 m/s）的侵彻体去攻击装甲目标。如果敏感装置没有探测到目标，子弹便在着地时自毁（也有的成为末敏地雷）。

由于制导火箭弹的容量大、初速低、低转速等特点，成为搭载末敏弹的重要载体。特别是利用远程火箭搭载末敏子弹，可以对大纵深内的装甲目标实施远距、非接触精确打击，故我国在 03 式 300 mm 远程多管火箭炮上就研制装备了简易控制末敏火箭弹。目前，已经开始立项对简易控制末敏火箭弹进行制导化改造；而远程制导火箭采用模块化贮运发箱设计，能够发射系列远程制导火箭弹，包括远射制导末敏弹。作为具有二次弹道的弹种，末敏弹的射击效率既与母弹投送精度有关，也与子弹对目标的搜索、识别、攻击等因素有关。

5.5.1 末敏弹系统对目标的识别及捕获

末敏弹系统由定向稳定系统、红外/毫米波复合敏感器、信号处理器、爆炸成型弹丸战斗部和信号处理技术、自动控制技术、目标识别技术等组成，是一个综合的系统。目标识别是末敏弹系统最终形成对目标进行打击的一个重要环节，也是我们要考虑的一个模块。能否对目标进行识别决定了能否更好地确定目标中心，从而决定了能否提高对目标的命中率和毁伤率。

对于末敏弹来说，对目标的识别就是由探测系统和识别系统对目标的类型或属性作出判断。末敏弹的探测装置主要有毫米波辐射计和红外敏感器，识别系统负责对探测到的目标信息进行处理识别。随着识别技术的发展，模糊数学理论、神经网络、多传感器数据融合等技术被应用到目标识别领域。目前，我国的有伞末敏弹使用的是红外/毫米波复合的多传感器数据融合技术。

末敏子弹从母弹里抛撒出来后的运动可分为两个阶段：减速减旋阶段和稳态扫描阶段。子弹从母弹里抛撒出来后，速度和转速都较高。在主伞张开前，弹上的减速伞和减旋伞打开，把速度降至主伞强度能够承受的范围。由图 5-28 可以看出，在子弹稳态扫描段，当子弹下落至敏感器的工作高度时，就开始对扫描范围内的目标进行扫描；随着高度的降低，扫描范围也逐渐减小。

5.5.1.1 寻的波束对目标的捕获条件

在稳态扫描阶段，末敏弹的敏感器首先通过扫描发现捕获目标，然后对目标进行识别，之后爆炸成型战斗部根据指令击中并毁伤目标。在研究之前，先定义如下几个量：

P_1——单发子弹捕获目标的概率；

P_2——在捕获目标条件下的识别概率（条件概率）；

P_3——在捕获、识别目标条件下的命中概率（条件概率）；

P_4——在捕获、识别、命中目标条件下的毁伤概率（条件概率）。

对于以上的 4 个概率，不同的捕获准则对应着不同的捕获概率，识别概率、命中概率和毁伤概率也是变化的。也就是说，在目标识别过程中可能会遇到很多种情况。为了能够比较精确地分析这一过程，分 5 种情况进行研究。这 5 种情况便是捕获目标的 5 种准则，如表 5-6 所示。

表5-6 敏感器捕获准则

准则	模板间隔	扫描次数	占空比
1	每10 m间隔一个	一次扫描	满足要求直接打击
2	每10 m间隔一个	二次扫描	第一圈识别,第二圈打击
3	每10 m间隔一个	扫描距离不小于目标宽度	满足要求直接打击
4	每5 m间隔一个	一次扫描	满足要求直接打击
5	区域识别	—	光轴进入目标区域直接打击

对这5个准则,需要对其中的几个要点作一下解释。

(1) 模板。扫描光斑在地面的大小是随着子弹高度的变化而变化的,子弹离地面越高时越大,子弹离地面越低时越小。所以,为了更加精确地进行计算与分析,我们采用在 y 方向上确定模板的方式来界定光斑的大小,即:令在 y 方向上每10 m或5 m为一个模板,每变化一个模板,就重新计算一次光斑在地面的大小,这样,在计算占空比时就更加精确。

(2) 占空比。目标区域进入光斑的面积占光斑总面积的百分比。

(3) 区域识别。在对目标进行识别时,不以占空比作为指标,而是以光轴进入目标区域进行识别。

(4) 一次扫描。当扫描光斑第一次扫描到目标时即进行识别捕获,捕获率高,识别率低,因为只有一次识别的机会。

(5) 二次扫描。第一次扫描到目标后,先不进行捕获,而是等到第二圈再扫描到后才识别并捕获,识别率高,因为有第二次确认识别的机会;但捕获率低,因为末敏子弹是在空中旋转且有摇摆,加上受到风等的影响,当第二次扫描时,可能弹体已摆向别处,难以捕获。

(6) 扫描距离不小于目标宽度。光斑的直径不小于目标的宽度。

令伞弹连接点坐标在地面上的投影为 (x_j, z_j)。由于 x_j、y_j、z_j 是随机变化的,因而寻的毫米波束在目标上的投影呈现多样性。为了研究方便,令装甲目标在地面的面积为一简化的长方形,长为 L_l,宽为 L_s。由于子弹在稳态扫描过程中弹轴是倾斜的,所以波束在空间是一个倾斜锥体,其宽度角为 2γ。波束在地面的投影为一椭圆,则椭圆的长轴 a_e 与短轴 b_e 可分别表示为

$$a_e = \frac{1}{2} y_j [\tan(\theta_s + \gamma) - \tan(\theta_s - \gamma)] \quad (5-199)$$

$$b_e = \frac{y_j \tan\gamma}{\cos\theta_s} \quad (5-200)$$

式中,θ_s 为扫描角。椭圆波束的面积为

$$S_e = \pi a_e b_e \tag{5-201}$$

为了计算起来简便,把波束投影近似等效为一个圆,则由公式

$$\pi R_s^2 = \pi a_e b_e \tag{5-202}$$

可求得等效圆的半径为

$$R_s = \sqrt{a_e b_e} \tag{5-203}$$

把式(5-199)与式(5-200)代入得

$$R_s = \sqrt{\frac{y_j^2 \tan\gamma [\tan(\theta_s + \gamma) - \tan(\theta_s - \gamma)]}{2\cos\theta_s}} \tag{5-204}$$

令从起始扫描 t_0 时刻到 t 时刻波束中心在地面上扫过的角度为 θ_t,则

$$\theta_t = \int_{t_0}^{t} \omega(t) \, dt \tag{5-205}$$

设 θ_0 为初始扫描时刻敏感轴线在地面上的投影与 x 轴的夹角,t 时刻波束投影的圆心坐标为 (x_s, z_s),可得

$$x_s = x_j + y_j \tan\theta_s \cos(\theta_t + \theta_0) \tag{5-206}$$

$$z_s = z_j + y_j \tan\theta_s \sin(\theta_t + \theta_0) \tag{5-207}$$

为了研究方便,定义目标坐标系 $o_t x_t y_t z_t$:o_t 为理想弹道条件下敏感器开始对地面目标进行扫描时目标集群中心点;x_t 沿射弹方向,y_t 沿铅垂线向上,z_t 方向由右手确定。则毫米波束在地面的投影等效圆方程可写为

$$(x_t - x_s)^2 + (z_t - z_s)^2 = R_s^2 \tag{5-208}$$

在实际战场条件下,装甲集群目标的个数和队形是不定的。设目标个数为 n,在开始扫描时刻 t_0 第 i 个目标的坐标为 (x_{ti0}, z_{ti0}),$i = 1, 2, \cdots, n$。为了研究方便,设集群中的目标运行速度一致为 V_t,且假定目标沿着坐标轴方向运动。

假定目标沿着 x 轴方向运动时,则在任意时刻 t 第 i 个目标的坐标为 $(x_{ti0} + V_t \cdot t, z_{ti0})$,$i = 1, 2, \cdots, n$。则时刻 t 第 i 个目标的位置如图 5-29 所示。

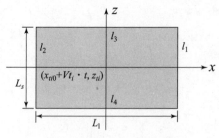

图 5-29 目标位置示意图

图 5-29 中目标四边形的四条边的方程如下：

$$\begin{cases} l_1 : x_{t1} = x_{ti0} + V_t \cdot t + \dfrac{L_l}{2} \\ l_2 : x_{t2} = x_{ti0} + V_t \cdot t - \dfrac{L_l}{2} \\ l_3 : z_{t1} = z_{ti0} + \dfrac{L_s}{2} \\ l_4 : z_{t2} = z_{ti0} - \dfrac{L_s}{2} \end{cases} \quad (5-209)$$

5.5.1.2 捕获条件及波束与目标交集的计算方法

1. 采用间隔模板时交集的计算

为了研究方便，首先定义在下面分析中用到的几个变量：
S_1——t 时刻波束投影区域面积；
S_2——目标投影区域面积；
S_c——S_1 与 S_2 的相交区域面积；
L_l——目标投影区域的长边长度；
L_s——目标投影区域的短边长度；
L_{l1}——波束圆截目标上面长边长度（只截一条长边时表示所截长边的长度）；
L_{l2}——波束圆与目标投影区域相交的下面长边长度；
L_{s1}——波束圆截目标左面短边长度（只截一条短边时表示所截短边的长度）；
L_{s2}——波束圆与目标投影区域相交的右面短边长度。

显然，S_c 是表示波束对目标投影捕获概率的重要指标，它体现了波束与目标投影的重叠程度，S_c 值越大，表示捕获概率越高。

设波束圆与目标四边形交点的个数为 n_c，下面通过图示形式分几种情况讨论 n_c 取不同值时 S_c 的计算方法。

（1）$n_c = 0$ 的情况。

波束圆与目标四边形交点的个数为 0 时有以下 3 种情况，如图 5-30 所示。

①波束圆与目标投影四边形的交点个数为 0，圆心在目标上，$S_c = \pi R_s^2$；

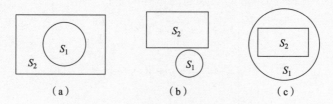

图 5-30 波束圆与目标没有交点的情况

（a）圆心在目标上；（b）圆心不在目标上；（c）目标在圆内

②波束圆与目标投影四边形的交点个数为 0，圆心不在目标上，$S_c = 0$；

③波束圆与目标投影四边形的交点个数为 0，目标在圆内，$S_c = L_l \cdot L_s$。

（2）$n_c = 2$ 的情况。

令波束圆与目标四边形交点的个数为 2 时有以下 6 种情况，如图 5-31 所示。

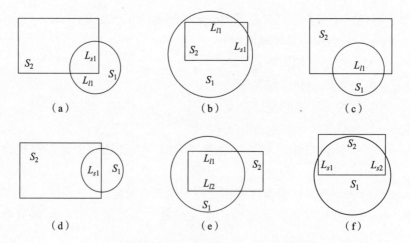

图 5-31 波束圆与目标有 2 个交点的情况

（a）两边相交于圆内；（b）两边相交于圆外；（c）与一长边相交；（d）与一短边相交；
（e）与目标平行的两边相交；（f）与目标平行的一边相交

①波束圆与目标投影四边形垂直的两边相交，此两边交点位于圆内。此时，有

$$S_c = \frac{1}{2} L_{l1} \cdot L_{s1} + R_s^2 \arcsin\left(\frac{\sqrt{L_{l1}^2 + L_{s1}^2}}{2R_s}\right) - \frac{1}{2}\sqrt{R_s^2 - \frac{1}{4}(L_{l1}^2 + L_{s1}^2)} \cdot (L_{l1}^2 + L_{s1}^2)$$

(5-210)

② 波束圆与目标投影四边形垂直的两边相交，此两边交点位于圆外。此时，有

$$S_c = L_l \cdot L_s - \frac{1}{2}L_{l1} \cdot L_{s1} + R_s^2 \arcsin\left(\frac{\sqrt{L_{l1}^2 + L_{s1}^2}}{2R_s}\right) -$$
$$\frac{1}{2}\sqrt{R_s^2 - \frac{1}{4}(L_{l1}^2 + L_{s1}^2)} \cdot (L_{l1}^2 + L_{s1}^2) \qquad (5-211)$$

③ 波束圆与目标投影四边形一长边相交，有如下两种情况：

a. 圆心在目标上：

$$S_c = \pi R_s^2 - R_s^2 \arcsin\left(\frac{L_{l1}}{2R_s}\right) + \frac{L_{l1}}{2}\sqrt{R_s^2 - \frac{1}{4}L_{l1}^2} \qquad (5-212)$$

b. 圆心不在目标上：

$$S_c = R_s^2 \arcsin\left(\frac{L_{l1}}{2R_s}\right) - \frac{L_{l1}}{2}\sqrt{R_s^2 - \frac{1}{4}L_{l1}^2} \qquad (5-213)$$

④ 波束圆与目标投影四边形一短边相交，有如下两种情况：

a. 圆心在目标上：

$$S_c = \pi R_s^2 - R_s^2 \arcsin\left(\frac{L_{s1}}{2R_s}\right) + \frac{L_{s1}}{2}\sqrt{R_s^2 - \frac{1}{4}L_{s1}^2} \qquad (5-214)$$

b. 圆心不在目标上：

$$S_c = R_s^2 \arcsin\left(\frac{L_{s1}}{2R_s}\right) - \frac{L_{s1}}{2}\sqrt{R_s^2 - \frac{1}{4}L_{s1}^2} \qquad (5-215)$$

⑤ 波束圆与目标相平行的两边相交，此时：

$$S_c = \frac{1}{2}(L_{l1} + L_{l2})L_s + R_s^2 \arcsin\left(\frac{\sqrt{(L_{l1} - L_{l2})^2 + L_s^2}}{2R_s}\right) -$$
$$\frac{1}{2}\sqrt{(L_{l1} - L_{l2})^2 + L_s^2} \cdot \sqrt{R_s^2 - \frac{1}{2}[(L_{l1} - L_{l2})^2 + L_s^2]}$$
$$(5-216)$$

⑥ 波束圆与目标相平行的一边相交，此时，有

$$S_c = \frac{1}{2}(L_{s1} + L_{s2})L_l + R_s^2 \arcsin\left(\frac{\sqrt{(L_{s1} - L_{s2})^2 + L_l^2}}{2R_s}\right) -$$
$$\frac{1}{2}\sqrt{(L_{s1} - L_{s2})^2 + L_l^2} \cdot \sqrt{R_s^2 - \frac{1}{2}[(L_{s1} - L_{s2})^2 + L_l^2]}$$
$$(5-217)$$

(3) $n_c = 4$ 的情况。

令波束圆与目标四边形交点的个数为 4 时有以下 5 种情况，如图 5-32 所示。

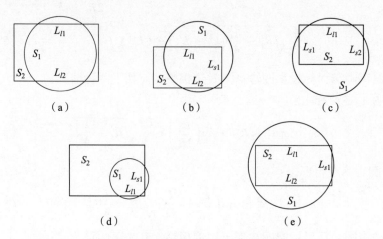

图 5-32 波束圆与目标有 4 个交点的情况
(a) 与两长边相交；(b) 同时与两长边和一短边相交；(c) 与两短边和一长边相交；
(d) 与垂直的两边相交；(e) 与两长边和一短边相交

① 波束圆与目标平行的两长边相交，此时，有

$$S_c = \pi R_s^2 + \frac{1}{2}\left(L_{l1}\sqrt{R_s^2 - \frac{1}{4}L_{l1}^2} + L_{l2}\sqrt{R_s^2 - \frac{1}{4}L_{l2}^2}\right) - \left(R_s^2 \arcsin\frac{L_{l1}}{2R_s} + R_s^2 \arcsin\frac{L_{l2}}{2R_s}\right) \tag{5-218}$$

② 波束圆同时与目标平行两长边和垂直一短边相交，此时，有

$$S_c = \frac{1}{2}L_{l1} \cdot L_{s1} + R_s^2 \arcsin\frac{L_{l2}}{2R_s}\left(\frac{\sqrt{L_{l1}^2 + L_{s1}^2}}{2R_s}\right) + \frac{1}{2}L_{l2}\sqrt{R_s^2 - \frac{1}{4}L_{l2}^2} - \frac{1}{2}\sqrt{R_s^2 - \frac{1}{4}(L_{l1}^2 + L_{s1}^2)} \cdot \sqrt{L_{l1}^2 + L_{s1}^2} - R_s^2 \arcsin\frac{L_{l2}}{2R_s} \tag{5-219}$$

③ 波束圆与目标平行两短边和一长边相交，此时，有

$$S_c = \frac{1}{2}(L_{s1} + L_{s2})L_l - \left[R_s^2 \arcsin\left(\frac{L_{l1}}{2R_s}\right) - \frac{L_{l1}}{2}\sqrt{R_s^2 - \frac{1}{4}L_{l1}^2}\right] + R_s^2 \arcsin\frac{\sqrt{(L_{s1} - L_{s2})^2 + L_l^2}}{2R_s} - \frac{1}{2}\sqrt{(L_{s1} - L_{s2})^2 + L_l^2} \cdot \sqrt{R_s^2 - \frac{1}{4}\left[(L_{s1} - L_{s2})^2 + L_l^2\right]} \tag{5-220}$$

④波束圆同时与目标相垂直的两边相交，此时，有

$$S_c = \pi R_s^2 - R_s^2 \arcsin\frac{L_{l1}}{2R_s} + \frac{L_{l1}}{2}\sqrt{R_s^2 - \frac{1}{4}L_{l1}^2} - R_s^2\arcsin\frac{L_{s1}}{2R_s} - \frac{L_{s1}}{2}\sqrt{R_s^2 - \frac{L_{s1}^2}{4}}$$
(5-221)

⑤波束圆同时与目标相两长边和一短边相交，此时，有

$$S_c = \frac{1}{2}(L_{l1} + L_{l2})L_s - \left[R_s^2\arcsin\left(\frac{L_{s1}}{2R_s}\right) - \frac{L_{s1}}{2}\sqrt{R_s^2 - \frac{1}{4}L_{s1}^2}\right] +$$

$$R_s^2\arcsin\frac{\sqrt{(L_{l1}-L_{l2})^2 + L_s^2}}{2R_s} -$$

$$\frac{1}{2}\sqrt{(L_{s1}-L_{s2})^2 + L_l^2}\cdot\sqrt{R_s^2 - \frac{1}{4}[(L_{l1}-L_{l2})^2 + L_s^2]}$$
(5-222)

（4）$n_c = 6$ 的情况。

这种情况只有一种，即波束圆与两条平行长边和一条短边都有两个交点，如图 5-33 所示。

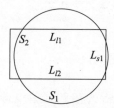

图 5-33　波束圆与目标有 6 个交点的情况

此时，波束与目标投影的交集计算如下：

$$S_c = \pi R_s^2 - R_s^2\arcsin\left(\frac{L_{l1}}{2R_s}\right) + \frac{L_{l1}}{2}\sqrt{R_s^2 - \frac{1}{4}L_{l1}^2} -$$

$$R_s^2\arcsin\left(\frac{L_{l2}}{2R_s}\right) + \frac{L_{l2}}{2}\sqrt{R_s^2 - \frac{1}{4}L_{l2}^2} -$$

$$R_s^2\arcsin\left(\frac{L_{s1}}{2R_s}\right) + \frac{L_{s1}}{2}\sqrt{R_s^2 - \frac{1}{4}L_{s1}^2}$$
(5-223)

2. 采用区域识别时交集的计算

对于采用区域识别，光轴进入目标中心区域直接打击，目标边界的方程为

$$\begin{cases} l_1: x_{t1} = x_{ti0} + V_t \cdot t + \sigma \dfrac{L_l}{2} \\ l_2: x_{t2} = x_{ti0} + V_t \cdot t - \sigma \dfrac{L_l}{2} \\ l_3: z_{t1} = z_{ti0} + \sigma \dfrac{L_s}{2} \\ l_4: z_{t2} = z_{ti0} - \sigma \dfrac{L_s}{2} \end{cases} \qquad (5-224)$$

其中，σ 为比例系数。当 $\sigma=0.5$ 时，式（5-224）表示 $\dfrac{L_l}{2} \times \dfrac{L_s}{2}$ 为目标中心区域；当 $\sigma=1$ 时，式（5-224）表示 $L_l \times L_s$ 为全目标中心区域。此时，计算捕获概率变为在 t 时刻下式是否成立：

$$\begin{cases} |x_s - (x_{ti0} + V_t \cdot t)| \leqslant \sigma \dfrac{L_l}{2} \\ |z_s - z_{ti0}| \leqslant \sigma \dfrac{L_s}{2} \end{cases} \qquad (5-225)$$

5.5.2 毁伤概率计算

对末敏弹进行毁伤效能分析的基础是单发母弹对集群装甲目标的毁伤概率。有了单发母弹对集群装甲目标的毁伤概率之后，就可以计算 n 发母弹对集群装甲目标的毁伤概率。令：

P_{M_1}——单发母弹对集群装甲目标的运动毁伤概率；

P_{F_1}——单发母弹对集群装甲目标的火力毁伤概率；

P_{K_1}——单发母弹对集群装甲目标的歼灭毁伤概率；

P_{Mn}——n 发母弹对集群装甲目标的运动毁伤概率；

P_{Fn}——n 发母弹对集群装甲目标的火力毁伤概率；

P_{Kn}——n 发母弹对集群装甲目标的歼灭毁伤概率。

则有

$$P_{Mn} = 1 - (1 - P_{M1})^n \qquad (5-226)$$

$$P_{Fn} = 1 - (1 - P_{F1})^n \qquad (5-227)$$

$$P_{Kn} = 1 - (1 - P_{K1})^n \qquad (5-228)$$

考虑弹的可靠性，令可靠性系数为 c，则对集群目标射击的毁伤概率计算公式变为

$$P_{Mn} = 1 - (1 - cP_{M1})^n \qquad (5-229)$$

$$P_{Fn} = 1 - (1 - cP_{F1})^n \tag{5-230}$$

$$P_{Kn} = 1 - (1 - cP_{K1})^n \tag{5-231}$$

假定目标的毁伤概率达到 x 就认为目标已被毁伤，对应运动毁伤、火力毁伤和歼灭毁伤的最小弹药消耗量分别为 Q_M、Q_F、Q_K，则有

$$Q_M = \frac{\lg(1-x)}{\lg(1-cP_{M1})} \tag{5-232}$$

$$Q_F = \frac{\lg(1-x)}{\lg(1-cP_{F1})} \tag{5-233}$$

$$Q_K = \frac{\lg(1-x)}{\lg(1-cP_{K1})} \tag{5-234}$$

第 6 章

远程制导火箭火力分配

远程制导火箭武器系统信息化程度高、系统性强、火力打击范围广，力量编成模块化特点明显，适应基于网络信息体系的"非接触"作战。为了提高远程制导火箭的作战效能，在作战中必须进行精确、科学的火力运用，因此，火力分配是重要内容。与传统的炮兵火力相比，远程制导火箭火力分配需更加灵活，对于目标信息的精细度要求更高，对于打击点位的精确度要求也更高，既需要精确地计算出弹药消耗量，又需要把单发弹的火力打击任务精确分配给作战力量，因此，需结合其技术特点进行优化设计。

6.1 弹种与弹药消耗量筹划

远程制导火箭弹具有多弹种型谱系列,且属高价值弹药。由于不同弹种的毁伤机理不同,在实际运用中,应针对目标特性优化选择不同弹种,精确计算弹药消耗量,有利于提高作战效费比。

6.1.1 弹种优化选择

远程制导火箭弹具有多种弹种,作战时,需要根据目标的性质、特征和幅员选择最适合的弹种。在目标尚不十分明确、目标数量较多或弹药种类及数量受限的情况下,就存在弹种选择的优化问题。

设携行 I 种不同弹种的战斗部,其数量为 $m_1, m_2, \cdots, m_I$,弹种和弹数受限。拟攻击的目标共有 J 种,记其数量为 $t_1, t_2, \cdots, t_J$,且每种目标对应着不同的重要度(价值)V_j、出现概率 $P_{uj}, j = 1, 2, \cdots, J$,且对于不同弹种具有不同的毁伤概率 $P_{ij}, i = 1, 2, \cdots, I; j = 1, 2, \cdots, J$。

设 $[x_{ij}]_{I \times J}$ 是各种战斗部分配给 J 种目标的分配矩阵,其中元素 x_{ij} 是分配的弹头数,则可列出毁伤目标价值的数学期望 E_{TV} 的优化目标函数:

$$\max E_{TV} = \sum_{j=1}^{J} t_j V_j \left[1 - \prod_{i=1}^{I} (1 - P_{uj} P_{ij})^{x_{ij}} \right] \qquad (6-1)$$

约束条件为

$$\begin{cases} \sum_{j=1}^{j} x_{ij} = m_i, i = 1,2,\cdots,I \\ x_{ij} \geq 0, i = 1,2,\cdots,I, j = 1,2,\cdots,J \end{cases} \quad (6-2)$$

以上是一个非线性规划问题。关于在目标不明确时的射击准备中选择弹种的问题，则可用对策论方法解决。

6.1.2 弹药消耗量计算

远程制导火箭火力密集、火力控制范围广、打击方式多样，是火力突击的重要力量，战时可承担饱和的火力突击任务。选择优化的突击方法，有利于提高远程制导火箭突击效果及节省弹药。根据远程制导火箭的技术战术特点，将其对目标的突击方法归纳为以下4种。

（1）单发突击：对单个目标或一个目标群只发射一发制导火箭的突击方法。

（2）集中突击：对一个目标或目标群进行多发火箭弹齐射的突击方法。

（3）密集突击：对目标或目标群实施多次集中突击，即多次齐射的突击方法。

（4）连续突击：以单发制导火箭弹为一个波次对目标实施连续射击的突击方法。

需要指出的是，以上是在火箭制导化、精度大幅提高之后，根据可能出现的射击情况而列出的4种火力突击方法。由于精度较高，在完成相同火力打击任务的条件下所需弹药量较传统无控弹会大幅减少。在弹药消耗量计算时，精确到单发弹。

6.1.2.1 齐射时的弹药消耗量

对目标实施 N 发独立射击的一次齐射，则发生的单发命中事件是相容的。因 N 发制导火箭弹中，可能有2发以上的制导火箭弹独立地命中同一目标。故其弹药消耗量，在保证达到 W^* 毁伤概率时，应为

$$N = \frac{\ln(1-W^*)}{\ln(1-p)} \quad (6-3)$$

式中，p 为对目标的单发毁伤概率。

6.1.2.2 连续射击时的弹药消耗量

对目标实施逐发独立射击，观察每发射击结果，一旦达到毁伤效果，则停止射击。于是第 j 发和第 $j-1$ 发毁伤目标是不相容的，因只要第 $j-1$ 发毁伤了目标，则第 j 发对目标的毁伤便不会发生；但在第 $j-1$ 发之前的各发均未毁伤目标的事件都是相容的。故要击毁该目标，设一直要发射到第 j 次才能达到时，其弹药平均消耗量为

$$N = 1 + (1-p) + (1-p)^2 + \cdots + (1-p)^{j-1} \tag{6-4a}$$

式（6-4a）右端是一个 $1-p$ 的等比级数前 $j-1$ 项之和，故可列出

$$N = \frac{1-(1-p)^j}{p} \tag{6-4b}$$

式中，分子表示 $j-1$ 次独立射击目标被毁伤的概率；分母则表示单发制导火箭弹对目标的平均毁伤概率。

这种边射击边观察射击效果的情况属理想情况。实际作战中，为了提高战场生存能力，远程制导火箭通常在一个阵地行一次射击即转移阵地，像这种射击方式发生的概率较小，但也代表了一种可能的射击方式。如果采用这种射击方式，则需特战引导力量协同作战，并采用不同阵地的不同平台发射后续弹药。

6.1.2.3 连续等量齐射时的弹药消耗

连续等量齐射时，每次齐射发射等量的 n 发火箭弹，其单发毁伤目标的事件是相容的；而每次齐射在第 $j-1$ 次目标被毁后即停止射击的条件下，与 $j-1$ 次前的目标被毁伤的事件是不相容的，所以可参照式（6-4）直接列出其弹药消耗量 N 的公式：

$$N = \frac{1-(1-p)^{jn}}{1-(1-p)^n} \cdot n \tag{6-5}$$

式中，分子为观察齐射结果时，经第 $j-1$ 次齐射后对目标的毁伤概率；分母为每次齐射对目标的毁伤概率；因子 n 为一次齐射发射的弹数。

6.1.2.4　不观察射击结果的连续齐射的弹药消耗

远程制导火箭属战役火力，与传统的炮兵不同，一般不设前方观察所，而是按照火力计划进行射击，射击的方法在火力计划中已经明确。设行 J 次齐射，每次齐射发射等量的 n 发制导火箭弹，共发射 $J \times n$ 发制导火箭弹。

此时，每次齐射的 n 发制导火箭弹和 J 次齐射的每组制导火箭弹，使目标毁伤的事件都是相容的，于是可列出

$$W^* = 1 - \{1 - [1 - (1-p)^n]\}^J = 1 - (1-p)^{nJ}$$

式中，中括号内表达式为每次齐射发射的 n 发制导火箭弹毁伤目标的概率；大括号内表示了一次齐射未能毁伤目标的概率。于是可推导出总的弹药消耗量 N 为

$$N = Jn = \frac{\ln(1-W^*)}{\ln(1-p)} \qquad (6-6)$$

与式（6-3）比较可以看出，只要在发射前规定了所要达到的射击毁伤概率 W^*，如果不考虑远程制导火箭突击的集群效应，则不论单发射击还是多发齐射，只要是不观察效果的射击，则其总的弹药消耗量是一致的。

6.1.2.5　每次齐射发射不同弹数的连续射击的弹药消耗

可分为两种情况：第一种是观察射击结果；第二种是不观察射击结果。
（1）观察齐射结果时，可参照式（6-4a）列出

$$N = \sum_{j=1}^{J-1} n_j = 1 + (1-p)^{n_1} + (1-p)2^{n_2} + \cdots + (1-p)^{(J-1)n_j} = \sum_{j=0}^{J-1}(1-p)^{jn_j}$$
$$(6-7)$$

（2）不观察齐射结果时，设预定齐射 J 次，第 j 次（$j \in 1,2,\cdots,J$）发射制导火箭 n_j 发，则毁伤概率 W^* 为

$$W^* = 1 - \prod_{j=1}^{J}(1-p)^{n_j}$$

可导出

$$\sum_{j=1}^{J} n_j \frac{\ln(1-p)}{\ln(1-W^*)} = 1$$

当 W^* 为给定值及 p 为常值时，则有

$$N = \sum_{j=1}^{J} n_j = \frac{\ln(1-W^*)}{\ln(1-p)} \qquad (6-8)$$

与式（6-3）、式（6-6）相对照，其表达形态完全一致。说明在远程制导火箭射击中，只要不观察每发制导火箭弹和每次齐射的效果并且不进行必要的修正，则弹药消耗量 N 是一个依 W^* 和 p 而定的定值。但如果在每次射击后观察射击结果，只要目标被毁则立即停止射击，则实际弹药消耗量便会大大降低。

以上分析都是从弹药消耗的角度来考虑突击方法的优化，其原则是取弹药消耗量最小。如果考虑射击效能，增加每次齐射的弹药消耗量 n，就能充分发挥多弹同时攻击的效应，使之比单发射击具有更大的射击效能，但与此同时，也增加了弹药消耗量；反之，用单发连射方法，表面上可以降低弹药消耗量，但射击效能便会降低，有时，就可能在保持相同 W^* 的条件下消耗更多的弹药。

从式（6-4b）可以看出其右端分子 $1-(1-p)^j$ 就是独立发射 J 发制导火箭毁伤目标的概率。将其记为 W，并将期望达到之值记为 W^*，则该式变为

$$N = W^*/p \qquad (6-9)$$

取不同的 W^* 与 p 之值，分别按式（6-3）及式（6-9）计算，得到数据如表6-1、表6-2所示。

表6-1　齐射时的弹药消耗量

毁伤概率 W^*	平均毁伤概率	弹药消耗量								
		0	1	2	3	4	5	6	7	8
	0.1	0	0.1	0.19	0.28	0.35	0.41	0.47	0.52	0.57
	0.2	0.1	0.24	0.35	0.47	0.57	0.65	0.73	0.8	0.86

表6-2　连射时的弹药消耗量

毁伤概率 W^*	平均毁伤概率	弹药消耗量								
		0	1	2	3	4	5	6	7	8
	0.1	0	0.08	0.2	0.32	0.43	0.52	0.61	0.69	0.77
	0.2	0	0.2	0.41	0.6	0.79	0.92	1	0.8	0.86

根据计算数据得出曲线，如图6-1所示。

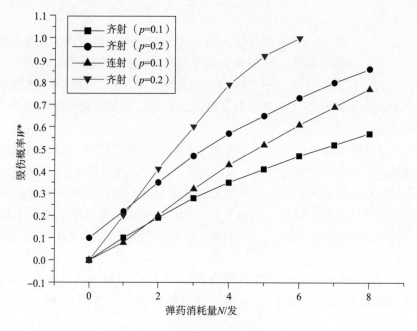

图 6-1　齐射与连射时的弹药消耗量

从图 6-1 中可看出，当火箭射击精度较高时，用齐射方法（集中突击）比用连射方法（连续突击）较为有效；而当火箭射击精度不高时，则采用连射方法较为有利。

6.2　瞄准点位的优化确定

这里指的瞄准点位，即希望制导火箭弹击中目标上的位置。它不同于炮兵传统的"瞄准点"，后者多指在间瞄火炮发射阵地附近选取的与周视瞄准镜配合进行方向标定的方位物。

对于单个的点目标和线目标，其瞄准点位一般应选择在其中心或中线上；对于规定切割点或切割段长度的线目标，瞄准点位一般选择在切割位置的中点；对于体目标，瞄准点位则应选在其沿弹道方向的地面投影面积的中心点上。

对于面目标、集群目标和系统目标，一般应根据目标的形状、幅员和子目标分布情况选择多个瞄准点位,这就涉及瞄准点位密度和排列方法的优化问题。

对于较为复杂的目标,可根据实际情况选取瞄准点位。

(1) 对于数条交叉的线目标,可以按经验将主要的瞄准点位选择在其交叉点上。

(2) 对于"质量"(即重要度)分布不均匀的面目标,可按经验将瞄准点位选在其重点部位上。

(3) 当用子母弹突击时,对于幅员与火箭弹抛撒圆可比拟的不太大的集群目标,瞄准点位仍应选在其幅员的中心上;而对于一般情况下的面目标和集群目标,则应采取优化的瞄准点位选择方法。

6.2.1 对混合集群目标多弹种打击时瞄准点位的优化选择

所谓混合集群目标,是指由不同特征和性质的点目标群构成,且一发制导火箭弹的威力幅员或抛撒幅员能够同时覆盖目标群中的多个点目标的集群目标。

设某混合集群目标中有 J 种单个目标,第 j 种目标中有单个目标 $t_j(j=1,2,\cdots,J)$ 个;弹种种类 I 种,每种有弹头 $w_i(i=1,2,\cdots,I)$ 枚;在该集群目标的分布幅员上,选择用不同方案(瞄准点数及其排列)构成的瞄准点群中,设有 K 个瞄准点位,记为 $A_k(k=1,2,\cdots,K)$。

根据射击精度 CEP,利用瑞利分布密度函数的积分,可以算出制导火箭弹对各个瞄准点位射击时各弹种对各个目标的毁伤概率 P_{ijk}($i=1,2,\cdots,I$;$j=1,2,\cdots,J$;$k=1,2,\cdots,K$)。又设各种目标的价值系数为 V_j($j=1,2,\cdots,J$)。则可列出毁伤目标的价值函数 $W(X,A)$ 的表达式:

$$W(X,A) = \sum_{j=1}^{J} V_j \left[1 - \prod_{k=1}^{K} \prod_{i=1}^{I} (1-P_{ijk})^{x_{ik}} \right] = V - \sum_{j=1}^{J} V_j \prod_{k=1}^{K} \prod_{i=1}^{I} (1-P_{ijk})^{x_{ik}}$$

(6-10)

式中,X 为函数 W 的自变量,它是一个矩阵,即多个弹种对各瞄准点的分配集,且

$$X = [X_{ik}]_{I \times K} \quad (6-11)$$

A 为 W 函数的另一自变量,为瞄准点集,且有

$$A = \{A_1, A_2, \cdots, A_k\}$$

于是,可列出目标函数,即令式(6-10)等号右端的第二项为最小值。以 $\bar{W}(X,A)$ 表示第二项,则

$$\min \overline{W}(X,A) = \sum_{j=1}^{J} V_j \prod_{k=1}^{K} \prod_{i=1}^{I} (1 - P_{ijk})^{x_{ik}} \quad (6-12)$$

约束条件为

$$\begin{cases} \sum_{k=1}^{K} x_{ik} = \omega_i, \text{即弹头数受限且分配完毕} \\ x_{ik} \geq 0, \text{且为整数}, i = 1,2,\cdots,I; k = 1,2,\cdots k \end{cases} \quad (6-13)$$

这是一个具有非线性目标函数和线性约束条件的整数规划问题。

6.2.2 对面目标射击火力分配优化

对于较大幅员且质量分布均匀的面目标,可通过威力较大的弹种实施均布射击。即在目标幅员内均布 k 个瞄准点位,记为 $A_k(k=1,2,\cdots,K)$,并在每一瞄准点位上发射 1 发弹。在这种情况下,需要优选一种既可覆盖面目标全幅员又尽可能减少弹药消耗的方案。

设制导火箭弹的精度为 CEP,威力半径为 R_W,各个瞄准点位之间的距离 $r_i(i=1,2,\cdots,I)$ 可由各瞄准点位的坐标分别两两对应算出,共有 I 个,且 $I = C_K^2 = K!/[2(K-2)!]$。

要使制导火箭弹的威力全部覆盖目标的幅员 A_T,则需首先初步估计出瞄准点位所需的密度 ρ_a:

$$\rho_a = K/A_T, \text{m}^{-2} \quad (6-14)$$

式中,瞄准点位数 K 是一个可变化的参数,它对于射击效果具有较大影响,通常按经验可取初定的值为 $K \leqslant \text{int}[A_T/(\pi R_W^2)]$,并且可先按等距离排列,如图 6-2 所示。

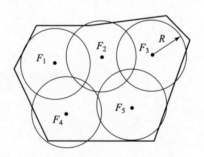

图 6-2 对面目标瞄准点位分布

将弹头威力的相对覆盖面积即覆盖率 F_A 作为衡量效率指标，可列出

$$F_A = \frac{K\pi R_W^2}{A_T} - \frac{1}{A_T}\left[\sum_{i=1}^{I_2}\Delta F_{2i} - 2\sum_{i=1}^{I_3}\Delta F_{3i} + \cdots + (-1)^{K-1}(K-2)\sum_{i=1}^{I_{K-1}}\Delta F_{(K-1)i}\right] \tag{6-15}$$

式中，括号内最后一项，当 $K-1$ 为奇数时取负号，为偶数时则取正号。等号右端第一项，实际上是最大可能的威力覆盖率；其余诸项中的 ΔF_2，ΔF_3，$\cdots$，ΔF_{K-1}，则是两个威力圆之交、三个威力圆之交、$\cdots\cdots$、$K-1$ 个威力圆之交，故此式反映了投向各瞄准点位的火箭弹威力的相容性，其中，$I_2, I_3, \cdots, I_{K-1}$ 分别等于 $C_K^2, C_K^3, \cdots, C_K^{K-1}$。

显然，只有当式（6-15）中偶数项的绝对值之和为最小时，方能得到最大的覆盖率。从物理意义上来说，也就是只有在重复覆盖最小时，才是最优化的。现将起关键作用的第二项记为 F_2。经分析可知，当参数 R_W 及 A_T 均为定值的情况下，F_2 是瞄准点位数 K 及其排列方式的函数。考虑到威力圆落点中心的随机性，可把两个威力圆中的一个加以固定，看成是一个半径为 R_W 的圆"目标"，另一个威力圆则是对该"目标"具有系统误差 $r_i(i=1,2,\cdots,C_K^2)$ 和密集度 CEP 且威力半径为 R_W 的覆盖圆。它们之间的覆盖率便是 ΔF_{2i}，这就给出了第 i 组威力圆之交。利用泊松分布导出的圆覆盖函数 $F(\lambda)$，可以推出 ΔF_{2i} 的表达式：

$$\Delta F_{2i}(\lambda) = \frac{1}{\lambda_W}\sum_{j=0}^{\infty}\left\{\left[\sum_{m=j+1}^{\infty}\frac{(\lambda_W+\lambda_{oi})^m}{m!}e^{-(\lambda_W+\lambda_{oi})} - \sum_{m=j+1}^{\infty}\frac{\lambda_{oi}^m}{m!}e^{-\lambda_{oi}}\right]\left(\sum_{m=j+1}^{\infty}\frac{\lambda_W^m}{m!}e^{-\lambda_W}\right)\right\} \tag{6-16}$$

式中，

$$\begin{cases}\lambda_W = 0.69315 R_w^2/\text{CEP}^2 \\ \lambda_{oi} = 0.69315 r_i^2/\text{CEP}^2, i=1,2,\cdots,I\end{cases} \tag{6-17}$$

于是，可列出目标函数。考虑到 $\lambda_0 = \lambda(K,\text{CEP})$，且 ΔF_2 具有 $I = C_K^2$ 个，所以当 CEP 为定值时，则有

$$\min F_2(K) = \sum_{i=1}^{I}\frac{1}{\lambda_W}\sum_{j=0}^{\infty}\left\{\left[\sum_{m=j+1}^{\infty}\frac{(\lambda_W+\lambda_{oi})^m}{m!}e^{-(\lambda_W+\lambda_{oi})} - \sum_{m=j+1}^{\infty}\frac{\lambda_{oi}^m}{m!}e^{-\lambda_{oi}}\right]\left(\sum_{m=j+1}^{\infty}\frac{\lambda_W^m}{m!}e^{-\lambda_W}\right)\right\} \tag{6-18}$$

约束条件为

$$K \leqslant \text{int}[A_T/(\pi R_W^2)] \tag{6-19}$$

这是一个非线性整数规划问题，由于 K 的变量范围很小，且数值有限，所以，可编制数值计算程序，改变 K 的数值，用试算法进行若干次解算，将结果加以比较，便可找出最优的瞄准点位安排。

6.3 火力分配优化

火力分配要考虑参战力量的作战任务区分和编组情况，还要考虑参战力量与目标之间的位置等因素。火力分配主要包括向作战地区分配火力单位数、向目标分配火力、向参战力量分配作战任务等。火力分配优化的目的是使我方获得最大的作战效益，包括高作战效费比、低损耗等。

6.3.1 分配火力单位数

设任务区域内需要用制导火箭攻击的目标有 N_T 个，远火分队对目标的平均单发毁伤概率为 $\bar{P}_k$，对目标射击的平均毁伤概率为 $\bar{W}_{TK}$，在所要求的作战时间内，每个火力单位平均可发射 N_m 发制导火箭弹。在上述条件下，可以决定向战区分配的远火平台数。

6.3.1.1 确定型情况

确定型情况一般是按照火力计划遂行打击任务，往往有充分的侦察和目标分析、确认、优化的时间，参战力量会收到上级下发的目标清单。此时，对目标射击的平均毁伤概率 $\bar{W}_{TK}$ 为

$$\bar{W}_{TK} = 1 - (1 - \bar{P}_k)^{\bar{n}} \qquad (6-20)$$

式中，$\bar{n}$ 为对一个目标平均发射导弹数，故有

$$\bar{n} = \frac{\ln(1 - \bar{W}_{TK})}{\ln(1 - \bar{P}_k)} \qquad (6-21)$$

当根据作战要求给定 $\bar{W}_{TK}$ 时，则对 N_T 个目标所需的火力单位数 N_f 为

$$N_f = \frac{N_T \bar{n}}{N_m} = \frac{N_T}{N_m} \frac{\ln(1 - \bar{W}_{TK})}{\ln(1 - \bar{P}_k)} \qquad (6-22)$$

式中，N_m 为作战中，每一火力单位平均发射的导弹数。设 N_m 等于火力单位平均火力密度 $\bar{\lambda}_m$ 与作战时间 τ 的乘积，即

$$N_m = \bar{\lambda}_m \tau \tag{6-23}$$

则
$$N_f = N_T \bar{n} / (\bar{\lambda}_m \tau) \tag{6-24}$$

6.3.1.2 随机型情况

这种情况一般发生在遂行随机火力打击任务中。这时，目标是随机出现的。此时，可以把目标的批次出现看成泊松事件流，把远程制导火箭的射击看成泊松射击流。

现将批次目标出现的概率记为 P_a，将其出现后即被发现的条件概率记为 P_{ad}，故当 m 批目标出现且被全部发现的总的概率 P_d 为

$$P_d = P_a P_{ad} = \frac{\lambda^m}{m!} e^{-\lambda} \cdot P_{ad} \tag{6-25}$$

式中，m 为恰好出现的目标批次数。λ 为在时间 τ 内目标出现的平均批数，故有

$$\lambda = a\tau \tag{6-26}$$

式中，a 为批目标出现的平均密度（h^{-1}）。

m 是一个不确定的数，它与每批的容量 $n_i(i=1,2,\cdots,N_T)$ 有关，且有

$$n_i = N_T/i, i = 1,2,\cdots,N_T \tag{6-27}$$

所以，容量为 n_i 的最大批次数 $(m_i)_{\max} = N_T/n_i = i$，于是

$$m_i \leqslant i, i_{\max} = N_T \tag{6-28}$$

现在来考虑当 τ 时间内最多有 m_i 批目标出现（即出现 $0,1,2,\cdots,m_i$ 均应计入），而且其中不少于 β 比例（$\beta:U \to [0,1]$）的目标被发现时的概率，记为 P_d^*。此时式（6-25）应予改变。其中发现目标数应服从二项分布，故条件概率为

$$(P_{ad})_i = \sum_{j=\beta n_i}^{n_i} C_{n_i}^j p_{ad}(1-p_{ad})^{n_i-j} \tag{6-29}$$

式中，$(P_{ad})_i$ 为在 n_i 个目标中发现不少于 βn_i 个的概率；βn_i 为至少发现的目标数，应归为整数；p_{ad} 为单个目标的发现概率；i,j 为分别为目标批次序号（也是容量为 n_i 的最大批次数）和在 m_i 批中发现目标的个数。

由式（6-28）可知，当 m_i 不确定时，$m_i = i = 1,2,\cdots,N_T$，故可列出

$$P_d^* = \sum_{m_i=1}^{N_r} \frac{\lambda^{m_i}}{(m_i)!} e^{-\lambda} \sum_{j=\text{int}(\beta n_i)}^{n_j} C_{n_i}^j p_{ad}^j (1-p_{ad})^{n_i-j} \quad (6-30)$$

式中，$C_{n_i}^j = \dfrac{(n_i)!}{j!(n_i-j)!}$。

此后，便可着手计算所需制导火箭数量。因为只有被发现的目标才能进行射击，所以形成泊松射击流。如给定对目标毁伤概率不小于 $\bar{W}_{TK}$，则

$$\bar{W}_{TK} = (1 - e^{-\bar{n}\bar{P}_k}) P_d^* \quad (6-31)$$

从而得出

$$\bar{n} = -\frac{\ln(1 - \bar{W}_{TK}/P_d^*)}{\bar{P}_k} \quad (6-32)$$

于是可列出非确定性情况下所需制导火箭弹数量的计算公式：

$$N_f = \frac{N_T \bar{n}}{N_m} = -\frac{N_T \ln(1 - \bar{W}_{TK}/P_d^*)}{N_m \bar{P}_k} \quad (6-33)$$

因 $P_d^* < 1$，且 $|\ln(1-\bar{P}_k)| > \bar{P}_K$，故 $\bar{n}$ 较确定型大。

6.3.2 向各作战地域分配打击力量

设有 J 个作战地域 $A_1, A_2, \cdots A_j, \cdots, A_J$，且各地域中潜在的目标数为 $N_{Tj}, j = 1, 2, \cdots, J$；各地域中目标被发现概率为 $D_j, j = 1, 2, \cdots, J$；参战可用分队有 I 支，即 $M_1, M_2, \cdots, M_i, \cdots, M_I$；各分队具有不同的技术素质，因而对目标射击具有不同的毁伤概率。设第 i 分队对第 j 地域目标的毁伤概率为 $P_{ij}, i = 1, 2, \cdots, I; j = 1, 2, \cdots, J$。将各分队 M_i 向各地域 A_j 分配时，采用指挥控制参数 C_{ij}，C_{ij} 为

$$C_{ij} = \begin{cases} 1, & \text{将 } M_i \text{ 分配给 } A_j \\ 0, & \text{未将 } M_i \text{ 分配给 } A_j \end{cases}$$

于是，使总的毁伤目标数学期望 E_{TK} 为最大的目标函数为

$$\max E_{TK} = \sum_{j=1}^{J} N_{Tj} D_j \left[1 - \prod_{i=1}^{I} (1 - C_{ij} P_{ij}) \right] \quad (6-34)$$

在一定作战阶段和波次，要达到饱和火力突击，则其约束条件为

$$\sum_{j=1}^{J} C_{ij} = 1 \quad (6-35)$$

6.3.3 向不同目标分配火力

设某作战地域内共发现目标 N_J 个，分为 J 种类型，记为 $T_1, T_2, \cdots, T_j, \cdots$，

T_J；每种目标为 $t_j(j=1,2,\cdots,J)$ 个，故有 $t_1 + t_2 + \cdots + t_J = N_J$；指挥员掌握远火分队 I 支，记为 $M_1, M_2, \cdots, M_i, \cdots, M_I$，每支分队有远程制导火箭弹 $m_i(i=1,2,\cdots,I)$ 发。各远火分队所装备的制导火箭弹可能为不同型号，故 I 种制导火箭与 J 种目标的直积 $I \times J$ 所相应的价值比 r_{ij} ($i=1,2,\cdots,I$; $j=1,2,\cdots,J$) 也各不相同。所谓价值比，可以定义为制导火箭与目标的价值指数 C、战斗力指数 I 的加权综合参数之比，即

$$[r_{ij}]_{I \times J} = \left[\frac{a_c C_i + a_I I_i}{a_c C_j + a_I I_j} \right]_{I \times J} \tag{6-36}$$

此外，各远火分队对各种目标的毁伤概率为 P_{ij} ($i=1,2,\cdots,I$; $j=1,2,\cdots,J$)，也组成一个 $I \times J$ 矩阵。

火力分配优化的任务是找出使敌损失最大且我方代价最低（即价值比最小）的火力分配方案。目标函数为

$$\begin{cases} \max E_{TK} = \sum_{i=1}^{I} \frac{1}{m_i} \sum_{j=1}^{J} t_j x_{ij} P_{ij} \\ \min R = \sum_{i=1}^{I} \sum_{j=1}^{J} x_{ij} x_{ij} \end{cases} \tag{6-37}$$

式中，x_{ij} 为第 i 分队分配给第 j 种目标的火力单位数；R 为综合的价值比，即我与敌的交换比。

约束条件为：

（1）分配火力不得为负值，即

$$x_{ij} \geq 0 \tag{6-38}$$

（2）火力单位全额分配（不留预备队），即

$$\sum_{j=1}^{J} x_{ij} = m_i \tag{6-39}$$

（3）对于每一个目标均应分配火力，即

$$\sum_{i=1}^{I} x_{ij} = t_j \tag{6-40}$$

（4）如果留预备队，设留取的比例为 ρ，则

$$\sum_{i=1}^{I} \sum_{j=1}^{J} x_{ij} = (1-p) \sum_{i=1}^{I} m_i \tag{6-41}$$

可以看出式（6-37）为两个线性规划问题，可以分别求解，然后折中考虑加以选择。

6.4 多目标火力分配优化

6.4.1 多目标火力分配模型

6.4.1.1 多目标火力分配的目的

远程制导火箭的弹道控制能力较强,一个发射平台具备同时打击多个目标的能力。在作战时,可在同一时段利用多个平台对多个目标实施分布式打击。多目标火力分配的优化是提高作战效益的重要保证。多目标火力分配主要解决如下问题:在一定的效能、数量、费用、时间等约束条件下,确定所需要的弹种和弹量,并达到弹—目优化匹配。

6.4.1.2 多目标规划火力分配模型

火力分配的主要内容包括:打击目标的种类和数量,打击目标所需的弹种弹量,确定哪个目标由谁打,在什么时间打,怎么打。

设有 m 种型号的制导火箭弹,向 n 类目标中的 1 个目标实施打击;弹种总数量为 N,但每种弹的数量不同,其中第 i 种弹的数量为 N_i;打击第 j 类目标中的单一目标并使目标造成相应毁伤等级 λ 所需第 i 种制导火箭弹的数量为 $\varphi_{ij\lambda}$;第 i 种制导火箭弹的突防数量为 N_i'。

1. 约束条件

(1) 制导火箭数量的约束条件。每一弹种的突防数量不能超过其原有数量,因此有

$$N_i' \leq N_i \tag{6-42}$$

式中,N_i' 为第 i 种弹的突防数量;N_i 为第 i 种弹数量,且有 $\sum_{i=1}^{m} N_i = N$。

(2) 制导火箭弹突防数量的约束条件。分配到各个目标的各类突防火箭弹的数量不能超过相应火箭弹的突防数量,因此有

$$\sum_{j=1}^{p} \sum_{k=1}^{\omega_j} \sum_{i=1}^{m} \varphi_{ij\lambda} \leq N'_i \qquad (6-43)$$

式中，p 为对手作战体系中的节点数（即目标种类数）；ω_j 为第 j 类目标中的单个目标数量；m 为制导火箭的类型数量；$\varphi_{ij\lambda}$ 为打击第 j 类目标中的单一目标并使目标造成相应毁伤等级 λ 所需第 i 种制导火箭弹的数量；N'_i 为第 i 种弹的突防数量。

2. 目标函数

火力分配追求的是最优作战效果，是通过远程制导火箭的打击，对敌作战体系的毁伤达到最优的累积效果，因此有

$$\min F = \sum_{k=1}^{p} \left[F_1(x_k) + F_{u1}(x_k) \right] \qquad (6-44)$$

式中，F 为敌方作战体系的整体势能；p 为敌方作战体系中的目标节点数量；$F_1(x_k)$、$F_{u_1}(x_k)$ 分别表示目标节点 x_k 遭受打击或影响以后的拓扑势能和潜势能。

6.4.2 对复杂形状目标火力分配

计算制导火箭弹打击复杂形状面目标有效毁伤面积是火力运用的一个重要问题。在炮兵传统的做法中，通常把目标简化为规则的形状加以处理，如正方形、矩形、圆形、椭圆形等，其目的是便于采用解析法进行计算。

把复杂形状简化为规则形状的方法可以将复杂问题简单化，便于工程操作，计算量也小，但是简化会人为地制造误差，而且简化过程还没有成熟的普遍适用的方法。网格法有利于编制计算程序，但是其运算量随网格密度和计算精度迅速增长，难以利用普通计算机满足计算需求。可以把目标区域划分成若干网格，分别计算出一个网格被毁伤的情况。

用任意多边形描述复杂形状，可以达到任意精度。给定多枚制导火箭弹的弹着点计算打击任意多边形均匀面目标有效毁伤面积，用数学语言描述，就是计算多个圆的联合覆盖区域与任意多边形重叠部分面积。多个圆的联合覆盖区域面积是计算过程中的一个难题，因为圆与圆多次重叠面积的问题不易解决。

6.4.2.1 算法原理

已知平面内有 n 个圆，其圆心分别为 $P_1(X_{p_1}, Y_{p_1})$，$P_2(X_{p_2}, Y_{p_2})$，$P_3(X_{p_3},$

$Y_{p_2}), \cdots, P_n(X_{p_n}, Y_{p_n})$,半径分别为 $R_1, R_2, R_3, \cdots, R_n$。平面内还有一个以点 $D_i(x_i, y_i)$ ($i = 1, 2, 3, \cdots, k$)为顶点的多边形 D。求 n 个圆形区域的联合覆盖区域 C 与多边形区域 D 重叠部分的面积 S。

1. 算法思路

平面内已知其边界曲线的表达式的单连通区域或者复连通区域的面积,都可以通过在边界上计算相应函数的环路积分求出。因此,只要得到这个连通区域的每一段边界的起止点和表达式,就可以用解析方法计算出其面积。平面内多个圆的联合覆盖区域与多边形的重叠区域,由一个或多个单连通区域或者复连通区域组成,其面积等于各个连通区域的面积之和。单连通区域只需要在外边界上计算环路积分,而复连通区域上则需要计算其内、外边界上积分的代数和。

用环路积分计算面积的推导方法,可由格林公式经过变换得到,即

$$\iint_D \left(\frac{\partial Q}{\partial x} - \frac{\partial P}{\partial y}\right) dxdy = \oint_L Pdx + Qdy \qquad (6-45)$$

其中,L 是连通区域 D 的正向边界。如果是单连通区域,则正向边界为逆时针方向。如果是内部含有"漏洞"的复连通区域,则外边界为逆时针方向,内边界为顺时针方向。

令 $P = -\dfrac{Y}{2}, Q = \dfrac{X}{2}$,则连通区域面积为

$$\iint_D dxdy = \frac{1}{2} \oint_L xdy - ydx \qquad (6-46)$$

多圆联合覆盖区域与多边形重叠部分称为有效覆盖区域。多圆联合覆盖一个多边形,形成的一个或数个连通区域,其边界包括外边界和内边界,由若干线段、圆弧组成,有可能还包括圆周。其中所有的线段都来自多边形的边界。所有的圆弧和圆周都来自覆盖多边形的圆。所有线段的端点只有两种情况:或者是多边形的顶点,或者是多边形边界与圆的交点。所有圆弧的起点与终点也只有两种情况:或者是圆与圆的交点,或者是圆与多边形边界的交点。以上所述的圆弧和线段的端点,都可以通过几何原理求得。正向边界的若干个图形重叠而成的各个新图形,其边界方向仍然是正向。由此可知,线段上的积分方向应沿多边形边界的逆时针方向进行,圆弧或者圆周上的积分方向应沿圆的逆时针方向进行。只要根据上述原则,按照顺序依次计算出每段圆弧、每个圆周、每条线段上的积分,就可以求出多圆联合覆盖一个多边形的有效覆盖区域面积。

如图 6-3 所示，多圆联合覆盖一个多边形，其有效覆盖区域由一个单连通区域和一个复连通区域组成，需要计算这两个连通区域的面积之和。其中，单连通区域 $KLMN$ 面积的计算过程是分别在有向线段 KL、MN，有向圆弧 LM、NK 上计算 $\frac{1}{2}\int x\mathrm{d}y - y\mathrm{d}x$，并求出其代数和，即为其面积。

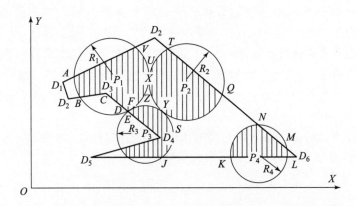

图 6-3　多枚火箭弹联合覆盖一个多边形目标区域的有效毁伤面积图

图 6-3 中的 3 个圆联合覆盖的复连通区域面积的计算原理与单连通区域 $KLMN$ 的原理相同。复连通区域的正向边界曲线，外边界为逆时针方向，内边界为顺时针方向。但是在实际运算过程中，不需要专门判断每个连通区域是单连通区域还是复连通区域，也不需要判断有效覆盖区域由几个连通区域构成。构成复连通区域内部"漏洞"的区域 Z，其边界由 3 段圆弧组成。这 3 段圆弧在各自所在的圆周上都是逆时针方向。但是这 3 段圆弧在统一构成"漏洞"区域 Z 的边界曲线时，也就自然而然地根据需要变成了顺时针方向。因此，在计算过程中，只需要判断出每段圆弧、每个圆周、每条线段是否在联合覆盖区域与多边形重叠部分的边界上即可，而不需要判断连通区域的性质。

2. 计算步骤

（1）求解多圆联合覆盖区域。首先不考虑多边形，只考虑各个圆的联合覆盖区域。这样的区域的边界由一些圆弧或圆周组成。每段圆弧或圆周，如果它被另外一个圆覆盖，则这段圆弧或圆周不在这个联合覆盖区域的边界上，而在这个区域的内部。在与多边形重叠时，位于多圆联合覆盖区域边界线上的圆弧或圆周有可能成为与多边形重叠之后的有效覆盖区域的边界的一部分。而那些位于多圆联合覆盖区域内部的圆弧或圆周，则没有机会成为有效覆盖区域的边界线。因此在计算有效覆盖面积的积分时，那些位于多圆联合覆盖区域内部的圆弧或圆周不参与计算。未被其他圆覆盖的圆弧和圆周构成了多圆联合覆盖区域的边界，并有可能成为有效覆盖区域的边界。各圆之间两两位置关系都逐次判断过后，位于多圆联合覆盖区域内部的圆弧或圆周不采用，剩余的圆弧和圆周构成多圆联合覆盖区域的边界。

（2）求解有效覆盖区域。对构成多圆联合覆盖区域边界的圆弧或圆周，其落在多边形内部的部分构成有效覆盖区域边界的圆弧和圆周部分。而多边形的边界落在多圆联合覆盖区域内部的各区段，则构成了有效覆盖区域边界的线段部分。只要逐一判断多边形的每一条边与多圆联合覆盖区域的每一段圆弧和圆周的位置关系，相交的求出交点，就可以解出构成有效覆盖区域的每一段边界。

（3）计算积分值。有效覆盖区域边界的线段部分，设线段 l 起点的坐标为 (x_i,y_i)，终点的坐标为 (x_j,y_j)，可以计算出其积分

$$\frac{1}{2}\int_l x\mathrm{d}y - y\mathrm{d}x = \frac{x_i y_j - x_j y_i}{2} \quad (6-47)$$

作为有效覆盖区域边界组成部分的圆弧，设其圆心为 $P_i(x_{pi},y_{pi})$，半径为 R_i，起点的坐标为 $A(x_a,y_a)$，终点的坐标为 $B(x_b,y_b)$。

将其转化为极坐标进行计算。以圆心为极点，以 x 轴正方向为极轴方向，设角度变量为 θ。

由于点 A 和点 B 都在半径为 R_i 的圆上，所以可以设 A 点的极坐标为 (R_i,θ_1)，B 点的极坐标为 (R_i,θ_2)。

极坐标与平面直角坐标的换算关系如下：

$$\begin{cases} x = x_{pi} + R_i\cos\theta \\ y = y_{pi} + R_i\sin\theta \end{cases}$$

由此可得

$$\begin{cases} \mathrm{d}x = -R_i\sin\theta\mathrm{d}\theta \\ \mathrm{d}x = -R_i\cos\theta\mathrm{d}\theta \end{cases}$$

$$\begin{aligned}
\frac{1}{2}\int_{AB} x\mathrm{d}y - y\mathrm{d}x &= \frac{R_i}{2}\int_{\theta_1}^{\theta_2}(x_{pi}\cos\theta + R_i\cos^2\theta + y_{pi}\sin\theta + R_i\sin^2\theta)\mathrm{d}\theta \\
&= \frac{R_i}{2}\int_{\theta_1}^{\theta_2}(x_{pi}\cos\theta + y_{pi}\sin\theta + R_i)\mathrm{d}\theta \\
&= \left[\frac{R_i}{2}x_{pi}\sin\theta - \frac{R_i}{2}y_{pi}\cos\theta + \frac{R_i^2}{2}\theta\right]_{\theta_1}^{\theta_2} \\
&= \frac{R_i}{2}x_{pi}(\sin\theta_2 - \sin\theta_1) + \frac{R_i}{2}y_{pi}(\cos\theta_1 - \cos\theta_2) + \frac{R_i^2}{2}(\theta_2 - \theta_1)
\end{aligned}$$

$$= \frac{x_{pi}(R_i\sin\theta_2 - R_i\sin\theta_1) + y_{pi}(R_1\cos\theta_1 - R_1\cos\theta_2) + R_i^2(\theta_2 - \theta_1)}{2}$$

$$= \frac{x_{pi}(y_b - y_a) + y_{pi}(x_a - x_b) + R_i^2(\theta_2 - \theta_1)}{2}$$

由此可得在弧 AB 上的积分值为

$$\frac{1}{2}\int_{AB} x\mathrm{d}y - y\mathrm{d}x = \frac{x_{pi}(y_b - y_a) + y_{pi}(x_a - x_b) + R_i^2(\theta_2 - \theta_1)}{2} \quad (6-48)$$

需要注意的是，由于角度具有周期性，所以在计算过程中，上述的角度 θ_1 与 θ_2 应限制在一个周期以内。直接用反三角函数求出的起点和终点的对应角度，在弧线跨越极轴的情况下，$\theta_2 - \theta_1$ 的值会与正确值恰好相差一个周期 2π。因此，遇到 $(\theta_2 - \theta_1)$ 的值在区间 $[0, 2\pi]$ 以外的情况时，应给其值加上或者减去一个 2π 作为修正，以确保其值落在区间 $[0, 2\pi]$ 以内。

对于作为有效覆盖区域边界组成部分的整个圆周，则根据式 (6-48)，令起点与终点重合，且正好相差一个周期 2π，这样，就可以得到在这个半径为 R_i 的圆周上的积分值为 πR_i^2，就是这个圆的面积。

6.5 对面目标分布式杀伤最优火力分配

远程制导火箭配装的制导火箭弹精度高、威力大、弹道控制能力较强，可对战役纵深目标实施精确压制，并具备"一次调炮、多点攻击"能力，在火力运用中需要进行科学精确的火力分配。下面给出一种基于分布式杀伤射击效率评定的最优火力分配方法，为优化远程制导火箭的火力运用提供支持。

6.5.1 最优火力分配思路

远程制导火箭弹具备较强的弹道控制能力，可在一次调炮射击中按照相同的射击诸元、不同的目标诸元对面目标实施分布式精确压制，其火力分配指的是对目标射击时选择射击点的数量、坐标和在各射击点上的用弹量分配。为了研究方便，不考虑入射角等因素，假定每发制导火箭弹的有效毁伤面积 S_d 为定值，且目标面积 S 大于毁伤面积 S_d。为了提高射击效率，发射平台可通过一次调炮对面目标通过连续发射多发火箭弹实施分布式打击,发射每发弹相当于对面目标投射一个毁伤区。为了便于量化计算,将面目标的形状和弹的杀伤区归一化为矩形、圆形等规则形状,每发弹的有效毁伤面积 S_d 与目标面积 S 的重合部分即为该发弹对目标的毁伤面积。

在进行射击效率评定时,将目标划分为多个足够小的单元网格,利用最优化方法搜索出射击效率最大的各个格点为射击点,然后按照指定的毁伤程度或最大毁伤(至少把目标覆盖一次)要求,确定出射击点的数量和各射击点的坐标,得出最优火力分配方案,作为确定用弹量和各发弹初始弹道解算的依据。

6.5.2 对面目标射击的火力分配模型

6.5.2.1 火力分配模型的建立

假定呈均匀分布的面目标幅员为 $T_x T_y$,对目标毁伤程度的高低通常可通过所有弹对目标造成的覆盖面积来衡量,其射击效率指标可采用毁伤面积百分比来表示。射击效率受射击精度影响。理论上,射击误差通常由系统误差和随机误差组成,前者主要影响射击准确度,后者主要影响射击密集度。描述射击密集度的指标通常有标准差 σ 和圆概率偏差 CEP。设第 i 发火箭弹的射击点坐标为 (x_i, y_i),系统误差取 $(\bar{x}_i, \bar{y}_i)$,对同一面目标采用分布式射击时可近似取定值 $(\bar{x}, \bar{y})$,则考虑系统误差后弹着点沿两主轴的散布为

$$\Phi_{x,i}(x) = \Phi\left(\frac{x - x_i - \bar{x}}{\sigma_x}\right), \Phi_{y,i}(y) = \Phi\left(\frac{y - y_i - \bar{y}}{\sigma_y}\right) \quad (6-49)$$

对于采用"卫星+惯导"组合导航的远程制导火箭弹,$(\bar{x}, \bar{y})$ 的值通常很小且难以寻找,故在工程计算中有时作简化处理而不单独考虑,统一用 CEP 作为命中精度的指标。

取 $\eta_i = (x_i, y_i)$,$i = 1, 2, \cdots, n$,每个射击点用弹量为 1 发,取 $W(\eta_1, \eta_2, \cdots, \eta_n)$ 为射击效率目标函数,则对面目标的火力分配优化问题变为如下最优化问题:

$$\begin{cases} \max\limits_{\eta_1, \eta_2, \cdots, \eta_n} W(\eta_1, \eta_2, \cdots, \eta_n) \\ \text{s.t.} \quad \eta_1, \eta_2, \cdots, \eta_n \in S_A \end{cases} \quad (6-50)$$

也即在射击点坐标选取位置约束下射击效率最大化。式中,S_A 为射击点分布区域。

由式 (6-47) 可知，将目标网格化后 (x,y) 处微单元格未被第 i 发弹毁伤区覆盖的概率为

$$P_{0,i}(x,y) = 1 - \left[\Phi_{x,i}\left(x + \frac{D_x}{2}\right) - \Phi_{x,i}\left(x - \frac{D_x}{2}\right)\right] \cdot \left[\Phi_{y,i}\left(y + \frac{D_y}{2}\right) - \Phi_{y,i}\left(y - \frac{D_y}{2}\right)\right]$$
(6-51)

式中，$P_{0,i}$ 表示未被第 i 发弹的毁伤区覆盖的概率。对发射的所有弹求和，微单元格 (x,y) 处未被所有火箭弹毁伤区覆盖的概率为

$$P_0(x,y) = \prod_{i=1}^{n} P_{0,i}(x,y) \qquad (6-52)$$

则微单元格被 n 发弹射击平均被毁伤面积 P_{wp} 为

$$P_{wp} = 1 - P_0(x,y) \qquad (6-53)$$

整个目标幅员被 n 发弹射击的目标平均被毁伤面积为 P_{wp} 对整个目标幅员积分，此时，射击效率目标函数为

$$W(\eta_1, \eta_2, \cdots \eta_n) = 1 - \iint_S \prod_{i=1}^{n} P_{0,i}(x,y)\,\mathrm{d}x\mathrm{d}y \qquad (6-54)$$

将式 (6-54) 代入式 (6-50)，根据射击效率最大化或不低于某个给定的毁伤值指标，采用最优化搜索方法进行数值解算，可求出对面目标的分布式射击点的个数、坐标及射击效率，确定最优火力分配方案。

6.5.2.2 最优化搜索方法

在射击效率评定的基础上，假设 n 发火箭弹的射击位置分别为 (x_1, y_1)，$\cdots$，(x_n, y_n)，坐标为 (x,y) 处的点未被第 $i(i=1,2,\cdots,n)$ 个瞄准位置的火箭弹杀伤区所覆盖的概率为

$$P_{0,i}(x,y) = 1 - \left[\Phi\left(\frac{x + D_x/2 - x_i - \bar{x}}{\sigma_x}\right) - \Phi\left(\frac{x - D_x/2 - x_i - \bar{x}}{\sigma_x}\right)\right] \times$$

$$\left[\Phi\left(\frac{x + D_y/2 - y_i - \bar{y}}{\sigma_y}\right) - \Phi\left(\frac{x - D_y/2 - y_i - \bar{y}}{\sigma_y}\right)\right] \qquad (6-55)$$

平均相对毁伤面积为

$$W(x_1, y_1, x_2, y_2, \cdots, x_n, y_n) = 1 - \iint_{S_T} P_{0,1}(x,y) P_{0,2}(x,y) \cdots P_{0,n}(x,y)\,\mathrm{d}_x\mathrm{d}_y/T_x T_y$$
(6-56)

为简化面积积分计算，将目标区域沿 x 和 y 方向上各分为 M 等份，划分为 $M \times M$ 个单元格。当 M 较大时，单元格很小，可近似认为各单元格内所有点被火箭弹的杀伤区所覆盖的概率相同。于是将面积积分问题近似为

$$W(x_1, y_1, x_2, y_2, \cdots, x_n, y_n)$$
$$\approx 1 - \sum_{i=1}^{M} \sum_{j=1}^{M} P_{0,1}(\zeta_i, \eta_j) P_{0,2}(\zeta_i, \eta_j) \cdots P_{0,n}(\zeta_i, \eta_j) \frac{T_x}{M} \frac{T_y}{M} / T_x T_y$$
$$= 1 - \frac{1}{M^2} \sum_{i=1}^{M} \sum_{j=1}^{M} P_{0,1}(\zeta_i, \eta_j) P_{0,2}(\zeta_i, \eta_j) \cdots P_{0,n}(\zeta_i, \eta_j) \quad (6-57)$$

其中，(ζ_i, η_j) 为单元格中心的坐标位置，且有

$$\begin{cases} \zeta_i = -\dfrac{T_x}{2} + \dfrac{T_x}{M}i - \dfrac{T_x}{2M} \\ \eta_j = -\dfrac{T_y}{2} + \dfrac{T_y}{M}i - \dfrac{T_y}{2M} \end{cases} \quad i, j = 1, 2, \cdots, N_j \quad (6-58)$$

于是，求 n 发火箭弹最优瞄准位置的火力分配优化问题可表示为

$$\begin{cases} \max\limits_{x_1, y_1, x_2, y_2, \cdots, x_n, y_n} 1 - \dfrac{1}{M^2} \sum_{i=1}^{M} \sum_{j=1}^{M} P_{0,1}(\zeta_i, \eta_j) P_{0,2}(\zeta_i, \eta_j) \cdots P_{0,n}(\zeta_i, \eta_j) \\ \text{s. t.} \quad -\dfrac{T_x}{2} \leqslant x_1, x_2, \cdots, x_n \leqslant -\dfrac{T_x}{2}, -\dfrac{T_y}{2} \leqslant y_1, y_2, \cdots, y_n \leqslant -\dfrac{T_y}{2} \end{cases}$$
$$(6-59)$$

6.5.3 算例分析

为了考察本方法的优越性，设计了两种方案进行对比计算。方案一采用传统的以目标中心为射击点进行单点射击，方案二采用分布式多点射击。每炮最大用弹量 8 发，采用分布式射击，假定各发弹具备射击独立性。取目标长 $D_x = 300$ m、宽 $D_y = 200$ m，每发火箭弹的有效毁伤威力幅员取 150 m × 150 m，弹着点散布服从正态分布。CEP 值取 29 m，标准差 σ_x 和 σ_y 分别取 20 m 和 20 m，积分区间取 5 000 步。根据计算值画出了分布式射击与单点射击用弹量与平均毁伤面积之间的关系曲线，如图 6-4 所示。

在采用分布式射击和对目标中心点单点射击两种情况下，前者较后者射

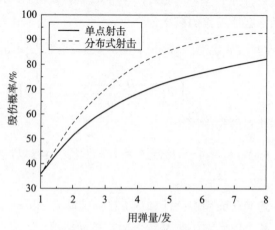

图 6-4 用弹量与平均相对毁伤面积关系对比曲线

击效率提高量和提高数据列于表6-3。

表6-3 分布式杀伤射击效率提高值

用弹量/发	1	2	3	4	5	6	7	8
提高量	5×10^{-4}	0.053	0.089	0.118	0.127	0.127	0.129	0.105
提高率/%	0.14	10.08	14.45	17.13	17.28	16.52	16.15	12.76

据表6-2数据可画出分布式杀伤比单点射击条件下射击效率的提高率曲线,如图6-5所示。

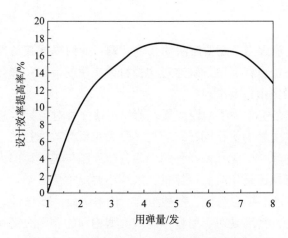

图6-5 分布式杀伤射击效率提高率百分比曲线

由图6-5中曲线可看出,平均毁伤面积随用弹量的增加而增大,但在相同用弹量条件下,采用分布式多点射击比采用传统单点射击的射击效率要大得多。这是因为,分布式射击使得对面目标的毁伤更加均匀,且增大了对面目标的总体覆盖面积。

另外,从图6-5中曲线可以得到启示:采用静态、动态效能试验确定出各弹种的有效毁伤幅员之后,针对不同性质和幅员的目标,经过目标归一化,制作出不同幅员的模板。通过大量的仿真计算画出曲线图,建立不同弹种对应的毁伤概率与用弹量关系——"毁伤—用弹量",嵌入决策系统之中。实际应用时,根据给定的毁伤要求,快速查取"毁伤—用弹量"表,初步确定用弹量(射击点数),向大数归整。确定出用弹量之后,利用计算软件计算出各射击点的坐标。火控系统按此方案装定每发弹的弹道初始诸元,用于弹道计算。实际操作中,可根据目标性质和局部毁伤要求,有重点地对局部区域加强弹药。

表 6-3 的数据和图 6-5 的曲线显示，采用一门远程火箭炮对同一面目标射击时，较之采用单点射击方法，采用分布式杀伤火力分配方法的射击效率可提高达 17.28%。前 4 发的提高率增长迅速，后 4 发的提高率趋于平缓有所下降，但实际值保持在超过 10% 的水平。这足以说明分布式杀伤火力分配对于提高远程火箭炮射击效率和作战效费比的优越性。

6.6　多弹种火力优化分配

远程制导火箭火力分配要解决的基本问题：如何根据装备性能、数量和目标属性，按照打击目标清单，确定对这些目标使用的弹种和弹数，使目标总体毁伤效果达到毁伤指标要求。

以用弹量作为规划模型的自变量。若仅用单弹种对目标实施打击，则火力分配是一维控制变量的优化问题；若用多弹种对目标实施打击，则火力分配是多维控制变量的优化问题。多弹种的火力分配问题与单弹种的火力分配问题相比，无论是复杂性还是相应的计算量，求解都要更难更复杂。

由于目标属性、平台组合、弹种组合、任务阶段的多样性，火力打击方案通常也不止一种。特别是对于射程不同、类型相同的制导火箭弹，可能用几种弹都能完成打击任务，但由于远程制导火箭弹属高价值弹药，从效费比角度考虑，火力分配的优化目标应是满足各种约束条件下的费用最小方案。下面以不同射程两种远程制导杀爆弹为例进行分析。

6.6.1　多弹种动态规划火力优化分配模型

两种弹的火力分配基本问题描述如下。

设在作战区域内的目标个数为 m 个，不同射程的远程制导杀爆弹两种，其弹的单价分别为 C_a 和 C_b，数量分别为 N_a 和 N_b。若使用第一种弹 x_i 发和第二种弹 y_i 发打击第 i 个目标时的毁伤效果值为 $f_i(x_i, y_i)$，且打击方案的总体毁伤指标为 L，火力分配就是要解决如何分配这两种弹打击 m 个目标，使总体毁伤效果 $\geq L$ 且费用最小。

用数学语言可描述为

$$\min Z = \sum_{i=1}^{m}(C_a x_i + C_b y_i)$$

$$\text{s.t.} \begin{cases} \sum_{i=1}^{m} f_i(x_i, y_i) \geq L \\ \sum_{i=1}^{m} x_i \leq N_a \\ \sum_{i=1}^{m} y_i \leq N_b \end{cases} \quad (6-60)$$

其中，x_i、y_i 为整数，$1 \leq i \leq m$。

以上问题属于多约束优化问题，其最基本的解法是进行遍历搜索，即求出每种可能的火力分配方案和对应的毁伤效果值，然后比较毁伤效果值和相应的费用并从中选优。但是，由于对每个目标都有 $(N_a+1) \cdot (N_b+1)$ 种弹的使用方法，当 N_a、N_b 和 m 较大时，弹的组合总数会非常大，如 $N_a = N_b = 49$ 且 $m = 50$ 时 $[(N_a+1) \cdot (N_b+1)]^m = 50^{100}$，计算量巨大，对计算机硬件要求极高。由此可得，遍历搜索的方法对于多弹种的火力分配问题求解实现起来较难，需要使用优化理论和方法求解。

在式（6-60）中，$f_i(x_i, y_i)$ 是建立在毁伤效果大量计算的基础之上的，它的值是一些彼此孤立的点，且点与点之间的关系是非线性关系，所以问题的性质是二维非线性整数规划问题。非线性整数规划问题是一个比较复杂的规划问题。由于解析法要求目标函数应由连续函数和（或）具有凸性、单调性等特殊性质的函数所组成，而且必须是可分的，所以用线性规划、整数规划等解析法求解上述问题显然不合适；同时，利用曲线拟合将 $f_i(x_i, y_i)$ 连续化又不可避免地引入大量误差，所以该问题也不能用非线性规划的各种方法来解决。

鉴于动态规划不需要解析法应用必备的连续性、凸性等一些前提条件，同时，可以把 N 维问题变换为 N 个一维优化问题逐个求解，故用动态规划求解非线性整数规划问题是合适的。

为了将该问题变换为动态规划问题求解，首先根据远程制导火箭使用的实际情况对火力分配的基本问题进行一些补充约束。由于远程制导杀爆弹的杀伤作用很大，所以在实际使用时可以不考虑对同一个目标使用的弹数不超过 2 发，即

$$\begin{cases} 0 \leq x_i \leq 2 \\ 0 \leq y_i \leq 2 \\ 0 \leq x_i + y_i \leq 2 \end{cases} \quad (6-61)$$

由上述补充约束条件，对第 i 个目标使用弹的组合情况不外乎以下 6 种情

况，即：$(x_i, y_i) \in \{(0,0),(0,1),(1,0),(1,1),(2,0),(0,2)\}$。这样，毁伤效果值矩阵可记为

$$F = \begin{bmatrix} f_1(0,0) & \cdots\cdots & f_i(0,0) & \cdots\cdots & f_m(0,0) \\ f_1(0,1) & \cdots\cdots & f_i(0,1) & \cdots\cdots & f_m(0,1) \\ f_1(1,0) & \cdots\cdots & f_i(1,0) & \cdots\cdots & f_m(1,0) \\ f_1(1,1) & \cdots\cdots & f_i(1,1) & \cdots\cdots & f_m(1,1) \\ f_1(2,0) & \cdots\cdots & f_i(2,0) & \cdots\cdots & f_m(2,0) \\ f_1(0,2) & \cdots\cdots & f_i(0,2) & \cdots\cdots & f_m(0,2) \end{bmatrix}_{6 \cdot m} \quad (6-62)$$

F 中的 $f_i(x_i, y_i)$ 为对第 i 个目标使用 x_i 发第一种弹和 y_i 发第二种弹打击时该目标的毁伤效果值。

这时，两种弹的火力分配问题（以下简称问题 h）可表达为

$$\min Z = \sum_{i=1}^{m} (C_a x_i + C_b y_i)$$

$$\text{s.t.} \begin{cases} \sum_{i=1}^{m} f_i(x_i, y_i) \geq L \\ \sum_{i=1}^{m} x_i \leq N_a \\ \sum_{i=1}^{m} y_i \leq N_b \\ x_i \leq 2, y_i \leq 2, 0 \leq x_i + y_i \leq 2 \end{cases} \quad (6-63)$$

其中，x_i、y_i 为整数，$1 \leq i \leq m$。

6.6.2 多弹种动态规划火力优化分配解法

与问题 h 类似的资源分配问题（以下简称问题 h'）可记为

$$\min Z = \sum_{i=1}^{m} (C_a x_i + C_b y_i)$$

$$\text{s.t.} \begin{cases} \sum_{i=1}^{m} x_i \leq N_a \\ \sum_{i=1}^{m} y_i \leq N_b \end{cases} \quad (6-64)$$

其中，x_i、y_i 为整数，$1 \leq i \leq m$。

比较问题 h 和问题 h' 可以看出，二者有两点差别：①问题 h 中约束条件多一项不等式，左边大于右边的约束；②对 x_i、y_i 和 $x_i + y_i$ 取值的附加约束。由于后者只是进一步限制了决策变量的取值范围，所以这点差别不会对问题 h 求解增加难度，甚至还可以利用其使计算得到一些简化。难在前者的处理，因为无法将其直接变换为动态规划所能接受的形式，所以问题 h 不能直接利用动态规划方法求解。但是，由于问题 h 比问题 h' 的约束条件更多，所以问题 h' 的解包含了问题 h 的解，或者说问题 h 的解是问题 h' 解的一部分，可以通过对问题 h 的分解并利用问题 h' 的求解方法分步求解问题 h。

设问题 h'' 为：有两种大威力武器，其数量分别为 N_1 和 N_2，若使用第一种武器 x_i 发和第二种武器 y_i 发打击第 i 个目标时，对该目标的毁伤效果为 $f_i(x_i, y_i)$，且对同一个目标使用的弹数不超过 2 发，问如何对 m 个目标分配弹数使总体毁伤效果值最大。

问题 h'' 可表达为

$$\min Z = \sum_{i=1}^{m} f_i(x_i, y_i)$$

$$\text{s. t.} \begin{cases} \sum_{i=1}^{m} x_i \leq N_1 \\ \sum_{i=1}^{m} y_i \leq N_2 \\ x_i \leq 2, y_i \leq 2, 0 \leq x_i + y_i \leq 2 \end{cases} \quad (6-65)$$

其中，x_i、y_i 为整数。

比较问题 h 和问题 h'' 可以看出，二者的差别在于问题 h 将打击方案的费用作为目标函数并以总体毁伤效果指标作为约束条件；而问题 h'' 回避了打击方案费用和总体毁伤指标，并以总体毁伤效果作为目标函数。与问题 h 相比，问题 h'' 要简单得多，其数学描述为多决策变量的资源分配问题，完全可以用多维决策变量动态规划的方法来求解。

由于问题 h'' 的特征是假定 N_1 和 N_2 为定数，求全部用于打击 m 个目标时如何分配弹数而使总体毁伤效果最大，所以对应 N_1 和 N_2 的不同组合情况，可得出不同的火力分配方案和不同的总体毁伤效果。当两种弹的总数分别为 N_a 和 N_b 时，两种弹的组合数为 $(N_a + 1) \cdot (N_b + 1)$，相应地可能有 $(N_a + 1) \cdot (N_b + 1)$ 种弹分配方案，且每种方案都对应着一种最大总体毁伤效果和打击方案费用。与总体毁伤指标相比，$(N_a + 1) \cdot (N_b + 1)$ 种最大总体毁伤效果包括 3 种可能：

（1）方案的最大总体毁伤效果 > 总体毁伤效果指标。

(2) 方案的最大总体毁伤效果 < 总体毁伤效果指标。

(3) 方案的最大总体毁伤效果 = 总体毁伤效果指标。

根据问题 h 的描述，所有最大总体毁伤效果值与总体毁伤效果指标的弹数分配方案都满足问题 h 的毁伤效果约束条件，而满足该约束条件的所有方案中费用最小的方案就是问题 h 的解。

于是，问题 h 的求解可分为以下三步进行。

第一步：利用二维决策变量的动态规划算法求出所有可能的火力分配方案所达到的最大总体毁伤效果值，即求出两种弹所有组合情况下问题 h'' 的目标函数值。

第二步：从第一步求出的所有值中筛选出值大于或等于总体毁伤效果指标的那一部分值。由于这些值既满足问题 h'' 的所有约束条件，也满足问题 h 约束条件中的毁伤效果指标约束，所以这些值所对应的每种火力分配都是满足问题 h 所有约束条件的火力分配可行方案。

第三步：对第二步求出的每种火力分配方案求对应的方案费用，然后从中选出最小值，该值即是问题 h 的目标函数值，该值所对应的火力分配方案即是火力最优分配方案。

这三步之间的关系为：

设问题 h'' 中两种武器的总数分别为 N_i 和 N_j 时的解向量为

$$\begin{cases} X_{ij} = (x_{ij_1}, \ldots, x_{ij_2}, \ldots, x_{ij_m}) \\ Y_{ij} = (y_{ij_1}, \ldots, y_{ij_2}, \ldots, y_{ij_m}) \end{cases} \quad (6-66)$$

此时对应的最大毁伤效果值为 $q_{ij}(N_i, N_j, x_{ij}, y_{ij})$ 且对应的火力分配方案费用为 $C_{ij}(x_{ij}, y_{ij})$，则问题 h 的解为

$$\begin{aligned} Z(X,Y) \\ = \min\{C_{ij}(x_{ij}, y_{ij}) \mid q_{ij}(N_i, N_j, x_{ij}, y_{ij}) \geqslant L, 0 \leqslant i \leqslant N_a, 0 \leqslant j \leqslant N_b\} \end{aligned}$$

$$(6-67)$$

该解所对应的 $X = (x_1, \ldots, x_2, \ldots, x_m)$ 和 $Y = (y_1, \ldots, y_2, \ldots, y_m)$ 即为两种弹的火力优化分配方案。

6.6.3 火力分配求解的优化搜索策略

如上所述，问题 h 可分解为若干个二维决策变量的优化问题，当第一种弹数为 N_a、第二种弹数为 N_b 时，问题 h 被分解为 $(N_a+1) \cdot (N_b+1)$ 个二维动态规划求解并从中选优问题。当 N_a 和 N_b 值较大时，其积也较大。由于二维动态规划解法、特别是二维决策变量的动态规划解法的计算量比一维动态规划解

法的计算量大得多。如果问题 h 被分解后不经任何优化处理，则其计算量是在二维决策变量动态规划解法计算量的基础上提高几个数量级，所以必须采用适当的优化搜索策略来尽快逼近解。

当第一种弹和第二种弹总数分别为 N_i 发和 N_j 发时，最大毁伤效果值 $q_{ij}(N_i, N_j, X_{ij}, Y_{ij})$ 是单调非减函数，即

若 $N_{i_1} > N_{i_2}$，则

$$q_{ij}(N_{i_1}, N_j, X_{ij}, Y_{ij}) \geq q_{i,j}(N_{i_2}, N_j, X_{i,j}, Y_{i,j}) \quad (6-68)$$

且有

$$C_{ij}(N_{i_1}, N_j, X_{ij}, Y_{ij}) \geq C_{i,j}(N_{i_2}, N_j, X_{i,j}, Y_{i,j}) \quad (6-69)$$

若 $N_{j_1} > N_{j_2}$，则

$$q_{ij_1}(N_i, N_{j_1}, X_{ij_1}, Y_{ij_1}) \geq q_{ij_2}(N_i, N_{j_2}, X_{ij_2}, Y_{ij_2}) \quad (6-70)$$

且有

$$C_{ij_1}(N_i, N_{j_1}, X_{ij_1}, Y_{ij_1}) \geq C_{ij_2}(N_i, N_{j_2}, X_{ij_2}, Y_{ij_2}) \quad (6-71)$$

根据毁伤效果函数的这一特征，可以采用对半排除的搜索策略来减小计算量，其思路如下：

(1) 若 $q_{ij}(N_{i_1}, N_j, X_{ij}, Y_{ij}) \geq L$，则 $N_i > N_{i_1}$ 时 $q_{ij}(N_i, N_j, X_{ij}, Y_{ij}) \geq L$，$C_{ij}(N_i, N_j, X_{ij}, Y_{ij}) \geq C_{ij}(N_i, N_j, X_{ij}, Y_{ij})$。此时，$(N_i, N_j), N_i \in \{N_{i_1}+1, N_{i_1}+2, \cdots, N_a\}$ 的组合就不必计算了，因为即使计算，最后在比较选优时也不会选中那些组合所对应的解，从而减少 $(N_a - N_{i_1})$ 次二维动态规划。

(2) 若 $q_{ij}(N_{i_1}, N_j, X_{ij}, Y_{ij}) < L$，则 $N_i < N_{i_1}$ 时 $q_{ij}(N_i, N_j, X_{ij}, Y_{ij}) < L$。此时，所有 $(N_i, N_j), N_i \in \{1, \ldots, N_{i_1}-1\}$ 的组合就不必计算，因为即使计算出来，由于 $q_{ij}(N_i, N_j, X_{ij}, Y_{ij}) \leq q_{ij}(N_{i_1}, N_j, X_{ij}, Y_{ij}) < L$，都不满足总体毁伤方案的指标要求，这样，可以少做 $(N_{i_1}-1)$ 次二维动态规划。

利用上述处理方法，每求解一次二维动态规划，便可根据问题 h'' 的解与总体毁伤指标的比较结果排除一些不必要的计算，而使求解问题 h 的计算量大为减少。若试探点选在可选区间的中点处，即采用对半排除搜索，如区间为 $[N_{i_1}, N_{i_2}]$ 时，可选在 $[(N_{i_1}+N_{i_2})/2]_{\text{int}}$，便可排除该区间点数一半的二维动态规划的计算。

基于上述思想，问题 h 的求解可以采用两种不同的优化搜索逼近策略。

策略一：固定第二种弹数（如令 $N_j = N_{j_0}$），让第一种弹数在 $0 \sim N_a$ 变化。此时，求动态规划的最大次数为 $T_{x,\max} = \min x = \{n | 2^n \geq N_a\}$。当 N_j 的固定值在 $0 \sim N_b$ 分别取值时共有 $N_b + 1$ 次，整个过程中求解动态规划的最大次数是 $(N_b + 1) \cdot T_{x,\max}$，可保证求出问题 h 的全局最优解。

策略二：固定第一种弹数（如令 $N_i = N_{i_0}$），让第二种弹数在 $0 \sim N_b$ 变化。

此时,求动态规划的最大次数为 $T_{y,\max} = \min y = \{n | 2^n \geq N_b\}$。当 N_i 的固定值在 $0 \sim N_a$ 分别取值时共有 $N_a + 1$ 次,整个过程中求解动态规划的最大次数是 $(N_a + 1) \cdot T_{y,\max}$,可保证求出问题 h 的全局最优解。

由于上述两种策略都可以求出问题 h 的全局最优解,所以在求解问题 h 时使用哪一种策略均可。但由于两种策略所对应的求解动态规划的最大次数可能不同,就存在一个选择较优的搜索逼近策略问题。选择策略的方法是:在问题求解之前,先求出两种策略所对应的整个过程求动态规划的最大次数,再进行比较并从中选择次数较少者,即:

若 $(N_x + 1) \cdot T_{y,\max} > (N_y + 1) \cdot T_{x,\max}$,则选择第一种策略;

若 $(N_x + 1) \cdot T_{y,\max} < (N_y + 1) \cdot T_{x,\max}$,则选择第二种策略;

若 $(N_x + 1) \cdot T_{y,\max} = (N_y + 1) \cdot T_{x,\max}$,则两种策略均可。

以上选择方法在编制数值计算条件下很容易实现。

第7章
作战协同与火力机动优化

远程制导火箭武器系统射程远、精度高，具备战役全纵深内点面结合、功能复合的精确打击能力，是联合火力打击体系的重要组成力量，可在不同作战样式和作战阶段遂行精确火力打击任务。在作战中，需要与作战体系内的各军兵种火力有机协同，适时进行火力机动，充分发挥"火力臂"长的特点和精确打击能力，提高作战效能。

7.1 作战协同优化

在联合作战中，远程制导火箭将与火箭军、空军航空兵、陆军航空兵等军兵种进行火力协同，共同遂行火力打击任务，由于需要协同的要素众多、特点各异，这就涉及火力协同的优化问题。

7.1.1 火力协同优化模型

现代诸军兵种联合作战中，有许多参与远程火力打击的部队，如炮兵、火箭军、空军、陆军航空兵等。实施火力协调的首要任务，就是制定一个优化的火力计划预案，使得综合火力打击的效果达到相对最佳、作战效率相对最高的期望结果。

设我军（红军）拥有火力军兵种部队 m 支，各支部队根据其武器数量及武器毁伤力，各自对应着（具有）一定的战斗力指数。我军 m 支部队记为 $R_1, R_2, \cdots, R_m$；敌军（蓝军）n 支火力部队则记为 $B_1, B_2, \cdots, B_n$。

记 ρ_{ji} 和 β_{ij} 分别为红军第 i 种火力（$i = 1, 2, \cdots, m$）对蓝军第 j 种火力部队（$j = 1, 2, \cdots, n$）以时间 t 为单位的指数毁伤概率 β_{ij}，且有

$$\rho_{ji} = \frac{1}{R_i}\frac{\mathrm{d}B_j}{\mathrm{d}t}, \beta_{ij} = \frac{1}{B_j}\frac{\mathrm{d}R_i}{\mathrm{d}t}, i = 1, 2, \cdots, m, j = 1, 2, \cdots, n \quad (7-1)$$

红军的 m 支部队对蓝军 n 支部队、蓝军的 n 支部队对红军的 m 支部队的毁伤概率,可分别用两个矩阵来描述,分别记为 $[\boldsymbol{\rho}]_{nm}$、$[\boldsymbol{\beta}]_{mn}$。于是有

$$\begin{cases} [\boldsymbol{\rho}]_{nm} = \begin{bmatrix} \boldsymbol{\rho}_{11} & \boldsymbol{\rho}_{12} & \cdots & \boldsymbol{\rho}_{1m} \\ \boldsymbol{\rho}_{21} & \boldsymbol{\rho}_{22} & \cdots & \boldsymbol{\rho}_{2m} \\ \cdots & \cdots & \ddots & \cdots \\ \boldsymbol{\rho}_{n1} & \boldsymbol{\rho}_{n2} & \cdots & \boldsymbol{\rho}_{nm} \end{bmatrix} \\ [\boldsymbol{\beta}]_{mn} = \begin{bmatrix} \boldsymbol{\beta}_{11} & \boldsymbol{\beta}_{12} & \cdots & \boldsymbol{\beta}_{1n} \\ \boldsymbol{\beta}_{21} & \boldsymbol{\beta}_{22} & \cdots & \boldsymbol{\beta}_{2n} \\ \cdots & \cdots & \ddots & \cdots \\ \boldsymbol{\beta}_{m1} & \boldsymbol{\beta}_{m2} & \cdots & \boldsymbol{\beta}_{mn} \end{bmatrix} \end{cases} \quad (7-2)$$

将 $[\boldsymbol{\rho}]_{nm}$、$[\boldsymbol{\beta}]_{mn}$ 称为指数毁伤概率矩阵。

按红蓝双方之火力计划,可列出两个兵力分配的矩阵,简称兵力矩阵,分别记为 $[\boldsymbol{r}]_{nm}$、$[\boldsymbol{b}]_{mn}$,即

$$\begin{cases} [\boldsymbol{r}]_{nm} = \begin{bmatrix} r_{11} & r_{12} & \cdots & r_{1m} \\ r_{21} & r_{22} & \cdots & r_{2m} \\ \cdots & \cdots & \ddots & \cdots \\ r_{n1} & r_{n2} & \cdots & r_{nm} \end{bmatrix} \\ [\boldsymbol{b}]_{mn} = \begin{bmatrix} b_{11} & b_{12} & \cdots & b_{1n} \\ b_{21} & b_{22} & \cdots & b_{2n} \\ \cdots & \cdots & \ddots & \cdots \\ b_{m1} & b_{m2} & \cdots & b_{mn} \end{bmatrix} \end{cases} \quad (7-3)$$

矩阵中的元素 r_{ij}、$b_{ij}(i=1,2,\cdots,m;j=1,2,\cdots,n)$ 均为分配兵力的百分比,在 $[0,1]$ 中取值。显然,矩阵 $[\boldsymbol{r}]_{nm}$ 及 $[\boldsymbol{b}]_{mn}$ 中各列元素之和均等于 1。红蓝双方各火力军兵种部队在火力战斗中的时间损耗率,可由以下模型描述:

$$\begin{cases} \dfrac{\mathrm{d}}{\mathrm{d}t}\begin{bmatrix} B_1 \\ B_2 \\ \vdots \\ B_n \end{bmatrix} = -\begin{bmatrix} r_{11} & r_{12} & \cdots & r_{1m} \\ r_{21} & r_{22} & \cdots & r_{2m} \\ \cdots & \cdots & \ddots & \cdots \\ r_{n1} & r_{n2} & \cdots & r_{nm} \end{bmatrix} * \begin{bmatrix} \boldsymbol{\rho}_{11} & \boldsymbol{\rho}_{12} & \cdots & \boldsymbol{\rho}_{1m} \\ \boldsymbol{\rho}_{21} & \boldsymbol{\rho}_{22} & \cdots & \boldsymbol{\rho}_{2m} \\ \cdots & \cdots & \ddots & \cdots \\ \boldsymbol{\rho}_{n1} & \boldsymbol{\rho}_{n2} & \cdots & \boldsymbol{\rho}_{nm} \end{bmatrix} \cdot \begin{bmatrix} R_1 \\ R_2 \\ \vdots \\ R_m \end{bmatrix} \\ \dfrac{\mathrm{d}}{\mathrm{d}t}\begin{bmatrix} R_1 \\ R_2 \\ \vdots \\ R_n \end{bmatrix} = -\begin{bmatrix} b_{11} & b_{12} & \cdots & b_{1m} \\ b_{21} & b_{22} & \cdots & b_{2m} \\ \cdots & \cdots & \ddots & \cdots \\ b_{n1} & b_{n2} & \cdots & b_{nm} \end{bmatrix} * \begin{bmatrix} \boldsymbol{\beta}_{11} & \boldsymbol{\beta}_{12} & \cdots & \boldsymbol{\beta}_{1m} \\ \boldsymbol{\beta}_{21} & \boldsymbol{\beta}_{22} & \cdots & \boldsymbol{\beta}_{2m} \\ \cdots & \cdots & \ddots & \cdots \\ \boldsymbol{\beta}_{n1} & \boldsymbol{\beta}_{n2} & \cdots & \boldsymbol{\beta}_{nm} \end{bmatrix} \cdot \begin{bmatrix} B_1 \\ B_2 \\ \vdots \\ B_m \end{bmatrix} \end{cases} \quad (7-4)$$

式(7-2)及式(7-4)实际上是经过改进的兰切斯特(Lanchister)方程组,式(7-2)描述了红军对蓝军造成的损耗,式(7-4)描述了蓝军对红方造成的损耗。

火力协同优化的目标是由矩阵$[r]_{nm}$拟定多种方案,使得蓝军的损耗率变为最大,即

$$\max[B]_{n\times 1} = -[r]_{nm} * [\rho]_{nm} \cdot [R]_{m\times 1} \tag{7-5}$$

在以上三式中,在矩阵运算中引用了一个"*"算符,它规定了二同阶矩阵之对应元素两两相乘,从而得到一个同阶的积矩阵,此算符简称"星乘"。

约束条件为

$$\begin{cases} r_{ji} \geq 0, i=1,2,\cdots,m; j=1,2,\cdots,n \\ \sum_{j=1}^{n} r_{ji} = 1, i=1,2,\cdots,m \end{cases} \tag{7-6}$$

如果蓝军的部署不变化,即$[b]_{mn}$不变,则此问题为一个线性约束下的非线性规划问题。可通过数值方法,求出近似最优解。

7.1.2 对抗时火力协同优化

当蓝军部署不确定时,则称为双方发生多军兵种协同的火力对抗。此时,最好用对策论的方法求解。

在式(7-2)及式(7-4)中,排除I种$[r]_{nm}$矩阵作为红军火力协同方案集,并同时排除J种估计可能的$[b]_{mn}$矩阵,作为蓝军火力协同预测方案集。然后,分别算出结果,可得到$[B]_{(n\times 1)i}, i=1,2,\cdots,I; [R]_{(m\times 1)j}, j=1,2,\cdots,J$两个矩阵集。再分别用简单求和或加权求和的方法,将两矩阵中元素综合成两个数集$B_i, i=1,2,\cdots,I$及$R_j, j=1,2,\cdots,J$,作为对策矩阵中的元素,这些元素是蓝红两方不同策略的战果,其单位仍是单位时间内的战斗力指数损耗。

对策矩阵如表7-1所示。

表7-1 对策矩阵

蓝军策略 红军策略	BT_1	BT_2	⋯	BT_J	红军的悲观估计集
RT_1	B_{11}/R_{11}	B_{12}/R_{21}	⋯	B_{1J}/R_{J1}	$\min B_{1J}/\max R_{J1}$
RT_2	B_{21}/R_{12}	B_{22}/R_{22}	⋯	B_{2J}/R_{J2}	$\min B_{2J}/\max R_{J2}$

续表

蓝军策略＼红军策略	BT_1	BT_2	...	BT_J	红军的悲观估计集
⋮	...	...	...	...	... ...
RT_n	B_{I1}/R_{1I}	B_{I2}/R_{2I}	...	B_{IJ}/R_{JI}	$\min B_{IJ}/\max R_{JI}$
红军最优策略		$\max * \min\{B_{1J}, B_{2J}, \cdots, B_{IJ}\}/\min\{R_{J1}, R_{J2}, \cdots, R_{J3}\}$			

可以看出，此矩阵实为两个阶数互为转置的矩阵$[B]_{IJ}$和$[R]_{JI}$。对于红军来说，前者为其战果，后者为其损耗。为此，我们的目的是选择战果最大且损耗最小的一个策略集，即

$$\begin{cases} \max[B]_{ij}, i=1,2,\cdots,I; j=1,2,\cdots,J \\ \min[R]_{ij}, i=1,2,\cdots,I; j=1,2,\cdots,J \\ [r]_{ij} = RT_i, i \in \{1,2,\cdots,I\} \end{cases} \quad (7-7)$$

上述对策矩阵通常是无鞍点的，对其求解时，通常可先在红军策略集$RT_i, i=1,2,\cdots,I$中选出最小的战果$\min B_{ij}, i \in \{1,2,\cdots,I\}, j \in \{1,2,\cdots,J\}$及最大的损耗$\max R_{ij}, i \in \{1,2,\cdots,I\}, j \in \{1,2,\cdots,J\}$，作为红军最悲观的估计集。最后，从最大损耗集中选出最小的一个对策，并从最小战果集中选取一个最大的对策。这两个对策不一定重合，需根据经验作出较理想的或从战果和损耗两方面均可接受的方案选择。

7.2 射击安全界

为保证友军安全，远火部队在作战中必须划出时间和空间的安全界。时间安全界的划定比较简单，只需用远火突击的开始时刻为起始，以远程制导火箭群中最后一发的飞行时间的终点为终结，再加上一定的裕度即可。空间安全界则稍许复杂一些，它分为地域安全界和空域安全界。

7.2.1 地域安全界

地域安全界指的是在地面上划定一个平面区域，以保证己方地面部队的安全。此安全界为以目标区中各瞄准点位为圆心，并以安全距离S为半径作圆族，则其包络线以外的区域即为地域安全界，如图7-1所示。其中，按顺时针方向，包络线$ABCD$之外的区域为安全地域。

第7章　作战协同与火力机动优化

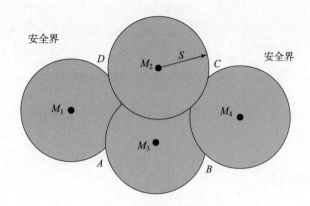

图 7-1　地域安全界示意图

安全距离半径 S 写为

$$S = 4\sigma + R_W \approx 3.5\text{CEP} + R_W, \text{m} \qquad (7-8)$$

式中，σ 为制导火箭弹落点正态分布的均方差；R_W 为战斗部威力半径。

7.2.2　空域安全界

空域安全界指的是划定的一个三维立体空间，以保证己方航空兵以及其他火力和空基侦察平台的安全。严格地说，空域安全界应是以远程制导火箭弹载入弹道为轴，以安全半径 S 所作圆柱族形成的包络柱面，被地面及安全高度 H 斜切形成的柱体之外的空域。但在实际使用中，为了方便，往往近似采用以地域安全界为底，以安全高度 H 为高所作正切柱体之外的空域。对于子母弹或采用空炸模式的弹种，空域安全界可表示为

$$H = 4\sigma_p + H_p \qquad (7-9)$$

式中，σ_p 为子母弹解爆高度或整体弹空炸高度的均方差；H_p 为子母弹母弹解爆高度或整体弹空炸高度的期望值。

7.3　火力机动

火力机动指的是在不变换兵力部署的情况下，较大跨度地将火力集中到所需打击的目标上，甚至进行超越任务区分和战斗分界线的射击。

远程制导火箭射程远、精度高，具备跨大空间实施火力打击的能力。但由

于发射阵地极易被敌方侦测到,而发射阵地又是敌方火力反制的重点目标。因此,在射击准备中,远程制导火箭分队通常设立预备阵地,在发射阵地行一次齐射后,即转入预备阵地,采用兵力武器机动、间隔时间、机动射击的方法保存自己。如果在对手侦察和火力反制手段水平较低或在特定战场环境下作战,也存在火力机动的可能性。

如果在发射阵地实施火力机动,则存在暴露时间、危险时间、转移时间及安全时间的计算。

7.3.1 暴露时间

炮位侦察雷达、无人机及战场侦察卫星都能执行反炮兵侦察任务。军事强国通常使用多种侦察监视平台组成范围广大的战略、战役和战术侦察监视体系。在预定的战场范围内,能够实施全方位、全天候的侦察监视,对重点目标区域的侦察范围可达 $10 \times 10^{10} \sim 20 \times 10^{10} \, \text{m}^2$。

远程制导火箭武器系统在阵地发射后,其被定位的概率与其在阵地停留时间 t 是成正比的。

$$P_1 = P_h \cdot \left[1 - \frac{(t \cdot T_p)^M / M!}{\sum_{i=0}^{M} \frac{(X \cdot T_p)^i}{i!}} \right] \qquad (7-10)$$

式中,P_h 为首次射击时雷达的开机概率;M 为服务台数;T_p 为雷达捕捉一条弹道求得炮位所需要的时间;X 为雷达扫描区域每分钟平均出现的弹道数。

则 T 时刻的发现概率为

$$P(f) = 1 - \prod_i (1 - P_i) \qquad (7-11)$$

其中,i 表示 T 时刻之前的时间分钟数。

以炮位侦察雷达为例,设雷达开机概率 $P_h = 0.4$,$M = 5$,$T_p = 0.5 \, \text{min}$,$X = 8 + N_{发/次}$。其中,P_h 随发射后时间的增加而变大,雷达开机时间为 25 s,故在战场条件下,一旦战场侦察系统发现火箭弹飞行,立即开机,将此时间定义为 3 min,此时 $P_h = 1$。

发射阵地被发现定位概率随时间变化值如表 7-2 所示。

表 7-2　发射阵地被发现定位概率随时间变化值

开机概率 \ 时间/min	1	2	3	4	5	6	7	8	9
0.4	0.399	0.639	0.784	1	1	1	1	1	1
0.5	0.500	0.750	0.875	1	1	1	1	1	1
0.6	0.600	0.840	0.936	1	1	1	1	1	1
0.7	0.700	0.910	0.973	1	1	1	1	1	1
0.8	0.800	0.960	0.992	1	1	1	1	1	1
0.9	0.900	0.990	1	1	1	1	1	1	1
1.0	1	1	1	1	1	1	1	1	1

（表左侧合并单元格为"被发现定位概率"）

为达到射击的突然性，故选择敌方开机概率较小时射击，即 $P_h \leq 0.4$。从发现概率总的趋势来看，射击时间在 1 min 内被发现概率较小，其后迅速增加，3 min 后概率已经接近 1。经计算平均被发现时间（数学期望）为 1.5 min，此时相应的被发现概率为 0.5，可以认为射击开始后 1.5 min 是阵地暴露时间，其后将存在较大遭反击的威胁；但由于军事侦察技术的发展，多种侦察手段综合运用，在射击初始阶段被发现的概率增大，相当于雷达开机概率大幅提高。

7.3.2　可能遭到打击的危险时间

一旦敌方侦察系统获取到远程火箭炮发射阵地坐标，其指挥信息系统会立即分配反制火力进行反击。由于敌方反击武器所处状态不同，火力反应需要一定时间，可认为敌方火力反应时间为一随机变量且服从指数分布，其分布与最短反应时间 t_l、平均反应时间 t_c 相关。

设敌方反制火力数量为 C，战场每分钟出现 N 个新目标需压制，对每个目标的压制时间为 t_y，则状态概率 P_0 为

$$P_0 = \left[\sum_{k=0}^{C-1} \frac{1}{k!} (N \cdot t_y)^k + \frac{1}{C!} \cdot \frac{1}{1-\rho} (N \cdot t_y)^C \right]^{-1} \quad (7-12)$$

$$\rho = \frac{N \cdot t_y}{C} < 1 \quad (7-13)$$

则火力反应时间为

$$t_w = \frac{(c\rho)^c \cdot \rho}{C!(1-\rho)^2} \cdot P_0 / N \quad (7-14)$$

可能遭到打击的危险时间为

$$t_c = t_w + 传达目标时间 + 决定目标诸元时间 + 射弹飞行时间$$
(7-15)

设 $C = 10$，$N = 2$，$t_y = 3$，可计算敌方对远程制导火箭武器的反制火力反应的平均时间为（期望值）$t_w = 0.7$ min，则根据远程制导火箭武器在战场配置情况，以及敌方反制武器飞行速度，可设 $t_c = t_w + 2.5 = 3.2$ min，$t_l = 2.5$ min。

发现条件下的敌反击概率：

$$P(b/f) = \int_{t_l}^{T} \frac{1}{t_c} \exp[-(t-t_l)/t_c] dt = \begin{cases} 0, & t \leq t_l \\ 1 - \exp[-(t-t_l)/t_c], & t > t_l \end{cases}$$
(7-16)

阵地在敌方发现后遭敌方反击概率随时间变化值如表 7-3 所示。

表 7-3 阵地在敌发现后遭敌击概率随时间变化值

时间/min	1	2	3	4	5	6	7	8	9
遭敌反击概率	0	0	0.145	0.374	0.542	0.665	0.755	0.821	0.869

由此可计算得到敌既发现又反击的概率，其中，远程制导火箭遭到敌反制火力时刻为去掉最快火力反应时间，即为发现时间点。

$$P(b) = P(f) \cdot P(b/f)$$
(7-17)

当 $P_h = 1$ 时，在发射后即被发现条件下遭敌反击概率如表 7-4 所示。

表 7-4 当 $P_h = 1$ 时，在发射后即被发现条件下遭敌反击概率

时间/min	1	2	3	4	5	6	7	8	9
遭敌反击概率	0	0	0.145	0.374	0.542	0.665	0.755	0.821	0.869

当 $P_h = 0.4$ 时，在发射后被发现条件下遭敌反击概率如表 7-5 所示。

表 7-5 当 $P_h = 0.4$ 时，在发射后被发现条件下遭敌反击概率

时间/min	1	2	3	4	5	6	7	8	9
遭敌反击概率	0	0	0.058	0.239	0.425	0.665	0.755	0.821	0.869

远程火箭炮阵地遭敌反击概率随时间变化趋势如图 7-2 所示。

在理想条件下，即雷达开机概率较小时，即 $P_h = 0.4$，将暴露时间与敌方平均反应时间相加得 4.7 min，此时我遭敌反击概率小于 0.4。而当严格条件

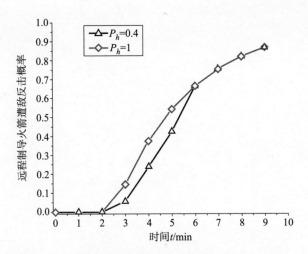

图7-2 远程火箭炮阵地遭敌反击概率随时间变化趋势

下,即 $P_h = 1$ 时,4.5 min 为临界点,故可确定阵地射击 4.5 min 后是敌首群反击火力落达的危险时间。

7.3.3 火力机动最长射击时间的转移时间

远程制导火箭阵地生存概率与射击时间具有紧密的关系。设敌反击可供选择的火力有三种,则有

$$P(h) = P(f) \cdot P(b/f) \cdot P(h/b) \quad (7-18)$$

式中,$P(h/b)$ 为发现条件下的毁伤概率,可由命中概率和毁伤概率求得。

最长射击时间可能与完成任务的所需时间存在冲突。根据对各类打击目标所需弹药量及远程制导火箭完成发射的速度,需兼顾生存与完成任务两个方面,必要时可延长阵地最大射击时间;还可采用调用更多兵力集中射击,即增加单位时间的火力发射密度,或运用多个分队交替转移的方法,保持火力持续。

第 8 章
远程制导火箭弹火力突防

远程制导火箭弹在中制导段采用了卫星制导技术，在弹道末段采用惯性制导技术或末制导技术。对于制导弹药来说，制导误差是造成其射击精度误差的主要因素。在制导火箭弹飞向目标的过程中，当卫星制导工作正常时会达到很高的精度；但是，若卫星导航信号受到干扰，则会产生制导误差而造成一定的弹道散布。

由于远程制导火箭射程远、威力大、精度高、打击方式多样、火力密集，是对敌方作战体系内高价值目标实施火力突击的重要力量,从而也是敌方重点防御的力量。一方面,敌方会通过干扰手段对卫星导航信号进行干扰,影响其射击精度,降低己方目标被命中的概率;另一方面,会使用各种防空反导武器进行拦截,减少其抵达己方目标的数量。因而,在运用远程制导火箭的火力时,需考虑敌方干扰和拦截因素制定火力打击方案,这就需要研究远程制导火箭的弹道工作过程、精度影响因素、制导干扰和突防概率问题。

8.1 受到的制导干扰及其对策

8.1.1 远程制导火箭弹命中精度影响因素

为了明晰在作战中可能面临的干扰机理,以"捷联惯导+卫星"组合导航技术的远程制导火箭弹为对象,首先对其弹道工作过程进行简要分析,进而梳理影响其命中精度的因素。

8.1.1.1 远程制导火箭弹简要工作过程

远程制导火箭弹发射前,需进行系统初始化,向卫星信号接收机加注星历,使惯导系统初始对准,获取目标信息,进行弹道解算;远程制导火箭弹发射后,惯导系统和卫星信号接收机开始测量弹体飞行数据,输出到弹载计算机,由卡尔曼滤波器综合滤波得出位置和姿态信息,确定弹道偏差,控制系统按照方案弹道实时修正弹道偏差。到达预定目标位置后,制导系统向引信发出点火信号,引爆战斗部击毁目标。

远程制导火箭弹之所以具有很高的命中精度,与采用了"捷联惯导+卫星"组合导航技术和以弹载计算机为核心的控制系统密切相关。若导航与控制系统工作正常,则火箭弹会准确地命中目标;若受到干扰,则会产生较大的落点偏差。远程制导火箭弹无干扰弹道和受干扰弹道如图 8-1 所示。

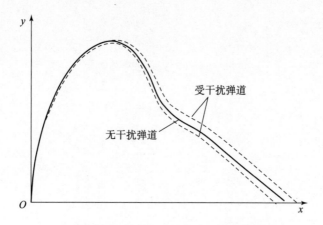

图 8-1　远程制导火箭弹无干扰弹道和受干扰弹道示意图

8.1.1.2　影响远程制导火箭弹命中精度的因素

影响远程制导火箭弹命中精度的误差因素有很多,根据产生原因大致可分为两类:制导误差与非制导误差。制导误差是影响远程制导火箭弹命中精度的主要误差,包括制导方法误差和制导工具误差。制导工具误差是影响制导火箭弹精度的主要因素,占总误差的 70% ~ 80%。制导误差主要包括惯导误差、卫星测量误差和舵系统误差;非制导误差是在自身或外界因素干扰下,由与制导系统无关的因素造成的误差或偏差,通常包括弹体气动参数误差、弹体参数误差、风干扰和初始发射误差。影响远程制导火箭弹命中精度的主要误差因素如图 8-2 所示。

对于采用组合导航技术的远程制导火箭弹,当组合导航正常时,在数百千米射程上的圆概率误差可达到几十米甚至米级;当采用纯惯导系统导航时,这个指标会降低到二三百米。这主要是因为当受到干扰时,卫星信号接收机的抗干扰能力、快捕能力、信号动态跟踪性能等均会受到影响,导致弹体位置和速度信息产生误差。惯导系统在受到干扰时会产生漂移,导致测量误差。卫星和惯导系统产生的带有误差的导航数据提供给弹载计算机后,相应地会给舵控制系统提供带有误差的控制指令,从而导致落点偏差,影响命中精度。

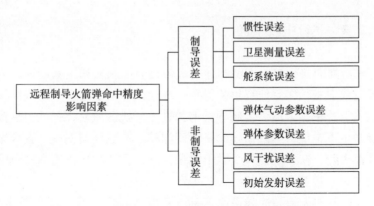

图 8-2　影响远程制导火箭弹命中精度的主要误差因素

8.1.2　作战中可能面临的制导干扰机理分析

采用远程制导火箭弹对敌实施远程精确打击时,弹载卫星信号接收机能够提供高精度的自身定位、定姿和定时信息,因此,防御一方会使用电子战装备对弹载卫星信号接收系统进行干扰。根据弹载卫星信号接收系统的特征,防御方在各作战环节实施的电子战行动也不尽相同。针对制导火箭弹的弹道特征,一般可以归纳为三个作战阶段加以分析:发射阶段、飞行中段和飞行末段。

8.1.2.1　发射阶段干扰

加装卫星/惯导导航设备的制导火箭在发射前必须经过卫星导航的初始定位以及惯导初始化,其中惯导系统借助卫星信号接收机进行初始校准对惯导系统的导航精度尤为重要。如果卫星信号接收机在这个阶段突然受到干扰并一直持续下去,将使惯导初始化失败,或被迫采用陀螺罗经对准或存储航向对准等误差较大的初始化手段。这个固定偏差将一直持续下去,对惯导的导航精度造成较大影响。假设制导火箭弹发射时角度初始化偏差为 2 mrad,且在飞行期间一直受到卫星信号接收干扰,无法完成中段校准,当飞行数百千米后,固定偏航可达数千米,大大偏离了攻击目标。

因此,防御方会使用卫星信号干扰无人机和车载干扰站对制导火箭发射平台载卫星信号接收机实施干扰,增大制导火箭的初始化误差(或不能完成初始化)。在实际使用中,可将车载干扰站布置在己方沿海阵地上实施远距离干扰。

8.1.2.2　飞行中段干扰

制导火箭弹的飞行中段主要制导方式包括惯性制导和卫星制导。防御方如果根据天基或空基预警系统提供的信息，在火箭弹来袭路径上设置纵深为数百千米的卫星干扰覆盖区域，当制导火箭弹进入干扰区域后，弹载卫星接收机因受到干扰产生不定位，引起惯导的长时间漂移，产生导航误差，直接影响命中精度。计算表明，在卫星信号受到干扰条件下，可使制导火箭弹的命中误差增加数十倍，命中精度大大降低。

由于远程制导火箭弹的弹道高度高、跨度大，要对其飞行中段实施干扰，防御方需要采用天基或空基卫星信号干扰设备，在来袭路径上进行大范围、大高度、大纵深的欺骗干扰，使弹载制导设备采用错误的定位信息对惯导进行修正，从而增大其导航误差。在陆上靠近己方采用无人机或车载干扰站的大范围干扰，使弹上惯导系统漂移随时间积累，从而增大导航误差。

8.1.2.3　飞行末段干扰

在被打击方的目标区（同时也是远程制导火箭弹的弹道飞行末段），防御方会以地面干扰系统、车载干扰站和无人机载干扰系统配合使用实施干扰。防御方电子对抗力量可采用干扰无人机预先机动到干扰区域上空实施可控欺骗干扰，逐渐"拉偏"欺骗干扰定位值，致使制导火箭弹采用所接收到的错误信息不断修正自身航路，最终偏离作战目标。对于电子战力量较强的对手，还会配合精确制导武器电子防护系统对弹载卫星信号接收机实施干扰，降低其命中精度，降低对己方重要目标的毁伤概率。

以上三点，分析了制导火箭在全弹道过程中受制导干扰的机理，而制导干扰造成的射击精度误差到底有多大，需要基于控制弹道程序进行大量的数值仿真，再结合实弹飞行试验数据加以确定。值得注意的是，有的制导火箭在设计时具备了抗干扰能力，但不同制导火箭的抗干扰能力是有差别的，制导干扰对其射击精度造成的影响需结合仿真和实弹飞行试验进行深入研究。

8.1.3　远程制导火箭应对制导干扰的措施

针对敌方的各种预警系统和电子干扰手段，需要立足武器系统的技术战术特点，在作战全过程进行周密计划和合理运用。下面给出信息化条件下远程制导火箭应对电磁干扰的几点建议。

8.1.3.1 加强战场电磁频谱管理，减少在发射前被敌电子侦察概率

远程制导火箭武器系统参与的作战行动一般是联合作战条件下的火力打击行动，其所面临的电磁干扰一般是被敌方发现后的有针对性的干扰行动。由于实战中远火部队通常以基本建制单位参与作战，以营建制为例，整个武器系统的作战平台可达几十个，系统之间通信时的电磁特征表征较为明显，我方的电磁信号容易被敌方的电子侦察卫星、电子侦察飞机以及其他高技术电磁频谱探测设备截获并进行识别、定位和记录，从而准确掌握辐射源的技术参数、威胁程度和我方部队部署情况，为其电子战力量的作战部署提供信息、创造先机。因此，我方参战的远火部队从战前准备阶段就要开始制订战场电磁频谱管理计划，各作战单元在各作战阶段要严格执行计划，防止被敌方电子侦察手段发现。

8.1.3.2 实施模块化小编组广域配置，打乱敌方电子战力量部署

远程制导火箭弹采用"捷联惯导+卫星"组合导航技术，具有较强的弹道控制能力（图8-3），且发射车与指挥车具有与天基、空基、陆基通信链路的接口，具有较强的自主作战能力和多渠道的信息获取能力，具备在广域战场范围内实施"兵力分散、火力集中"作战的能力。而敌方电子干扰设备一般要受到距离、角度、范围等因素的影响，且远程、高技术电子干扰装备的数量

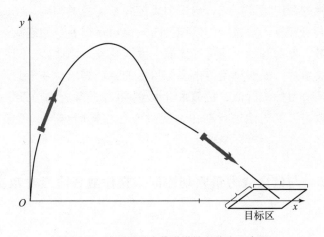

图8-3 远程制导火箭弹道控制能力示意图

有限。在实战中,我方可依托远程制导火箭武器系统的技术优势,对参战力量进行模块化编组,在战场范围内实施广域配置,使敌方对我远火部队作战配置难以把握,分散敌方电子干扰力量的部署,减小敌方对我方的电磁干扰效率。

8.1.3.3 实施灵活的战场佯动,隐真示假,迷惑敌方电子力量

在作战过程中,具有高水平电子战能力的强敌会派出高空无人侦察机、电子侦察机对我作战部署区域上空进行侦察,搜索、捕获我方各种电磁信号情报,并将信号发至防区外的电子侦察机。电子侦察机对信号和信息进行加工处理,识别我方各类目标并精确定位,还原我方实时战场网电态势,制定相应的电磁干扰方案对我实施干扰。为此,我方远火部队在作战部署阶段可将参战部队分成多个小组,实行多路同步开进,并实行无线电静默,避免显露电磁征候;同时,派出一支小型佯动分队,按照相反或远离作战配置地域的方向进行机动,并故意暴露电磁特征,隐真示假,迷惑敌方电子侦察力量。

8.1.3.4 采用新型射击方法,使敌方电子战力量无暇应对

一方面,由于远程制导火箭弹具备较强的弹道控制能力,每发火箭弹可以按照装定的弹道诸元对目标区范围内的任一目标实施精确打击,这也就使得对控制范围内的多个目标,采用相同的发射诸元、不同的弹道诸元进行射击成为可能,也就是"一次调炮、多点攻击"的新型射击方法;另一方面,由于远程制导火箭弹的命中精度很高,与发射无控弹和简控弹相比,完成相同的火力打击任务弹药消耗量大幅减少。以往打击一个目标需要多门炮或一门炮齐射才能完成的任务,发射制导火箭可能仅需一发或几发。因此,一门远程制导火箭在一次满管装填后,能够满足打击多个目标的弹药需求。基于此,在火力任务筹划时,可按照目标的价值、位置和上级的要求进行火力分配,采用"一次调炮、多点攻击"的方法进行射击,使敌方无法判断炮位、无暇进行多方向拦截。

8.1.3.5 与信息战力量密切协同,在作战各阶段对敌实施多维电子压制

面对强敌时,远程制导火箭在作战各阶段都有可能被敌方电子侦察设备发

现和干扰。当在发射前被发现时，所受到的饱和电子压制会使通信无法连通，造成指挥链路中断，也会使导航定位系统的信号接收、传输、初始对准等受到影响；即使能够成功进行发射，发射后的火箭弹也可能被敌方的红外侦察卫星或预警雷达捕捉到，敌方会根据火箭弹飞行轨迹，组织电子战部队采取多种方式进行干扰。因此，我方远火部队在作战中要周密制订火力计划，与电子战部队密切配合。战前，电子战部队要密切注意敌方电子侦察行动，必要时对其侦察卫星、电子侦察机、高空无人侦察机等实施电子压制干扰；在制导火箭弹飞向目标的过程中，通过对敌预警雷达进行干扰压制，降低其探测距离，推迟其发现制导火箭的时间，增大其探测误差，降低其对远程制导火箭的识别概率。通过对各种通信链路的干扰，增加其信息传输时延及传输误码率。

8.1.3.6 发展软硬结合的新型弹药，依靠系统自身力量提高电磁对抗能力

除了依靠电子战部队的配合保障之外，在远程制导火箭弹药发展过程中，还可以依托其高新技术易实现的特点，发展软杀伤和硬摧毁结合、以巡飞式和子母式为主的新型弹药。在软杀伤方面，可以发展远程巡飞干扰弹或子母式干扰弹，在火力打击之前发射或者与杀伤弹一起发射，提前对打击目标区域实施电磁压制，为后续杀伤弹开辟"电磁通道"。在硬摧毁方面，可以发展反辐射制导火箭弹、反辐射巡飞弹等，在进行火力打击时，搜索、定位敌方电子干扰设备并予以摧毁，使敌方无力对我方制导火箭的火力打击实施干扰。

8.2 可用的突防技术措施

远程制导火箭弹的射程从几十千米到几百千米，飞行时间较短，飞行高度偏低，给防御方的预警时间相对短一些，防御方多采用低层防御系统在飞行弹道末段进行拦截。而对于采用了中段制导、末段制导技术的远程制导火箭而言，为对付末段防御，可采用隐身、诱饵、电子对抗、机动变轨等突防手段。

针对远程制导火箭的能力特点，防御方一般可采用陆基或海基战区导弹防御系统进行防御。远程制导火箭的突防大致可从两个方面入手：一是自身突防，二是通过体系对抗突防。自身突防技术又包括反识别突防技术和反拦截突

防技术。

8.2.1 反识别突防技术

这是一种针对敌方防御系统对制导火箭弹所采用的预警、探测和跟踪雷达等设备所采取的对抗技术，其作用是减小敌方反导防御系统的探测距离，削弱其对制导火箭弹的识别能力，饱和反导系统的拦截，借以提高远程制导火箭弹的突防能力。主要技术措施有隐身技术、电磁干扰技术、弹头诱饵技术等。可采用的主要技术途径有以下几种。

（1）采用隐身材料和符合隐身要求的气动外形，使用吸波、透波涂层和减少自身红外辐射的降温涂层实现隐身。

（2）干扰、破坏敌方反导探测雷达的正常工作，造成干扰背景，使雷达失去效能，无法识别制导火箭弹。

反识别突防技术措施的选择和使用方法，取决于对制导火箭突防对象探测系统的分析研究。随着制导火箭技术的发展，特别是随着射程的大幅提高，应对敌方防御系统的突防应把握"针锋相对、有效突防"。

8.2.1.1 隐身技术

隐身技术又称低可探测技术、目标特征信号控制技术，是进攻性武器通过降低自身信号特征使之难以被探测、截获、识别的低可探测性技术的总称。按其性质可分为雷达隐身技术、红外隐身技术、可见光隐身技术、磁隐身技术和声隐身技术等。

目前，制导火箭弹隐身技术主要对付的对象是反导防御系统中的雷达、红外探测设备，其主要作用就是设法减小制导火箭弹的雷达散射截面积、红外辐射强度（表面温度、光谱辐射强度、有效辐射面积），降低目标特征，使之成为低可见度目标。主要技术途径有：

——制导火箭弹表面涂敷吸波材料和降温涂层；

——弹头外面加设隐形外罩；

——选用低可见度外形，使用尖锥弹头；

——控制弹头的姿态角，使弹头尖锥始终朝向对方雷达，等等。

下面重点介绍雷达隐身技术、红外隐身技术和等离子体隐身技术。

1. 雷达隐身技术

雷达隐身技术是尽量减少导弹或弹头的雷达散射面积，使其不易被对方雷达探测发现所采取的技术。它包括低散射气动外形技术、阻抗加载技术和隐身材料技术等。

（1）低散射气动外形技术。通过改变目标表面角度，使之散射或反射的电磁波偏向对雷达以外的其他方向。具体办法可通过修整弹形轮廓、边缘与表面，使其在雷达主要威胁方向上的散射得到缩减，或使高散射回波从一个视线角转移到另一个视线角。

（2）阻抗加载技术。这是一种削弱弹头目标电磁波散射场强的雷达隐身技术，通常在目标纯导体的表面并联一个等效阻抗负载，当受到电磁波照射时，由目标本体产生的散射场与阻抗负载的散射场在远场的特定方向进行矢量合成。两个散射场产生相位近于相反、振幅相当的电场矢量，使合成后的电磁波散射场强大幅衰减。其方法是在目标纯导体的表面开若干槽缝，充填绝缘材料，再按此分布式或集中参数式阻抗形成负载，并通过一定程序控制负载参数，以控制目标散射截面。

（3）隐身材料技术。这是研究如何应用电磁波吸收材料在导弹或弹头表面上吸收雷达波的技术。吸波材料是一种能吸收入射电磁波的材料。吸波材料的工作原理是电磁波能量在材料本身上被转换成另外类型的能量。按电磁波的吸收原理，分为干涉型、吸收型、谐振型以及等离子体型吸波材料等；按材料的形态，分为吸波涂料、吸波贴片和结构型吸波材料等。用来制作吸波材料的物质有聚氟乙烯衍生物、耐高温的磁性材料、有限导电率的介质和放射性同位素等。利用这些材料的特性，把入射的电磁波能量转换为热能而被吸收掉，或使电磁波相互干涉而抵消。吸波涂料主要用于反射电磁波最强的地方，其种类较多，如铁氧体涂料、陶瓷系列涂料、金属纤维与乙炔碳墨涂料、环氧树脂构成的涂层等。吸波贴片有陶瓷片、塑料片和橡胶片等类型，适用于制作导弹的蒙皮。结构型吸波材料具有良好的吸波性能和承载能力。在选用弹头吸波材料时，应尽可能选用工作频带宽、吸收率高、耐热性和稳定性好，有足够的机械强度和刚度，而且质量轻的吸波材料。

2. 红外隐身技术

红外隐身技术是尽可能降低制导火箭弹或弹头的红外特征，使敌方红外探测设备难以发现所采取的技术措施。主要技术途径是通过改进制导火箭弹结构设计和应用红外物理学的研究成果衰减、消除目标的热辐射能量来实现。如在弹头表面涂以非灰体涂层，改变红外辐射特征，降低红外辐射强度，调节红外辐射的传输过程；在弹头外套以不同形状的外罩或冷却罩，改变有效辐射面积和辐射强度等。

3. 等离子体隐身技术

等离子体隐身技术是指利用等离子体回避探测系统的一种技术。等离子体由带正电的离子和带负电的电子组成，也有可能还有一些中性的原子和分子组成，宏观上一般是中性的。这些粒子可以在空间相当自由地运动和相互作用，是物质存在的又一种聚集态，常称为等离子态。等离子体隐身的基本原理是利用等离子发生器、发生片或放射性同位素在弹头表面形成一层等离子云，通过设计等离子体的特征参数（能量、电离度、振荡频率和碰撞频率等），使照射到等离子云上的雷达波一部分被吸收（雷达波与带电离子相互作用，将能量耦合给等离子体），一部分改变传播方向，从而减少返回到雷达接收机上的能量，使敌方难以探测到真弹头，达到隐身的目的。采用等离子体隐身技术的弹头或飞行器被敌方发现的概率可降低90%。

8.2.1.2 电磁干扰技术

电磁干扰技术就是使用电磁能量阻止敌方防御系统有效使用电磁频谱所采取的技术措施。电磁干扰技术可分为电子干扰技术和光电干扰技术。

1. 电子干扰技术

电子干扰技术是削弱或破坏敌方雷达系统正常工作所采取的技术措施，是一种专门针对防御系统雷达的突防手段，主要作用是使反导系统的警戒探测雷达和跟踪制导雷达效能降低或完全失效，难以发现、识别和跟踪来袭制导火箭弹，从而提高突防概率。电子干扰通常是通过电磁压制、电磁欺骗等技术措施形成的。

（1）有源干扰。

有源干扰又称积极干扰，它是利用专门的有源干扰装置发射或转发某种形式的电磁波扰乱或欺骗敌方电子设备的电子干扰，主要用来干扰雷达、武器制导、无线电通信、遥测、导航等电子设备。在制导火箭弹上使用有源干扰装置时，须设计专门运载干扰机的战斗部或携带诱饵的干扰机子弹，用于干扰敌方反导防御系统中的探测制导雷达。有源干扰又分为压制性干扰和欺骗性干扰，两种干扰方式既可单独使用，也可配合使用，可根据作战要求进行选择。压制性干扰是使用发射机发射大功率的经调制的干扰信号，使敌方电子系统的接收装置过载、饱和，难以检测有用信号而不能正常工作的电子干扰，其干扰样式通常有连续波干扰、脉冲干扰、噪声干扰等。

①连续波干扰。为发射连续振荡射频电磁波信号所产生的干扰，可使受干扰接收机过载或阻塞。连续波干扰的调制方法有频率调制、幅度调制及幅度—频率复合调制等。

②脉冲干扰。脉冲干扰是以脉冲调制的射频载波对电子设备实施的电子干扰，分为同步脉冲干扰、异步脉冲干扰、多脉冲干扰和杂乱脉冲干扰，主要干扰对象是以脉冲方式工作的雷达、数字通信、导航系统及其他电子设备。脉冲干扰可由干扰发射机产生，也可转发被干扰的电子设备的脉冲信号。

③噪声干扰。噪声干扰又称杂波干扰，是一种频率、幅度、相位随机变化的电子干扰。按其产生原理可分为噪声射频干扰、噪声调频干扰、噪声调幅干扰、噪声调幅—调频式干扰。按频谱宽度与受干扰电子接收设备的通频带的比值，可分为阻塞式干扰、瞄准式干扰和扫频式干扰。噪声干扰对电子设备的干扰效果是有用信号被噪声遮盖和压制，使获取的信息大大减少。对雷达干扰时，其效果是在雷达距离显示器上形成噪声亮带，在平面位置显示器上形成白亮的扇面，扇面大小取决于干扰强度。

④阻塞式干扰。阻塞式干扰是干扰频谱宽度远大于被干扰电子设备的信号带宽的电子干扰，可同时干扰同一频段内不同工作频率的多部电子设备。阻塞式干扰具有干扰频带宽、实现干扰快、无须精确的频率引导等优点，但干扰功率分散、效率较低。在雷达干扰中，阻塞式干扰又可分为宽带式干扰和窄带式干扰，前者干扰的带宽一般在几十到几百兆赫，后者干扰的带宽一般为十几到几十兆赫。

⑤瞄准式干扰。瞄准式干扰是干扰频谱宽度大于或等于被干扰电子设备的信号带宽的电子干扰，其主要特点是干扰功率集中，可对电子设备的某一频带实施干扰，有效率高，但不能同时干扰多个信道，并需精确的频率引导，有一定的引导时间。

⑥扫频式干扰。扫频式干扰又称扫描干扰，是干扰机发射的载频以一定带宽，按某种方式和速率由低端到高端或由高端到低端连续变化所形成的电子干扰。扫频式干扰克服了瞄准式干扰和阻塞式干扰的主要缺点，但其设备复杂，可适用于对雷达网的干扰。

（2）无源干扰。

无源干扰又称消极干扰,是指由群物体和空间分布物体对电磁波形成的散射和重新反射所造成的干扰。这些干扰物本身不辐射电磁波,但能反射电磁波,并在雷达系统输入端产生干扰信号,扰乱和破坏雷达系统对目标的发现与跟踪。常用的无源干扰器材有金属偶极子反射体(金属箔、干扰丝)、雷达反射器以及假目标(轻型假目标、重型假目标)等。制导火箭弹突防时,大面积投放无源干扰物以形成干扰走廊,可以几倍的压制系数使反导探测设备无法确定真弹的目标信息。

①偶极子反射体。偶极子反射体是用于雷达干扰的具有一定几何尺寸的金属或介质表面深镀金属层的细丝和片状体的总称。投放到空中的偶极子反射体在空中形成云状的干扰带,称为偶极子反射体干扰云或干扰走廊。在干扰云的作用下,在干扰雷达的平面位置显示器上将形成较长亮带,在距离显示器上将形成茅草状干扰信号,使在偶极子干扰云中飞行的目标免受敌方雷达的探测。偶极子反射体是一种遮盖性无源干扰。

②雷达反射器。雷达反射器是由三个相互垂直相交的金属平面制成的,能够反射雷达电磁波并具有很大雷达截面积的无源干扰物。雷达反射器本身不发射电磁波,但可在较大的角度范围内(25°~50°)将入射的电磁波经三次反射,按原方向反射回去,从而形成较大的雷达截面积。主要有角反射器、龙伯透镜反射器、双锥反射器和万·阿塔反射器等,它们各自又可分为多种类型。雷达反射器在电子对抗中主要用作雷达诱饵和假目标等。突防时,投放的角反射器模拟制导火箭弹,对反导防御系统的探测和跟踪雷达实施干扰。

2. 光电干扰技术

光电干扰技术是指利用光电设备和器材对敌方光电侦测系统和光电制导武器实施光电干扰,削弱、降低或消除敌方防御系统效能的技术措施。制导火箭弹突防时,可在中高空投放红外干扰弹或红外干扰机,干扰敌方防御系统的探测和高空拦截弹的红外导引头。

(1)红外干扰弹又称红外诱饵或红外电光弹,是一种具有一定辐射能量和红外频谱特征的干扰器材,用以欺骗敌方红外侦测系统或红外制导系统。投放后的红外干扰弹可使红外制导武器在锁定目标之前锁定红外干扰弹,致使其制导系统降低跟踪精度或被引离被攻击的目标。

(2)红外有源干扰机是一种能够发射红外干扰信号破坏或扰乱敌方红外探测系统或红外制导系统正常工作的光电干扰设备,主要干扰对象是红外制导弹药与红外侦测设备。红外有源干扰机的工作原理与微波干扰机相似，主要由高功率红外辐射源和调制盘组成。

8.2.2 反拦截突防技术

随着科学技术的发展，反拦截突防技术可成为保护制导火箭不被防御方拦截毁伤所采取的对抗技术。按拦截手段不同，制导火箭突防时的反拦截可分为反导弹、反激光、反粒子束和反电磁动能武器拦截等。根据目前的技术水平和技术发展趋势，制导火箭突防主要是应对反弹道导弹和防空导弹的拦截。

8.2.2.1 多弹头技术

多弹头技术是一枚母弹能同时或逐次释放多个子弹的一种突防技术，其主要特点是一枚弹能同时装载多个子弹，子弹能单独攻击不同的目标。

8.2.2.2 机动变轨技术

机动变轨技术指的是制导火箭弹在飞行中可随机改变弹道以躲避敌方反导系统拦截的一种突防技术，通常有全弹道变轨和弹道末段变轨两种。全弹道变轨主要采取高弹道飞行或低弹道飞行等。采用高弹道飞行或低弹道飞行可缩短反导系统的拦截时间。采用滑翔弹道机动飞行时，弹头先飞入高弹道，再作低空滑翔俯冲目标，其优点是由于飞行弹道低，不易被发现和拦截，飞行中的机动变轨使防御系统无法进行弹道计算与预测，不易被敌方拦截。

8.2.2.3 抗激光技术

抗激光技术是为抵御激光武器对制导火箭弹的拦截毁伤所采用的技术措施，主要包括：在壳体外表面涂敷反激光涂料，吸收入射激光能量；在助推器上增设保护罩和在推进剂中加入不同的添加剂，使火箭尾焰亮度发生变化或控制尾焰呈不稳定形态；使弹体旋转，从而不使激光固定照射在某一点上；采用诱饵，实施"饱和"攻击。

8.2.3 体系对抗突防技术

现代战争信息化程度高、联合性强,是体系与体系之间的对抗之战。考虑到装备发展成本和路径优化,应把充分利用体系资源提高突防能力当作制导火箭火力突防技术的重要途径。通过体系的整体优势使敌防御系统在一定时间内处于瘫痪状态,为制导火箭火力突击扫除拦截障碍。体系对抗突防技术可简单归为三类:饱和攻击、反卫星技术、反雷达技术。

8.2.3.1 饱和攻击

饱和攻击就是采用数量较多的制导火箭齐射,使敌方反导拦截呈饱和状态,从而实现部分制导火箭弹突防的措施。这种对付反导防御系统的手段在射弹数量有限的情况下更为有效。

在具体实施时,对同一重要的目标或多个分散的目标,甚至是大跨度分散的目标,可采取多发齐射和多波次突击。

(1)行多发齐射。可在同一时段对同一目标或不同目标实施大用弹量的火力突击,超出敌方反导防御系统的反导量能力限度,从而使部分制导火箭弹成功突防。

(2)行多波次射击。按照不同作战阶段在火力方案中制定多个火力突击波次,且波次之间的时间间隔小于反导防御系统的再次准备时间,使敌反导防御系统来不及应对,则第二波次攻击的制导火箭弹可顺利突防。

8.2.3.2 反卫星技术

远程制导火箭的射程可达数百千米,弹道高度可达数十千米,发射时其尾焰可被敌红外尾焰星等天基手段侦察,因而,从体系角度,反卫星也是提高远程制导火箭突防能力的一种方法。反卫星技术是指打击、破坏和干扰敌方卫星系统所采用技术的总称。反卫星的技术手段主要包括动能反卫星技术、定向能反卫星技术、核能反卫星技术和反卫星卫星等。

动能反卫星技术的原理是依靠高速运动物体的动能来破坏卫星;定向能反卫星技术的原理是通过发射高能激光束、粒子束、微波束,直接照射目标而对目标卫星进行破坏;核能反卫星技术的原理是利用核装置在目标卫星附近爆炸产生强烈的热辐射、核辐射和电磁脉冲等效应将其结构部件与电子设备毁坏，或使其丧失工作能力；反卫星卫星就是"以星反星"，在卫星内加装小型火箭发动机和战斗部，小型火箭发动机用于机动变轨，以追赶目标卫星，当距离目标只有几十米时引爆卫星战斗部，产生大量碎片，将目标卫星摧毁。

8.2.3.3 反雷达技术

雷达是防空反导防御系统的中枢，雷达一旦失效，整个系统也就丧失了作战能力。因此，摧毁敌方雷达是远程制导火箭突防最直接、最有效的手段。反雷达技术就是针对防御方预警、探测、跟踪和制导雷达进行直接摧毁的技术措施。

为了对抗防御方雷达，可采用反辐射攻击，还可采用强能量场的定向能实施摧毁，以摧毁无线电电子系统和无线电元器件。

（1）反辐射摧毁。反辐射摧毁是利用反辐射武器系统截获和跟踪敌防空体系中的雷达等电磁辐射信号而直接将其摧毁的战术技术行动。反辐射攻击武器的主要作战对象是敌方空中、海上和地面的各种防空雷达，包括预警雷达、目标指示雷达、跟踪与制导雷达等。根据不同攻击方式，反辐射攻击武器的攻击机理主要是依赖其攻击引导设备对雷达辐射源进行截获、识别和定位，然后引导反辐射武器系统跟踪、锁定目标雷达，并实施攻击。

（2）定向能武器。定向能武器是利用沿一定方向发射与传播的高能电磁波射束以光速攻击目标的一种新机理武器，又称射束武器、聚能武器或电磁武器。用高功率微波直接照射防御方雷达系统，可使其电子系统中的元件损伤或失效，造成雷达和通信系统处于瘫痪状态。

8.3 突防效能分析

突防能力是远程制导火箭武器系统作战能力的重要组成部分，也是在制定火力方案时须重点考虑的因素。战时，如果仅考虑理想情况制定火力方案难免失真，甚至会影响到整个作战进程。由前面的分析可知，火力突防是一个复杂的问题，要在实战条件下得出较为客观的、具有指导意义的结论，需研究突防效能。

8.3.1 反识别突防技术效能评估

远程制导火箭弹特别是大弹药、大威力的远程制导火箭弹，减少防御方的防御系统识别率，是提高其突防概率的重要方式。

8.3.1.1 基本雷达传播方程

雷达照射目标并从目标上返回至雷达天线的传播方程为

$$\frac{P_r}{P_t} = \frac{G_t \cdot G_r \cdot F_t^2 \cdot F_r^2 \cdot \lambda^2 \cdot D \cdot \sigma}{(4\pi)^3 \cdot R^4 \cdot L} \qquad (8-1)$$

式中，P_r 为雷达天线端接收信号功率；P_t 为雷达天线端发射信号功率；G_t 为发射天线功率增益；G_r 为接收天线功率增益；F_t 为从发射天线到目标的方向图传播因子；F_r 为从接收天线到目标的方向图传播因子；λ 为波长；D 为脉压倍数；σ 为目标等效散射截面；R 为雷达到目标的距离；L 为雷达综合损耗。

设干扰机的发射功率为 P_j，干扰频带为 ΔB_j，干扰机正对雷达方向的增益为 G，干扰机到雷达的距离为 R_i，则雷达收到干扰信号功率 P_{jr} 为

$$P_{jr} = \frac{P_j \cdot G_j \cdot G_{rj} \cdot \lambda^2 \cdot \gamma}{(4\pi)^2 \cdot R_j^2 \cdot L_r} \cdot \left(\frac{B_s}{B_j}\right) \cdot F'(\alpha) \qquad (8-2)$$

式中，P_j 为干扰机发射功率；G_j 为干扰机天线增益；G_{rj} 为在干扰方向上雷达接收天线增益；λ 为雷达波长；γ 为干扰信号与雷达信号极化不一致损失系数；L_r 为雷达接收损耗因子；R_j 为雷达至干扰机的距离；B_s 为雷达接收机等效带宽；B_j 为干扰频谱宽度；$F'(\alpha)$ 为干扰信号在空间传输时的传播损失。

无源干扰对雷达辐射的电磁波形成强反射，从而使雷达观测目标发生困难。如果被雷达照射的无源干扰区的有效反射面积为 σ_c，则雷达收到的干扰功率为

$$P_{ej} = \frac{P_t \cdot G_t^2 \cdot \lambda^2 \cdot \sigma_c}{(4\pi)^3 \cdot R^4 \cdot L_r} \qquad (8-3)$$

式中，σ_c 为有效反射面积；L_r 为雷达接收损耗因子；R 为雷达至无源干扰的距离。

用式（8-3）可计算雷达对体分布干扰区的作用距离。如果真目标处在无源干扰区中，对雷达目标的探测距离取决于目标回波信号与干扰回波的信噪比。

雷达的最大作用距离方程为

$$P_d = \int_{-x}^{\infty} P(r)\,\mathrm{d}r \qquad (8-11)$$

$$P_{fa} = \int_{y}^{\infty} P(r)\,\mathrm{d}r \qquad (8-12)$$

瑞利分布形式为

$$P_d = 1 - \frac{1}{2}\exp\left(-\frac{x^2}{2}\right) \qquad (8-13)$$

$$P_{fa} = \frac{1}{2}\exp\left(-\frac{y^2}{2}\right) \qquad (8-14)$$

在点源红外探测器中，普遍采用窄带通滤波器，即中心频率 f_0 与带宽 Δf 保持如下关系：

$$\Delta f \leqslant f_0 \qquad (8-15)$$

令平均虚警时间为 T_{fa}，其与 P_{fa} 的关系为

$$P_{fa} = \frac{1}{2\Delta f T_{fa}} \qquad (8-16)$$

8.3.2 反拦截突防技术效能评估

敌方防御系统发现制导火箭弹后，会利用防空反导武器进行拦截。前面所述隐身技术是让敌方防御系统"看不到"，在此基础上，研究如何让敌方拦截武器"打不着"，这对于实战来说有重要现实意义。

利用假目标来掩护自身是作战中常用的手段，如空军战斗机扫描诱饵作用假目标来应对敌机导弹攻击。远程制导火箭武器系统多管联装，多行多发齐射，在作战时，用专门的假目标弹种布撒大量的假目标进行掩护，将为火力突防创造好的条件。多发弹利用多个假目标进行突防的目的，是使敌方反导防御系统处于饱和状态，使其无法拦截所有火箭弹而使部分火箭弹突防成功。

假定在一次攻防对抗中，有 N 发火箭弹，M 个假目标，Q 个反导拦截器，所有制导火箭弹和假目标在空间任意分布。假定反导防御系统正确识别火箭弹的概率为 P_N，识别假目标的概率为 P_M，一枚反导拦截器（可能是反导导弹，也可能是其他形式的武器）一次发射后拦截目标的概率为 P_{N_1}，且为相互独立并为常量。

假设反导防御系统按照同时识别所有目标的模式工作，其正确识别飞行目标的概率为 $P_{N_1 M_1}$，$P_{N_1 M_1}$ 由从 N 发火箭弹中确定 N_1 个真目标，且从 M 个假目标里确定 M_1 个假目标的概率来确定。

$$P_{N_1 M_1} = C_N^{N_1}(1-P_1)^{N-N_1} \cdot P_N^{N_1} C_M^{M_1}(1-P_M)^{M_1} \cdot P_M^{M_1} \qquad (8-17)$$

式中，$C_N^{N_1}$ 为从真目标总数中正确识别真目标的组合数；$C_M^{M_1}$ 为从假目标总数解中正确识别假目标的组合数。

在对抗时，目标未被击毁的概率依赖于反导拦截器的数量和它被一枚反导拦截器击毁的概率 P_{K_1}，即

$$1 - P_K = (1 - P_{K_1})^{\bar{q}} \qquad (8-18)$$

式中，$\bar{q} = \dfrac{Q}{P_N \cdot N + P_M \cdot M}$ 为防御系统向火箭弹、假目标每个目标发射的拦截弹的平均数；P_K 为数量为 $\bar{q}$ 的拦截弹击毁目标的概率。

n 发火箭弹在利用假目标掩护下突破反导防御系统拦截区未被击毁的概率 P 为

$$P = C_N^n (1 - P_N P_K)^n \cdot (P_N P_K)^{N-n} \qquad (8-19)$$

未被击毁火箭弹数量的数学期望 $\bar{L}$ 为

$$\bar{L} = N(1 - P_N P_K) \qquad (8-20)$$

8.4 远程制导火箭突防战法

研究远程制导火箭弹突防技术、突防效能评估方法，可为武器系统的战术运用提供指导。从另一个角度讲，可以通过武器系统的战术运用来提高突防效果。本节从战术和装备运用角度，从电子压制突防、隐蔽伪装突防、饱和打击突防、多波攻击掩护突防、多方向分布式打击突防、高低弹道组合突防、纵横弹道协同突防、高超声速闪击突防、破点断链体系突防等方面提出远程制导火箭突防战法。

8.4.1 电子压制突防

远程制导火箭炮属战役火力，是联合火力打击体系的重要组成部分，可以基于体系支撑条件，综合利用多种"软""硬"攻击手段，与电子对抗力量密切配合，或发展能够搭载电子对抗设备的弹种，对敌反导拦截系统实施压制，尔后顺利实施突防。

（1）远程制导火箭部队在突击过程中，集中电子压制干扰力量，重点压制干扰敌反导拦截系统的搜索导引雷达和作战信息传递系统，"致盲"敌反导防御系统，为制导火箭突防开辟电磁走廊。

(2) 在电子侦察和电子压制的基础上,首先使用反辐射弹种摧毁敌反导探测导引雷达。

8.4.2 隐蔽伪装突防

远程制导火箭部队采用正确有效的隐蔽伪装方法,延长敌反导拦截系统对导弹飞行轨迹的侦测和计算时间,从而有效实施突防。

(1) 要准确全面预报敌各类卫星临空时间,掌握敌预警飞机升空活动规律,掌握敌远程预警雷达的工作情况。

(2) 要对作战地域内阵地设施、武器装备采取防可见光、防红外、防雷达及防电子侦察等各种伪装措施,并有目的地建造大量假阵地。

(3) 实施兵力佯动、火力佯动和无线电佯动,使敌真假难辨。

8.4.3 饱和打击突防

饱和攻击突防是指远程制导火箭部队在同一波次对同一高价值目标使用多发火箭弹,在多方向对目标实施密集火力突击,使一个波次发射制导火箭弹的数量大于敌拦截弹能力,从而实现有效突防。

一门远程火箭可在不到 1 min 内一次齐射发射最多 12 发火箭弹,一个连一次齐射 72 发火箭弹,一个营一次齐射 144 发火箭弹。如此密集的火力,若在一个波次对某一区域内的目标实施火力突击,对于敌方防空反导防御系统来说将是一个严峻的考验,有利于火箭弹群大概率突防。

8.4.4 多波攻击掩护突防

远程制导火箭部队在对敌实施火力打击时,可按照不同的作战阶段和作战时节制定多个波次的火力打击方案。以较前波次发射的火箭弹重点对敌反导拦截系统实施电子压制或反辐射攻击,为后续攻击波次突防创造条件。

(1) 使用远程制导子母弹对敌反导拦截系统雷达站实施压制性打击,使敌雷达系统在短时间内被破坏,武器系统失去控制。

(2) 可使用巡飞火箭弹从敌雷达搜索死角低空突防,对敌雷达站实施精确打击。

(3) 在制定火力方案时,各波次之间的间隔时间要小于敌反导防御系统的再准备时间,使之在对前一波次的火箭弹实施防御之后,来不及再对下一波来袭火箭弹实施防御。

8.4.5 多方向分布式打击突防

远程制导火箭弹的弹道控制能力较强,火箭炮本身能够自主精确测量炮位坐标,在获得目标坐标信息之后,能够快速决定射击诸元。由于制导火箭弹的射击精度高,具备"一次调炮、多点攻击"能力,可在疏散配置模式下,以模块化、小编组在同一时段对使用多个平台对多个目标实施多方向分布式打击。

实战中,远程制导火箭部队可采用大范围扇形、多点配置方式,在同一时间内多点发射,实施大角度向心集火突击或离心分火射击,形成同时段、多平台、多方向的攻击态势,使远程制导火箭弹攻击的水平角大于敌反导探测雷达扫描角,从而有效实现突防。

8.4.6 高低弹道组合突防

远程制导火箭已形成原理各异的弹种型谱系列,实现了不同射程的有效衔接。不同射程弹种、同一射程不同战斗部的弹种,其弹道高度不尽相同,特别是如制导侵彻弹之类的弹种,其弹道高度有意拉升而会更高。

在同一波次内,使用多个点位、多个弹种有机组合,形成高低不同的弹道对同一目标实施协同突击,使制导火箭弹的攻击仰角大于敌反导探测雷达仰角,从而实现有效突防。使用这种战法时,应多弹种多点位突击,或同弹种多点位突击。

8.4.7 纵横弹道协同突防

远程制导火箭弹具有较强的弹道控制能力,一门火箭炮可对目标区内的多个目标以平均射击诸元实施"一次调炮、多点攻击"。此外,在远程火箭平台上还发展了远程巡飞弹,其兼备巡航导弹和无人机的综合特点,火箭炮发射出去之后,其能够通过规划好的航迹在横向上以较大的方向偏角绕射飞向目标。

实战中,对于一门火箭炮,通过一次齐射将全部火箭弹一次性发射出去之后,各发火箭弹再按照装定的目标坐标以控制弹道飞行目标,各发弹的飞行距离、飞行方向各不相同;同时,以不同的平台发射远程巡飞弹,以绕射方式、低弹道高度首先突击敌反导防御系统,为高空突入的远程制导火箭弹开辟走廊。

8.4.8 高超声速闪击突防

敌方的反导防御系统能够起到作用的前提是捕捉到来袭目标、探测到目标飞行轨迹，并能够快速反应，用反导拦截器（反导导弹、定向能武器等）对目标进行拦截。对于远射程、大弹道、高常规飞行速度的弹，在升弧段就可能被其探测系统发现，从而给其反导系统充足时间去准备和发射反导拦截器。但是，如果发展高超声速巡飞（航）式远程火箭炮远程精确打击弹药，在发射后的中制导段开始即以较低的弹道飞行（如钱学森弹道），使敌方的远程雷达很难在较早的时间发现，以高超声速快速抵达目标区域后，此时即使被雷达发现，由于速度太快，辅之末段弹道变轨，敌方防御系统难以有效反应，从而实现成功突防。

$$R_{max}^4 = \frac{P_t \cdot G_t \cdot G_r \cdot \lambda^2 \cdot D}{(4\pi)^3 \cdot kT \cdot \Delta f(S/N) \cdot L_r} \cdot \sigma \quad (8-4)$$

式中，$kT \cdot \Delta f$ 为雷达接收机极限灵敏度；S/N 为信噪比。

雷达的烧伤距离为

$$R_{tb}^2 = \frac{P_t \cdot G_t \cdot G_r}{P_{jr} \cdot G_{jr}} \cdot \frac{\sigma}{4\pi \cdot (S/J)} \quad (8-5)$$

8.3.1.2 制导火箭弹的目标隐蔽性

当防御方雷达遭受到各种类型的电磁干扰时，雷达的性能就会下降，其所需目标信息的正常状态将遭受到破坏。对于搜索雷达，在受到压制与欺骗干扰后，它的发现概率和目标坐标估值精度降低，虚警概率增大；跟踪雷达受到干扰后，其截获概率、稳定跟踪概率、跟踪精度会降低，甚至不能跟踪威胁目标或错误跟踪假目标，使雷达的探测能力下降。

在制导火箭弹上采取隐身技术和各种干扰措施，主要用于降低雷达的探测能力，以达到隐蔽性即不可探测性的目的。由于系统噪声水平的增大必然导致雷达探测能力的下降，雷达在最大距离上发现目标的探测概率 P_d 为

$$P_d = 1 - \exp\left[-\frac{\sigma P_t}{2(S/N)^2 R^4}\right] \quad (8-6)$$

所以火箭目标的不可探测概率 P_{cd} 为

$$P_{cd} = \exp\left[-\frac{\sigma P_t}{2(S/N)^2 R^4}\right] \quad (8-7)$$

式中，P_{cd} 为目标的不可探测概率；σ 为目标的雷达散射截面；P 为雷达发射机功率；S/N 为信噪比；R 为雷达作用距离。

信噪比可反映各种干扰对不可探测概率的影响。

当利用隐身技术使火箭目标的雷达散射截面从原来的 σ_0 减缩至 σ 时，其不可探测概率相应地将从 P_{cd0} 增加至 P_{cd}，由于

$$\frac{P_{cd}}{P_{cd0}} = \exp[-\sigma_0 P_t/2(S/N)^2 R^4(\sigma/\sigma_0 - 1)] \quad (8-8)$$

若令 $\sigma/\sigma_0 = \lambda$，则由式（8-8）可得目标隐身后的不可探测概率为

$$P_{cd} = P_{cd0}^{\lambda\sigma}(1 - P_{d0})^{\lambda\sigma} \quad (8-9)$$

8.3.1.3 红外对抗效能

防御方可在光波段利用天基红外系统和高空动能跟踪、识别和拦截配有红

外导引头的远程制导火箭弹。当弹头采用红外隐身技术后,降低了弹头的红外目标特征,可缩短天基红外系统的红外探测器、拦截器的红外寻的装置的探测距离。当弹头施放红外干扰弹时,红外干扰弹和火箭目标同时出现在红外寻的装置的视场内,红外拦截器跟踪两者的等效辐射能量中心。由于红外干扰弹的红外辐射强度大于弹头目标红外辐射强度,红外拦截器逐渐偏向红外干扰弹一边,当弹头目标离开红外寻的装置的探测视场后,红外拦截器就只跟踪和撞击红外干扰弹。

分析评估红外制导火箭弹的红外对抗效能,主要分析敌方红外探测器对火箭弹的探测距离以及探测器的探测概率与虚警概率。

红外探测器的探测距离与火箭弹辐射到探测器上的辐射功率、探测器的响应特性、背景辐射等有关,探测距离 R 为

$$R = \sqrt{\frac{P}{4\pi(\text{NEFD})(S/N)}} \quad (8-10)$$

式中,P 为弹头目标发射的总功率;S/N 为探测器的信噪比;NEFD 为探测器的噪声等效通量密度。探测器灵敏度的一个测度,定义为探测器每单位孔径面积上使信噪比为 1 的入射红外功率,孔径处的 NEFD 是 $6 \times 10^{-19} \text{ W/cm}^2$。

探测器对红外制导火箭的红外信号的探测实质上是一个统计检测问题,可用探测器的探测概率与虚警概率来表征火箭弹红外对抗的有效性。对火箭弹红外信号加噪声的检测由两者合成的概率密度函数决定,与信号的特性有关。

在高信噪比下,信号加噪声的探测概率分布可以简单地认为是信号电平把噪声的分布函数曲线在形状保持不变的条件下向上平移,如图 8-4 所示。

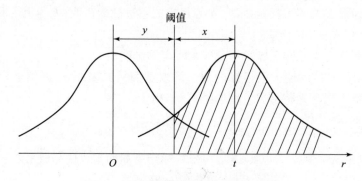

图 8-4 信号加噪声的探测概率计算图解

图 8-4 中,y 为阈值,x 为信号电平,信噪比 $S/N = x + y$。从图 8-4 中关系可以写出红外系统的探测概率 P_d 和虚警概率 P_{fa} 的表达式:

参考文献

[1] 李臣明,刘怡昕,韩珺礼. 野战火箭技术与战术 [M]. 北京:国防工业出版社,2015.

[2] 韩珺礼,杨晓红. 野战火箭武器系统概论 [M]. 北京:国防工业出版社,2015.

[3] 李臣明,刘怡昕,韩珺礼. 远程制导火箭"一次调炮、多点攻击"射击方法研究 [J]. 射击学报,2013(10):45-59.

[4] 邱成龙. 地地导弹火力运用原理 [M]. 北京:国防工业出版社,2001.

[5] 张廷良,陈立新. 地地弹道式战术导弹效能分析 [M]. 北京:国防工业出版社,2001.

[6] 陈琪锋,等. 导弹作战运用 [M]. 北京:国防工业出版社,2011.

[7] 李臣明,刘怡昕. 远程制导火箭弹弹道优化与制导系统分析 [M]. 北京:海潮出版社,2012.

[8] 张志良. 远程SINS/GPS制导火箭弹弹道控制与仿真 [D]. 南京:南京理工大学,2006.

[9] 王向伟. 登岛作战对二炮电子对抗的需求分析 [J]. 电子对抗学术,2006(4):38-48.

[10] 杨晓凌. 电子对抗掩护弹道导弹突防作战效能评估方法 [J]. 现代防御技术,2012(5):56-57.

[11] 陈双明. 联合火力打击电子对抗作战协同问题浅探 [J]. 雷达兵,2014(4):10-11.

[12] 刘石泉. 弹道导弹空防技术导论 [M]. 北京:中国宇航出版社,2003.

[13] 葛信卿. 导弹作战研究 [M]. 北京:解放军出版社,2005.

索 引

0 ~ 9

300 mm 远程多管火箭炮武器系统　6、7（图）

A ~ Z

Gurney 公式　48、73、74
Gurney 速度　48、49（表）
Isw 对部分目标的破坏阈值（表）　68
M270A1 式多管火箭炮　5
Randers　73
Sc 的计算方法　167 ~ 171
$n_c = 0$　167
$n_c = 2$　168
$n_c = 4$　170
$n_c = 6$　171
Z - score 方法　34

A ~ B

埃切尔勃格　86
安全时间　214
靶的强度效应　86
半无限靶板　56
半主动寻的制导　17
饱和打击突防　241
饱和攻击　234
暴露时间　214
爆破毁伤　71
爆炸云团直径随时间的变化曲线（图）　71
贝尔金公式　56
被动寻的制导　17
比冲量　65、66、81、90
　计算　90
　经验公式　66
　距爆心的分布　66
标度因数误差　123
别列赞公式　95
波束圆与目标交点的情况（图）　168 ~ 171
伯努利方程　85
泊松分布　185
补充方程　114
捕获条件及波束与目标交集的计算方法　167 ~ 172
采用间隔板时　167
采用区域识别时　171
不可探测概率　237
不同 Isp 值对燃油的引燃概率（表）　59

C

参考文献　244
超远程制导火箭弹　6
冲击波　61 ~ 93
　传播过程　62
　传播速度　83
　动压与静压　63
　对典型目标毁伤有关数据　66
　对目标的作用原理　80

对人员的杀伤阈值（表） 69
毁伤元 79
基本方程 61
基本性质 62
经过空间某点的压力—时间关系示意图
　（图） 81
绝热方程 63
两种毁伤机制 64
速度 83
特性 70
冲击波超压 68、81～83、90～93
参数 81
对人员的杀伤 68
计算公式 69
衰减 82
随距离爆心超压值（表） 93
随距离爆心超压值变化图（图） 93
作用下目标毁伤的阈值（表） 92
冲击波峰值超压计算 90
理论方法 90
试验拟合方法 90
冲击波静超压 Δp 和比冲量 I_{sw} 的分布 65
冲量破坏机制 65

D

打击目标 31
梳理 31
体系（表） 31
单发突击 178
单发制导火箭弹 130～134、179
对复杂图形目标的命中概率 134
对目标的平均毁伤概率 179
命中概率 130
命中已知半径的圆形目标的概率 131
单环抛撒 153
威力环（图） 153
单目标射击效率评定模型 146

单调非减函数 205
单元圆环图（图） 131
弹道极限 55
弹道上任一点的地心矢径和发射点的地心矢
　径（图） 110
弹道坐标系 103～105
弹体赤道面和子午面的分度和破片弹道束群
　（图） 54
弹体坐标系 103～105、108、112～114
弹丸的爆炸效应 70
弹丸静爆破片初速 48
弹药消耗量计算 178～182
连续等量齐射时 179、182（图）
连续射击时 179、181（表）
齐射时 178、181（表）
弹着点散布 127、128、135、147
概率密度函数 147
中心坐标 128、135
弹种优化选择 177
德·马尔公式 55、56
等离子态 230
等离子体隐身技术 230
　基本原理 230
低散射气动外形技术 229
地球引力 109
　表达式 109
地速计算方程 117
地心大地坐标系 102、102（图）、106
　纬经高转换公式 106
地心空间直角坐标系 101、101（图）、
　106
　纬经高转换公式 106
地域安全界 212、213
示意图（图） 213
典型目标的构件形式及自振周期（表）
　67
电波复合 26

电磁干扰技术 230
电动舵机 126
二阶非线性动力学原理框图（图） 126
运动方程 126
电视导引头跟踪原理框图（图） 23
电视制导技术 22、23
目标确定 23
电文码的解调 12、13
电子干扰技术 230
电子压制突防 240
定向能武器 235
动态散飞形式 78
端部效应 74、75
对 m 个主成分进行综合评价 36
对策矩阵 211、211（表）
对面目标 142、143、184、195、196
分布式杀伤最优火力分配 195
瞄准点位分布（图） 184
射击的火力分配模型 196
射击火力分配优化 184
射击效率评定 142
射击效率评定计算模型 143
射击效率指标 142
对目标的毁伤律 136
对预备队敌人员的杀伤 a, b, n 常数值
　（表） 59
多波次突击 234
多波攻击掩护突防 241
多弹头技术 233
多弹种动态规划火力优化分配 200、202
解法 202
模型 200
多弹种火力优化分配 200
多发弹对面目标的射击效率评定 144
多发弹对面目标射击的毁伤面积（图）
　144
多发齐射 234

多方向分布式打击突防 242
多环抛撒 153～158、154（图）
参数 154
方式 154
环间距和子弹的弧间距（图） 155
形成的威力环（图） 157
子弹分配基数 154
多枚火箭弹联合覆盖一个多边形目标区域的
　有效毁伤面积图（图） 193
多目标火力分配优化 190
舵机模型传递参数随着铰链力矩的变化关系
　（表） 126
舵系统动力学 126
模型 126
误差 126

E～F

二次扫描 165
发射惯性坐标系 103、106
发射阵地被发现定位概率随时间变化值
　（表） 215
反辐射摧毁 235
反拦截突防技术 233、239
效能评估 239
反雷达技术 235
反识别突防技术 228、236
效能评估 236
反卫星技术 234
原理 234
方差贡献率 35、39
及累计贡献率（表） 39
方差加法定理 135
非惯性 102
坐标系 102
非制导误差 122、222
分布式杀伤射击效率 195、199
提高率百分比曲线（图） 199

提高值（表） 199
分配火力单位数 186
峰值压力 81
幅员毁伤型 147、148
射击效率评定 148
复合制导技术 23
复杂的几何投影图形（图） 134
复杂形状目标火力分配 191

G

概率密度函数 128、130～133、143、
　144、147、148、161
曲线 161
概率偏差 128、129
示意图（图） 129
高超声速闪击突防 243
高低弹道组合突防 242
高度计算公式 117
哥氏惯性力 107、111、112
矢量 107
各坐标系间的转换关系 103、107（图）
惯性导航系统 24
惯性制导 14～16
分类 14
光波复合方式 26
光电干扰技术 232
光学寻的制导技术 19

H

海湾战争 5
毫米波 18
毫米波雷达导引头 18
工作模式 18
技术特点 18
红外成像导引头 20
工作流程（图） 20
红外成像寻的制导技术 20

红外导引头技术 19
红外点源 19
导引头 19
寻的制导技术 19
红外对抗效能 237、238
　分析评估 238
红外干扰弹 232、238
红外隐身技术 228、229
红外有源干扰机 232、233
　工作原理 233
毁伤概率曲线 137、137（图）
毁伤目标规律 136
毁伤条件概率 61、136～138
近似计算 137
毁伤准则 91
混合集群目标 183
多弹种打击时瞄准点位的优化选择 183
火力分配模型的建立 196
火力分配求解的优化搜索策略 204
火力分配优化 186～189
　目的 186
任务 189
火力机动 213、217
优化 211
最长射击时间的转移时间 217
火力协同优化模型 209

J

机动变轨技术 233
基本雷达传播方程 236
基于主成分法的价值计算分析 37
激光寻的制导技术 21
集群目标射击 140、141
效率 141
效率指标 140
集体随机误差 135
集中突击 178

索引

计算步骤　193
加速度计的测量误差模型　124
间隔模板　167
减速减旋阶段　164
简化的破片弹道（图）　50
质心动力学方程　107
交叉耦合误差　123、124
角速度和加速度输出信号模拟　125
捷联式惯性制导系统　15、16（图）
紧耦合方法　26
紧耦合结构（图）　25
静态散飞形式　78
静压破坏机制　65
静压增量　63
聚能射流　70、71
破坏特性　70
战斗部　71

K

卡尔曼滤波器　25、26
设计组合系统的原理　25
抗激光技术　233
可能遭到打击的危险时间　215、216
空气动力矢量　107～109
　　表达式　108
空域安全界　213
控制方程　115
扩频技术　12

L

雷达导引头　18
雷达的最大作用距离方程　236
雷达反射器　232
雷达收到的干扰功率　236
雷达隐身技术　229
离心惯性力　111
理论方法计算超压　90

理想覆盖概率　160～162
　按坐标毁伤律求　161
　按命中毁伤律求　162
连通区域面积　192
连续波干扰　231
连续突击　178
两种弹的火力分配基本问题　200
两种毁伤机制的判断　65
两组误差型分析　134
零偏误差　123
流体动力学公式　86
六自由度运动方程组　118
罗伯特·海涅曼　162
落点散布　101、127
落点坐标误差划分（图）　135

M

码的捕获　12
码的锁定　12
脉冲干扰　231
美国波音公司　6
美国海军武器中心　74
美国匹克汀尼兵工厂　162
密集突击　178
瞄准点位的优化确定　182
瞄准式干扰　231
敏感器捕获准则（表）　165
命中概率　130～134
　对复杂图形目标　134
　命中已知半径的圆形目标　131
命中毁伤律　158、162
命中毁伤型　147
射击效率评定　147
模板　165
末敏弹　162、164
对目标的识别及捕获　164
某发弹个别随机误差　135

某命中毁伤型制导火箭为例进行计算分析 149

母弹定位的精度 160

目标的最终评估值（表） 40

目标定向末端激活弹 162

目标函数 191

目标及其毁伤准则 91

目标价值 34~37

分析 34

体系（表） 36

指标 36

指标及权重（表） 37

目标四边形的四条边的方程 167

目标位置 166

示意图 166

动态飞散角示意（图） 79

动态飞散特性 47

对目标的作用原理 72

飞散方位角和中心方位角示意（图） 77

各角度示意图（图） 76

静态飞散范围 75

空间分布规律 76

杀伤作用 58

数量分布 43

速度及分布 72

引爆作用 60

引燃作用 59

质量分布 44

综合毁伤效应 60

破片弹道 49

方程 49

破片弹道束 53、54

破片飞散的正态分布（图） 46

破片飞散角（图） 75

破片毁伤 43

破片毁伤元 72

破片静态飞散的几何特性 46

破片抛射 51、52

几何图（图） 52

空间几何学 51

破片速度 53、77

衰减 77

向量的合成（图） 53

破片特性参数 70

破片在空间的分布 45

几何关系（图） 45

分布角内破片及数量分布 46

破片终点效应 55

O~P

欧拉角联系方程 115

偶极子反射体 232

帕克 85

抛射角 52

平台式惯性制导系统 14、16（图）

平移力 69

平移坐标系 103、106

与发射惯性坐标系之间的换算 106

破坏阈值 67、68

Δp_m对部分目标破坏阈值（表） 67

Δp_m对人员目标伤害阈值（表） 68

破甲过程 83、84、86

$t-z$图（图） 86

阶段 84

示意（图） 84

终止原因 84

破甲杀伤子弹爆炸形成的毁伤元 70

破片 43、44、47、55、58~60、72、75~77、79

穿甲作用 55

Q

期望状态 158

起爆位置对破片初速的影响 74

侵彻行程计算 94
侵彻深度 85~88、96
　　计算 96
求相关矩阵 R 的特征值和特征向量 35
求指标数据的相关矩阵 35
球形破片 56、58
A，B，C 常数值（表） 58
穿甲公式 56
杀伤判据 58
区域识别 165、171
确定标准差 146

R~S

人员目标分布示意（图） 91
萨布斯公式 96
三自由度方程 120
散布律 127
散布圆 128
扫描距离不小于目标宽度 165
扫频式干扰 231
杀爆弹爆轰毁伤 61
杀伤概率为 50% 时离爆心的最大距离（表） 70
射击安全界 212
射击点、相对毁伤区和面目标的位置关系（图） 143
射击精度 128、130
　　度量指标 130
射击密集度 128
　　指标 128
射击效率评定 129、139、142~148、162
单个目标 129
分析方法 129
集群目标 139
计算模型 143
面目标 142
远程制导末敏弹 162

射击准确度 128
射流的破甲过程 83、84（图）
　　三个阶段 84
射流的侵彻机理 83
射流和均质靶板的相互作用 85
射流毁伤元 83
试验拟合方法计算超压 90
四象限元件的定向原理（图） 22
松耦合方法的优点 26
速度坐标系 103、105
算法原理 191
算例分析 198
随机误差 122、135、146~148

T

泰勒公式 76、77
探测概率 237、238
体系对抗突防技术 234
突防能力 235
突防效能分析 235
推力偏角 127
　　示意（图） 127
推力偏心 127
　　示意（图） 127
推力矢量 108
　　表达式 108
陀螺稳定平台 14
陀螺仪的测量误差模型 123

W

危险时间 214~217
威力环 157~160
对不同几何特征目标的覆盖 159
对不同几何特征目标的覆盖情况（图） 159
对点目标覆盖概率示意（图） 160
对目标的理想覆盖 160

对目标的射击效率 157
几何特征（图） 157
几何特征参数 158
微波雷达导引头 18
围绕质心运动的动力学方程 112、113
卫星/INS 复合制导技术 24、25
关键技术 24
卫星导航定位系统 24
卫星接收机测量误差模型 122
卫星信号接收机 11～13
工作原理 11
功能 13
功能框（图） 12
基本组成 13
简化框（图） 13
卫星制导 11
位置陀螺仪 15
无损伤累积 138、139
毁伤律 138
指数毁伤律 139
坐标毁伤律 139
无线电寻的制导技术 17
无源干扰 231、232、236
误差分析模型 122
系数 A 与 B 的值（表） 44
系统误差 135
霰弹式抛撒 156
毁伤元 156
理想情况 156
相对加速度矢量 107、108
    表达式 108
相关系数 146
相邻两发弹射击的相关系数 135、146
向不同目标分配火力 188
向各作战地域分配远火打击力量 188
协方差 135、146
信号加噪声的探测概率计算图解（图）

238
虚变量零阶贝塞尔函数 132、133
绪论 1
寻的波束对目标的捕获条件 164
寻的复合制导技术 26
寻的制导 16
分类 16
技术 16
寻的制导分类 16、17
按位置分 17
按物理特征 17

Y

研究破片弹道束的目的 53
野战火箭武器 3
一次扫描 165
伊万斯 85
隐蔽伪装突防 241
隐身材料技术 229
隐身技术 228
影响远程制导火箭弹命中精度的因素 222、223
主要误差因素（图） 223
用弹量 149～151、198
随 CEP 的变化曲线（图） 150、151
为 1、2、3、4 发的计算结果（图） 149
与 W_d 对比曲线（图） 151
与平均相对毁伤面积关系对比曲线（图） 198
优化目标函数 177
有伞末敏弹扫描示意（图） 163
有效覆盖区域 192～194
    求解 194
有效抛撒半径的计算 158
有源干扰 230、231
    分类 231
原始指标数据的初始化 34

圆概率偏差 128、129
　　示意图 129
圆概率误差 130
　　一般表达式 130
圆命中概率 131
《远程多管火箭炮武器系统及其效能》 5
远程箱式火箭炮 7、7（图）
远程制导 145、152、162
　　末敏弹射击效率评定 162
　　破甲杀伤子母弹射击效率分析 152
　　侵彻弹射击效率分析 145
远程制导火箭 3、7、9、29、31、99、175、200、224、240
　　采用的主要制导技术 9
　　打击目标体系（表） 31
　　发展 3
　　火力分配 175
　　火力分配要解决的基本问题 200
　　目标选择 29
　　射击效率分析 99
　　特点 7
　　突防战法 240
　　应对制导干扰的措施 224
远程制导火箭弹 41、219~222、225、232
　　弹道控制能力示意（图） 225
　　毁伤机理分析 41
　　火力突防 219
　　简要工作过程 221
　　命中精度影响因素 221
　　射程 232
　　无干扰弹道和受干扰弹道示意（图） 222
　　约束条件 190
云爆弹 92
　　毁伤计算 92
　　目标毁伤概率分布曲面图（图） 92
　　云爆效应 89
　　对目标的毁伤机理 89

Z

遭敌反击概率 216、217
　　$P_h=0.4$ 时（表） 216
　　$P_h=1$ 时（表） 216
　　时间变化值（表） 216
　　随时间变化趋势（图） 217
噪声干扰 231
占空比 165
战斗部 78、94、97
　　爆炸后形成的动态破片场 78
　　侵彻几何示意图（图） 97
　　受力分析 94
张寿齐 73
阵地在敌发现后遭敌击概率随时间变化值 216
正冲量 81
正压持续时间 81
正压区时间 82
制导方法误差 122、127、222
制导工具误差 122、222
制导火箭弹 101、17、237
　　空间运动模型 101
　　目标隐蔽性 237
　　在地面发射坐标系下的空间运动方程组 118
制导火箭射击效率分析 129
　　基本方法 129
制导侵彻弹 94
　　毁伤机理分析 94
制导杀爆弹 43
　　毁伤机理分析 43
制导云爆弹毁伤机理分析 89
制导子母弹毁伤机理分析 70
质量计算方程 117
质心运动方程组 112
质心运动矢量方程 107

中国兵器工业集团 5
轴对称战斗部破片散飞 78
主成分法计算模型 34
主成分线性加权值（表） 39
主动寻的制导 17
专家打分法 37
转移时间 217
状态概率 215
姿态输出信号模拟 125
子弹对目标的毁伤规律 158
子弹落点的散布 156
子弹群 152～157
多环抛撒（图） 154
抛撒 152
抛撒方式 152
散布 156
子母弹 70、152、153、162
单环抛撒（图） 153
毁伤机理分析 70
抛撒方式 162

自然破片 58
A，B，C 常数值 58
杀伤判据 58
自身突防技术 227
自主制导技术 11
纵横弹道协同突防 242
阻抗加载技术 229
阻塞式干扰 231
组合导航位置和速度输出信号模拟流程
　（图） 125
组合式惯性制导系统 15
最优化搜索方法 197
最优火力分配思路 195
作为极限速度函数的理想侵彻—炸高关系的
　试验曲线（图） 88
作战协同优化 209
　模型 209
作战中可能面临的制导干扰机理分析 223
坐标毁伤律 139、158
坐标系 101～115